Quanten-elektrodynamik

Eine Vorlesungsmitschrift

von
Richard P. Feynman
California Institute of Technology

Mit einem Anhang von Harald Fritzsch

4., durchgesehene Auflage

Mit 60 Bildern und 6 Tabellen

Oldenbourg Verlag München Wien

Genehmigte Übersetzung der englischsprachigen Originalausgabe
"Quantum Electrodynamics" by Richard P. Feynman

Die erste deutschsprachige Auflage erschien im Verlag Bibliographisches Institut, Mannheim/ Zürich. Sie wurde übersetzt von Dr. Jochen Benecke und Dipl.-Phys. Veronika Wagner.

Der Text wurde mitgeschrieben von A. R. Hibbs, die Mitschrift korrigiert von E. R. Huggins und H. T. Yura und die zweite Auflage korrigiert von P. Cziffra.

Die Deutsche Bibliothek - CIP-Einheitsaufnahme

Feynman, Richard P.:
Quantenelektrodynamik : eine Vorlesungsmitschrift / von
Richard P. Feynman. Mit e. Anh. vers. von Harald Fritzsch.
4. Aufl. - München ; Wien : Oldenbourg, 1997
Einheitssacht.: Quantum electrodynamics ‹dt.›
1. Aufl. im Verl. Bibliogr. Inst., Mannheim
ISBN 3-486-24337-3

2. Nachdruck 2013

Rosenheimer Straße 145, D-81671 München
Telefon: (089) 45051-0
www.oldenbourg-verlag.de

Lektorat: Sabine Krüger
Herstellung: Rainer Hartl
Umschlagkonzeption: Kraxenberger Kommunikationshaus, München
Gedruckt auf säure- und chlorfreiem Papier
Gesamtherstellung: Books on Demand GmbH, Norderstedt

ISBN 3-486-24337-3
ISBN 978-3-486-24337-3

INHALTSVERZEICHNIS

VORWORT DES HERAUSGEBERS

Das Problem, neuere Entwicklungen in den interessantesten und sich rasch ändernden Gebieten der Physik in zusammenhängender Form mitzuteilen, scheint heute besonders dringend. Das enorme Anwachsen der Zahl von Physikern führte dazu, daß die bisherigen Wege der Mitteilung immer ungeeigneter wurden. Für Spezialisten eines bestimmten Gebietes wurde es immer schwieriger, in der Literatur auf dem Laufenden zu bleiben; der Neuling wird höchstens verwirrt. Eigentlich braucht man sowohl einen zusammenfassenden Bericht über ein Gebiet als auch die Darstellung eines bestimmten Standpunktes. Reine Monographien können diesem Wunsch bei einem sich schnell entwickelnden Gebiet nicht gerecht werden, und was vielleicht noch wichtiger ist: Übersichtsartikel scheinen unbeliebt geworden zu sein. Und offensichtlich sind diejenigen, die besonders stark an der Forschung auf einem bestimmten Gebiet beschäftigt sind, wahrscheinlich die Letzten, die eine längere Abhandlung darüber schreiben.

„Frontiers in Physics" sind als Versuch gedacht, die Situation in verschiedener Hinsicht zu verbessern. In erster Linie sollte man einen Nutzen daraus ziehen, daß die führenden Physiker heute häufig eine Reihe von Vorlesungen, ein Seminar für fortgeschrittene Studenten oder eine Spezialvorlesung über ihr Fachgebiet halten. Solche Vorlesungen helfen dabei, den gegenwärtigen Stand eines sich rasch entwickelnden Gebietes zusammenzufassen und können sogar den einzigen zur Zeit erhältlichen zusammenhängenden Bericht darstellen. Oft gibt es Aufzeichnungen von solchen Vorlesungen (vom Lesenden selbst, von fortgeschrittenen Studenten oder Assistenten aufgeschrieben), die vervielfältigt und an einen begrenzten Kreis verteilt wurden. Eines der Hauptanliegen der „Frontiers in Physics"-Serien ist es, solche Aufzeichnungen einem größeren Kreis von Physikern zur Verfügung zu stellen.

Es sollte nachdrücklich betont werden, daß Vorlesungsskizzen notwendigerweise ungeschliffen und zwanglos sind, sowohl in der Form als im Inhalt, und daß diejenigen dieser Serien keine Ausnahme bilden werden. Das kann man nicht ändern. Der Zweck der Serien ist der, den Physikern neue, schnelle, einfachere und hoffentlich wirksamere Möglichkeiten zu bieten, einander zu unterrichten. Der Zweck ist verfehlt, wenn nur formvollendete Aufzeichnungen erstrebenswert sind.

Ein zweiter Weg, die gegenwärtige Information auf sich sehr rasch ändernden Gebieten der Physik zu verbessern ist der, Sammlungen von

Abdrucken neuer Artikel zu veröffentlichen. Solche Sammlungen sind auch denen nützlich, die selbst auf diesem Gebiet arbeiten. Der Wert der Abdrucke würde jedoch erhöht, wenn die Sammlung durch eine nicht allzu lange Einleitung ergänzt würde, die dazu dient, die Sammlung zusammenzufassen, und die unbedingt einen kurzen Überblick über den gegenwärtigen Stand des Gebietes geben sollte. Wieder entspricht es dem Charakter eines sich schnell entwickelnden Gebietes, daß bei dieser Einleitung kein allzu großer Wert auf die Form gelegt wird.

Als dritte Möglichkeit für diese Serien könnte eine zwanglose Monographie genannt werden, womit zugleich ausgedrückt wäre, daß diese ein Mittelding zwischen Vorlesungsskizzen und reiner Monographie darstellt. Sie würde dem Autor eine Gelegenheit geben, seine Ansichten darzulegen über ein Gebiet, das in seiner Entwicklung an einem Punkt angekommen ist, an dem eine Zusammenfassung außerordentlich fruchtbar sein könnte, aber wo eine reine Monographie nicht ausführbar oder wünschenswert wäre.

Als Viertes gibt es die „zeitgenössischen Klassiker" – Aufsätze oder Vorlesungen, die heute eine besonders wertvolle Methode des Lehrens und Lernens von Physik bilden. Man denkt hier an Gebiete, die im Mittelpunkt vieler der heutigen Forschungsprobleme stehen, aber deren Grundzüge schon gut bekannt sind, so zum Beispiel die Quantenelektrodynamik oder magnetische Resonanz. Auf solchen Gebieten sind einige der verständlichsten Arbeiten nicht einfach zu erhalten, weil es entweder längst vergriffene Abhandlungen sind, oder Vorlesungen, die nie veröffentlicht wurden.

„Frontiers in Physics" ist darauf angelegt, flexibel in der Herausgabe zu sein. Die Autoren werden ermutigt, so viel von den vorhergehenden Methoden zu verwirklichen, wie es für den gegebenen Fall wünschenswert scheint. Die äußere Form der Serien entspricht ihren Absichten. Durchweg wird Photo-Offset-Druck angewandt, und die Bücher sind broschiert, um die Veröffentlichung zu beschleunigen und die Kosten zu verringern. Wir hoffen, daß dadurch die Bücher für die fortgeschrittenen Studenten in Amerika und in andern Ländern erschwinglich sind.

Da die Serien etwas wie ein Experiment von Seiten des Herausgebers und des Verlegers sind, werden schließlich Anregungen von interessierten Lesern bezüglich der Ausgabe, der Mitarbeiter und der Beiträge sehr willkommen sein.

Urbana, Illinois
August 1961

DAVID PINES

EINLEITUNG

Der Text hier besteht aus der Mitschrift des dritten eines dreisemestrigen Kurses in Quantenmechanik, den ich 1953 am California Institute of Technology gehalten habe. Tatsächlich wurden einige Fragen über die Wechselwirkung von Licht mit Materie während des vorhergehenden Semesters diskutiert. Sie sind hier als die ersten sechs Vorlesungen aufgenommen. Die relativistische Theorie beginnt in der siebenten Vorlesung.

Das Ziel war, die Hauptresultate und Rechenmethoden der Quantenelektrodynamik möglichst einfach darzustellen. Viele Studenten der Experimentalphysik beabsichtigten nicht, fortgeschrittenere (graduate) Kurse in theoretischer Physik zu nehmen. Der Kurs war auf ihre Bedürfnisse zugeschnitten. Ich hoffte, daß sie lernen würden, wie man die verschiedenen Wirkungsquerschnitte für Photonprozesse erhält, die so wichtig für die Planung von Hochenergieexperimenten sind, wie etwa die mit dem Synchroton am Cal Tech. Deshalb blieben viele Aspekte der Quantenelektrodynamik kaum beachtet, die für theoretische Physiker nützlich wären, die die komplizierteren Probleme der Wechselwirkung von Pionen und Nukleonen angehen. D.h., die Beziehungen zwischen den vielen verschiedenen Formulierungen der Quantenelektrodynamik, einschließlich der Operatordarstellungen von Feldern, expliziter Diskussion von Eigenschaften der *S*-Matrix usw. sind nicht berücksichtigt. Diese gehören in einen fortgeschritteneren Kurs über Quantenfeldtheorie. Trotzdem ist dieser Kurs in sich vollständig, soweit ein Kurs, der etwa die Newtonschen Gesetze behandelt, im physikalischen Sinn eine vollständige Diskussion der Mechanik sein kann, wenn Themen wie das Prinzip der kleinsten Wirkung oder die Hamiltonschen Gleichungen weggelassen werden.

Der Versuch, elementare Quantenmechanik und Quantenelektrodynamik zusammen in nicht mehr als einem Jahr zu lehren, war ein Experiment. Er beruhte auf der Vorstellung, daß die Studenten neu erschlossene Gebiete der Physik auf früheren Stufen des Ausbildungsprogramms kennen lernen müssen. Die ersten beiden Teile waren der übliche Quantenmechanik-Kurs, der sich im wesentlichen auf SCHIFF (McGRAW-HILL) stützte (ohne die Kapitel X, XII, XIII und XIV, die sich auf die Quantenelektrodynamik beziehen). Um jedoch den Übergang zum letzten Teil des Kurses zu erleichtern, wurden die Propagator-Theorie und die Potentialstreuung ausführlich nach Art der Gl. 15.3 bis

15.5 entwickelt. Von der üblichen Darstellung weicht auch die Schreibweise der nichtrelativistischen Pauli-Gleichung auf Seite 16 der Mitschrift ab.

Das Experiment ist mißlungen. Das gesamte Material war zu viel für ein Jahr, und vieles vom Inhalt dieser Mitschrift wird jetzt nach einem ganzjährigen Fortgeschrittenenkurs in Quantenmechanik gebracht.

Die Mitschrift stammte ursprünglich von A. R. Hibbs. Sie ist von H. T. Yura und E. R. Higgins herausgegeben und korrigiert worden.

R. P. Feynman

Pasadena, California
November 1961

Der Verlag dankt für die Unterstützung der Amerikanischen Physikalischen Gesellschaft bei der Vorbereitung dieses Bandes.

WECHSELWIRKUNG ZWISCHEN LICHT UND MATERIE – QUANTENELEKTRODYNAMIK

Erste Vorlesung

Die Theorie der Wechselwirkung zwischen Licht und Materie wird Quantenelektrodynamik genannt. Durch die vielen gleichwertigen Methoden, durch die das Thema formuliert werden kann, bekam es den Anschein, schwieriger zu sein als es in Wirklichkeit ist. Eine der einfachsten Beschreibungsarten ist die von FERMI. Wir werden einen anderen Ausgangspunkt nehmen, indem wir die Emission oder Absorption von Photonen einfach fordern. In dieser Form ist sie am unmittelbarsten anzuwenden.

Diskussion der Fermi-Methode[1]

Nehmen wir einmal an, alle Atome des Weltalls seien in einem Kasten. Klassisch kann der Kasten so behandelt werden, als habe er Eigenschwingungen, die sich in Form einer Verteilung über harmonische Oszillatoren mit Kopplung zwischen den Oszillatoren und der Materie beschreiben lassen.

Der Übergang zur Quantenelektrodynamik enthält lediglich die Annahme, daß die Oszillatoren quantenmechanisch sind anstatt klassisch. Sie haben dann Energien $(n+1/2)\hbar\omega$, $n=0,1,\dots$ mit der Nullpunktsenergie $(1/2)\hbar\omega$. Es wird angenommen, daß der Kasten voll von Photonen mit einer Energieverteilung $n\hbar\omega$ ist. Die Wechselwirkung von Photonen mit Materie hat zur Folge, daß die Zahl der Photonen der Sorte n sich um ± 1 ändert (Emission der Absorption).

Wellen in einem Kasten können dargestellt werden als ebene stehende Wellen, räumliche Wellen oder ebene fortschreitende Wellen $\exp(i\boldsymbol{K}\cdot\boldsymbol{x})$. Man kann annehmen, daß eine *momentane* Coulomb-Wechselwirkung e^2/r_{ij} zwischen allen Ladungen und nur den *transversalen Wellen* besteht. Dann können die Coulomb-Kräfte direkt in die Schrödinger-Gleichung eingesetzt werden. Andere Ausdrucksmöglichkeiten sind die Maxwell-Gleichungen in der Form eines Hamilton-Operators, Feldoperatoren usw.

Der Fermi-Formalismus führt zu einem unendlichen Selbstenergieterm e^2/r_{ii}. Es ist zwar möglich, diesen Term in passenden Koordinaten-

[1] Rev. Modern Phys. **4**, 87 (1932).

Systemen zu eliminieren, aber dann enthalten die transversalen Wellen einen unendlichen Beitrag (dessen Interpretation noch obskurer ist). Diese Unstimmigkeit war eines der Hauptprobleme der modernen Quantenelektrodynamik.

Zweite Vorlesung

Die Gesetze der Quantenelektrodynamik

Die „Gesetze der Quantenelektrodynamik" werden folgendermaßen angegeben, ohne daß zur Zeit eine Rechtfertigung dafür besteht:

1. Die Übergangsamplitude dafür, daß ein atomares System durch *Absorption* eines Photons von einem Zustand in einen anderen übergeht, ist *exakt* die gleiche Amplitude wie dafür, daß der gleiche Übergang unter dem Einfluß eines Potentials vor sich geht, wobei das Potential dem einer klassischen elektromagnetischen Welle, die dieses Photon repräsentiert, gleich ist. Dabei wird vorausgesetzt: a) daß die klassische Welle so normiert ist, daß sie eine Energiedichte von folgender Größe darstellt: $\hbar\omega$ multipliziert mit der Wahrscheinlichkeit, in einem Kubikzentimeter das Photon anzutreffen; b) daß die rein klassische Welle in zwei komplexe Wellen $e^{-i\omega t}$ und $e^{+i\omega t}$ aufgespalten wird, wovon nur $e^{-i\omega t}$ betrachtet wird; und c) daß das Potential nur *einmal* in der Störungsrechnung auftritt; d.h.: nur Terme erster Ordnung der elektromagnetischen Feldstärke berücksichtigt werden sollen.

Schreibt man in der 1. Regel anstatt „Absorption" „Emission", so muß man nur $e^{-i\omega t}$ durch $e^{+i\omega t}$ ersetzen.

2. Die Zahl der in einem Kubikzentimeter möglichen Zustände mit gegebener Polarisation ist

$$d^3\boldsymbol{K}/(2\pi)^3.$$

Man beachte, daß dies genau dieselbe Zahl ist wie die von Eigenschwingungen pro Kubikzentimeter in der klassischen Theorie.

3. Photonen gehorchen der Bose-Einstein-Statistik. Das heißt, die Zustände einer Menge von gleichartigen Photonen müssen symmetrisch sein (wenn man die Photonen vertauscht und die Amplituden addiert). Außerdem ist das statistische Gewicht eines Zustandes von n gleichartigen Photonen 1 und nicht $n!$ wie in der klassischen Theorie.

Ein Photon kann also im allgemeinen durch eine Lösung der klassischen Maxwell-Gleichungen dargestellt werden, wenn diese passend normiert sind.

Es ist am bequemsten, das elektromagnetische Feld in Form von ebenen Wellen zu beschreiben, obwohl viele andere Ausdrucksformen möglich sind. Eine ebene Welle kann immer durch ein Vektorpotential allein dargestellt werden (das skalare Potential wurde durch geeignete Eichtransformationen zu null gemacht). Das Vektorpotential, das eine echte klassische Welle darstellt, sei

$$\boldsymbol{A} = a\boldsymbol{e}\cos(\omega t - \boldsymbol{K}\cdot\boldsymbol{x}).$$

Wir wollen $\boldsymbol{A}$ so normieren, daß die Wahrscheinlichkeit für ein Photon pro Kubikzentimeter 1 ist. Daher sollte die durchschnittliche Energiedichte $\hbar\omega$ sein.

Nun gilt für eine ebene Welle

$$\boldsymbol{E} = -(1/c)(\partial\boldsymbol{A}/\partial t) = (\omega a/c)\boldsymbol{e}\sin(\omega t - \boldsymbol{K}\cdot\boldsymbol{x})$$

und

$$|\boldsymbol{B}| = |\boldsymbol{E}|.$$

Und die durchschnittliche Energiedichte ist deshalb gleich

$$(1/8\pi)\overline{(|\boldsymbol{E}|^2 + |\boldsymbol{B}|^2)} = (1/4\pi)(\omega^2 a^2/c^2)\overline{\sin^2(\omega t - \boldsymbol{K}\cdot\boldsymbol{x})} = (1/8\pi)(\omega^2 a^2/c^2).$$

Wenn wir diesen Wert gleich $\hbar\omega$ setzen, finden wir, daß

$$a = \sqrt{8\pi\hbar c^2/\omega}.$$

Daraus folgt

$$\begin{aligned}\boldsymbol{A} &= \sqrt{8\pi\hbar c^2/\omega}\;\boldsymbol{e}\cos(\omega t - \boldsymbol{K}\cdot\boldsymbol{x})\\ &= \sqrt{4\pi\hbar c^2/2\omega}\;\boldsymbol{e}\{\exp[-i(\omega t - \boldsymbol{K}\cdot\boldsymbol{x})] + \exp[+i(\omega t - \boldsymbol{K}\cdot\boldsymbol{x})]\}.\end{aligned}$$

Hieraus entnehmen wir folgenden Ausdruck für die Übergangsamplitude dafür, daß ein atomares System ein Photon absorbiert

$$\sqrt{4\pi\hbar c^2/2\omega}\exp[-i(\omega t - \boldsymbol{K}\cdot\boldsymbol{x})]. \tag{2.1}$$

Bei Emission ist das Vektorpotential das gleiche nur mit positivem Exponenten.

Beispiel: Wir nehmen an, ein Atom sei in einem angeregten Zustand ψ_i mit der Energie E_i und gehe in einen Endzustand ψ_f mit der Energie E_f über. Die Übergangswahrscheinlichkeit pro Sekunde ist die gleiche wie die Übergangswahrscheinlichkeit unter dem Einfluß eines Vektorpotentials $a\boldsymbol{e}\exp[+i(\omega t - \boldsymbol{K}\cdot\boldsymbol{x})]$, welches das emittierte Photon darstellt. Gemäß den Gesetzen der Quantenmechanik („Golden rule" von Fermi) ist

Übergangswahrscheinlichkeit/sec $= (2\pi/\hbar |_f(\text{Potential})_i|^2 \cdot$ (Zustandsdichte)

$$\text{Zustandsdichte} = \frac{K^2 dK d\Omega}{(2\pi c)^3 d(\omega\hbar)} = \frac{\omega^2 d\Omega}{(2\pi c)^3 \hbar}.$$

Das Matrixelement $U_{fi} = {}_f(\text{Potential})_i$ muß mit der Störungstheorie berechnet werden. Diese wird in der nächsten Vorlesung ausführlicher erklärt. Als erstes stellen wir jedenfalls fest, daß verschiedene Potentiale zum gleichen physikalischen Resultat führen. (Daher können wir für unser Photon immer $\phi = 0$ setzen.)

Dritte Vorlesung

Die Darstellung der ebenen Welle für das Photon durch die Potentiale

$$\boldsymbol{A}(\boldsymbol{x}, t) = a\ \boldsymbol{e}\ \exp[-i(\omega t - \boldsymbol{K} \cdot \boldsymbol{x})], \qquad \phi = 0$$

ist im wesentlichen eine Wahl der „Eichung". Die Freiheit ergibt sich aus der Invarianz der Pauli-Gleichung gegenüber der quantenmechanischen Eichtransformation.

Die quantenmechanische Transformation ist eine einfache Erweiterung der klassischen. Bei dieser gilt: Wenn

$$\boldsymbol{E} = -\nabla\varphi - (1/c)(\partial \boldsymbol{A}/\partial t)$$

und

$$\boldsymbol{B} = \nabla \times \boldsymbol{A}$$

und χ ein beliebiger Skalar ist, so läßt die Substitution

$$\boldsymbol{A}' = \boldsymbol{A} - c\nabla\chi, \qquad \phi' = \phi + \partial\chi/\partial t$$

$\boldsymbol{E}$ und $\boldsymbol{B}$ invariant.

In der Quantenmechanik wird die zusätzliche Transformation der Wellengleichung

$$\psi' = e^{-i\chi}\psi$$

eingeführt. Die Invarianz der Pauli-Gleichung wird wie folgt gezeigt. Die Pauli-Gleichung lautet

$$-\frac{\hbar}{i}\frac{\partial\psi}{\partial t} = \frac{1}{2m}\left[\boldsymbol{\sigma}\cdot\left(\boldsymbol{p} - \frac{e}{c}\boldsymbol{A}\right)\right]\left[\boldsymbol{\sigma}\cdot\left(\boldsymbol{p} - \frac{e}{c}\boldsymbol{A}\right)\right]\psi + e\phi\psi.$$

Es gilt

$$\frac{\partial}{\partial x}\psi' = \frac{\partial}{\partial x}e^{-i\chi}\psi = e^{-i\chi}\frac{\partial\psi}{\partial x} - i\frac{\partial\chi}{\partial x}\psi e^{-i\chi},$$

$$p(e^{-i\chi}\psi) = e^{-i\chi}(p - \frac{\hbar}{i}\ \nabla\chi)\psi$$

und

$$\left(p - \frac{e}{c}A\right)e^{-i\chi}\psi = e^{-i\chi}\left(p - \hbar\nabla\chi - \frac{e}{c}A\right)\psi.$$

Die partielle Ableitung nach der Zeit liefert einen Term $(\partial\chi/\partial t)\psi e^{-i\chi}$, der in $\phi e^{-i\chi}\psi$ enthalten sein soll. Daher läßt die Substitution

$$\psi' = e^{-i\chi}\psi,$$

$$A' = A - \frac{\hbar c}{e}\nabla\chi,$$

$$\phi' = \phi + (\hbar/e)(\partial\chi/\partial t)$$

die Pauli-Gleichung unverändert.

Das Vektorpotential A, wie es für ein Photon definiert wurde, geht als ein Störungspotential für den Übergang vom Zustand i zum Zustand f in den Pauli-Hamilton-Operator ein. Jede zeitabhängige Störung der Art

$$\Delta H = e^{i\omega t}U(x,y,z)$$

führt zu einem Matrixelement U_{fi} von folgender Form

$$U_{fi} = \int \psi_f{}^* \Delta H \psi_i d\,\mathrm{vol}$$
$$= \int \phi_f{}^*(x)\exp[i(E_f/\hbar)t]\,e^{i\omega t}\,U(x)\exp[-i(E_i/\hbar)t]\,\phi_i(x) d\,\mathrm{vol}.$$

Dieser Ausdruck zeigt, daß die Störung die gleiche Wirkung hat wie eine zeitunabhängige Störung $U(x,y,z)$ zwischen Anfangs- und Endzustand, deren Energien $E_i - \hbar\omega$ beziehungsweise E_f sind. Wie wohl bekannt ist[1], kommt der wichtigste Beitrag von solchen Zuständen mit $E_f = E_i - \hbar\omega$.

Mit den obigen Resultaten erhalten wir als Übergangswahrscheinlichkeit pro Sekunde

$$P_{fi}d\Omega = \frac{2\pi}{\hbar}|U_{fi}|^2\frac{\omega^2 d\Omega}{(2\pi c)^3\hbar}.$$

[1] Siehe z. B. L. D. LANDAU and E. M. LIFSHITZ, „Quantum Mechanics; Non-Relativistic Theory". Addison-Wesley, Reading, Massachusetts, 1958, Sec. 40.

Zur Bestimmung von U_{fi} schreiben wir

$$H = \frac{1}{2m}\left(p - \frac{e}{c}A\right)^2 - \frac{e\hbar}{2mc}(\sigma\cdot\nabla\times A) + eV$$

$$= \frac{1}{2m}p\cdot p + eV - \frac{e}{2mc}(p\cdot A + A\cdot p) - \frac{e\hbar}{2mc}(\sigma\cdot\nabla\times A) + \frac{e^2}{2mc^2}A\cdot A.$$

Wegen der Voraussetzung, daß das Potential nur einmal auftritt, was gleichbedeutend ist mit der Forderung, daß nur Terme 1. Ordnung eingehen, tritt der Term $A\cdot A$ nicht auf. Mit Hilfe von $A = ae \exp[-i(\omega t - K\cdot x)]$ und den beiden Operatorbeziehungen

(1) $$\nabla\times A = iK\times ea \; e^{+iK\cdot x}e^{i\omega t},$$

(2) $$pe^{+iK\cdot x} = e^{+iK\cdot x}(p + \hbar K)$$

oder

$$p\cdot e \; e^{+iK\cdot x} = e^{+iK\cdot x}(p\cdot e + \hbar K\cdot e),$$

wobei $K\cdot e = 0$ (dies folgt aus der Wahl der Eichung und den Maxwell-Gleichungen), können wir schreiben

$$U_{fi} = a\int \phi_f^*[-(e/2mc)(p\cdot ee^{+iK\cdot x} + e^{+iK\cdot x}e\cdot p) + (e\hbar i/2mc)\sigma\cdot(K\times e)e^{+iK\cdot x}]\phi_i d\mathrm{vol}.$$

Dieses Ergebnis gilt exakt. Es kann durch die sogenannte „Dipol"-Näherung vereinfacht werden. Um diese Näherung abzuleiten betrachten wir den Term $(e/2mc)(p\cdot ee^{+iK\cdot x})$, der von der Ordnung der Geschwindigkeit eines Elektrons im Atom oder des Stroms ist. Der Exponent kann entwickelt werden:

$$e^{+iK\cdot x} = 1 + iK\cdot x + (1/2)(iK\cdot x)^2 + \cdots$$

$K\cdot x$ ist von der Ordnung a_0/λ, wobei a_0 = Ausdehnung des Atoms und λ = Wellenlänge. Wenn $a_0/\lambda \ll 1$, können alle Terme außer der ersten Ordnung in a_0/λ vernachlässigt werden. Um die Dipol-Näherung zu vervollständigen, muß noch der letzte Term vernachlässigt werden. Das ist leicht, da der letzte Term als von der Größenordnung von $(\hbar\cdot K/mc) = (\hbar K c/mc^2) \approx (mv^2/2mc^2)$ angesehen werden kann. Obwohl ein solcher Term vernachlässigt werden kann, ist das zu grob abgeschätzt. Genauer gilt

$$(e\hbar i/2mc)\sigma\cdot(K\times e)e^{+iK\cdot x} \approx v/c \times [\text{Matrixelement von } \sigma\cdot K\times p)].$$

Das Matrixelement ist

$$\int \phi_f^*\sigma\cdot(K\times p)\phi_i \quad d\mathrm{vol}.$$

Eine gute Näherung erlaubt die Trennung

$$\phi_f{}^* = \phi_f{}^*(\boldsymbol{x})\, U_f(\text{spin})$$

und

$$\phi_i = \phi_i(\boldsymbol{x})\, U_i{}^*(\text{spin}).$$

Dann gilt in der gleichen Näherung für das Integral

$$\int \phi_f{}^*(\boldsymbol{x})\phi_i(\boldsymbol{x})\, U_f{}^*(\sigma\cdot(\boldsymbol{K}\times\boldsymbol{p}))U_i\, d\,\text{vol} = 0,$$

da die Zustände orthogonal sind.

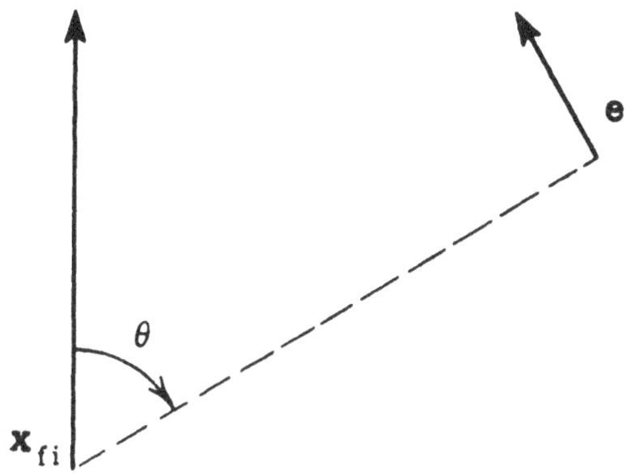

FIG. 3-1

Einstweilen soll die Dipol-Näherung angewandt werden. Dann gilt

$$U_{fi} = -a\frac{e}{c}\,\frac{\boldsymbol{p}_{fi}\cdot\boldsymbol{e}}{m},$$

wobei

$$\boldsymbol{p}_{fi}\cdot\boldsymbol{e} = \int \phi_f{}^*(\boldsymbol{p}\cdot\boldsymbol{e})\phi_i = \boldsymbol{e}\cdot\int \phi_f{}^*\boldsymbol{p}\,\phi_i\, d\,\text{vol}.$$

Daraus folgt

$$P_{fi}\; dr = \frac{2\pi}{\hbar}\left[\frac{e}{mc}a\right]^2 (\boldsymbol{p}_{fi}\cdot\boldsymbol{e})^2\, d\Omega\,\frac{\omega^2}{(2\pi c)^3\hbar}.$$

Für die Operatoren gilt $\boldsymbol{p}_{fi}/m = i\omega_{fi}\boldsymbol{x}_{fi}$, so daß

$$P_{fi}\; d\Omega = a^2\,[e^2\omega^4/(2\pi\hbar)^2c^5](\boldsymbol{e}\cdot\boldsymbol{x}_{fi})^2\, d\Omega\,,$$

wobei $\boldsymbol{x}_{fi} = \int \phi_f{}^*\,\boldsymbol{x}\,\phi_i\, d\,\text{vol}$. Die Gesamt-Wahrscheinlichkeit erhält man, indem man P_{fi} über $d\Omega$ integriert, also

$$\text{Gesamt-Wahrscheinlichkeit/sec} = \int a^2 \frac{e^2\omega^4}{(2\pi)^2}(\boldsymbol{e}\cdot\boldsymbol{x}_{fi})^2\,d\Omega$$

$$= a^2 \frac{e^2\omega^4}{2\pi\hbar^2 c^5}\int_0^\pi |\boldsymbol{x}_{fi}|^2 \sin^3\theta\,d\theta$$

$$= a^2 4e^2\omega^4|\boldsymbol{x}_i|^2/6\pi\hbar^2 c^5.$$

Für den Term $\boldsymbol{e}\cdot\boldsymbol{x}_{fi}$ gilt (siehe Fig. 3.1)

$$|\boldsymbol{x}_{fi}\cdot\boldsymbol{e}| = |\boldsymbol{x}_{fi}|\sin\theta.$$

Wenn wir a^2 einsetzen[1], erhalten wir

$$\text{Gesamt-Wahrscheinlichkeit/sec} = \frac{4}{3}\,\frac{e^2}{\hbar c}\,\frac{\omega^3}{c^2}\,|\boldsymbol{x}_{fi}|^2\,.$$

Vierte Vorlesung

Die Absorption von Licht

Die Amplitude für den Übergang vom Zustand k zum Zustand l in der Zeit T (Fig. 4.1) ist aus der Störungsrechnung gegeben durch

$$a_{lk} = -(i/\hbar)\int_0^T \exp\left(\frac{i}{\hbar}E_l t\right) U_{lk}(t) \exp\left(-\frac{i}{\hbar}E_k t\right) dt\,,$$

wobei die Zeitabhängigkeit von $U_{kl}(t)$ folgendermaßen dargestellt wird

$$U_{lk}(t) = u_{lk}e^{-i\omega t}.$$

(Gemäß den Regeln der Vorlesung 2 ist das Argument des Exponenten negativ, und nur Terme linear im Potential sind erhalten.) Wenn die Zeitabhängigkeit eingesetzt und die Integration ausgeführt wird, ist

$$a_{lk} = -\frac{\exp\left[\frac{iT}{\hbar}(E_l - \hbar\omega - E_k)\right] - 1}{E_l - \hbar\omega - E_k}\,u_{lk}\,,$$

[1] Entsprechend der Annahme 1 b (S. 14 in diesem Band) ist a der Koeffizient von $\exp[-i(\omega t - \boldsymbol{K}\cdot\boldsymbol{x})]$ in Gl. (2.1). Daher ist $a^2 = 4\pi\hbar c^2/2\omega$.

und die Übergangswahrscheinlichkeit ist gegeben durch

$$|a_{lk}|^2 = \frac{4\sin^2(\Delta T/2\hbar)}{\Delta^2}|u_{lk}|^2 \qquad \Delta = E_l - E_k - \hbar\omega .$$

Das ist die Wahrscheinlichkeit dafür, daß ein Photon der Frequenz ω, das in Richtung (θ, ϕ) fliegt, absorbiert wird. Die Abhängigkeit von der Richtung des Photons ist im Matrixelement u_{lk} enthalten. Man sieht zum Beispiel in Gl. (4.1) die Richtungsabhängigkeit in der Dipol-Näherung.

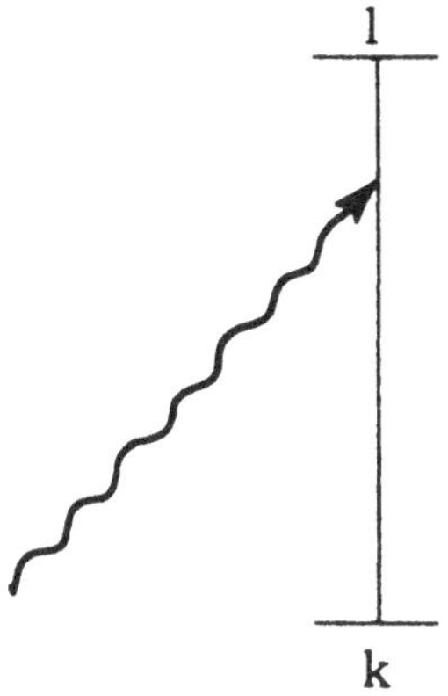

FIG. 4-1

Enthält die einfallende Strahlung einen Bereich von Frequenzen und Richtungen, etwa

$$P(\omega,\theta,\phi)\,d\omega\, d\Omega = \left\{\begin{array}{l}\text{Wahrscheinlichkeit für ein Photon mit einer}\\ \text{Frequenz zwischen } \omega \text{ und } \omega + d\omega \text{ im Raum-}\\ \text{winkel } d\Omega \text{ um die Richtung } (\theta, \phi)\end{array}\right\},$$

und man fragt nach der Wahrscheinlichkeit für die Absorption eines Photons in der Richtung (θ, ϕ), so muß man über alle Frequenzen integrieren. Diese Absorptionswahrscheinlichkeit ist

$$\int_0^\infty \frac{4\sin^2(\Delta T/2\hbar)}{\Delta^2}|u_{lk}|^2 P(\omega,\theta,\phi)\,d\omega\, d\Omega .$$

Wenn T groß ist, hat der Faktor $(\Delta)^{-2}\sin^2(\Delta T/2\hbar)$ nur für $\hbar\omega$ ungefähr gleich $E_l - E_k$ einen merklich von Null verschiedenen Wert, und $P(\omega,\theta,\phi)$ wird in dem kleinen Bereich von ω, der zum Integral beiträgt, im wesentlichen konstant sein, so daß es vor das Integral gezogen werden kann.

Ähnliches gilt für u_{lk}, so daß

$$\text{Übergangswahrscheinlichkeit} = 2\pi(\hbar)^{-2}|u_{lk}|^2 P(\omega_{lk},\theta,\phi)d\Omega, \tag{4.1}$$

wobei

$$\hbar\omega_{lk} = (E_l - E_k).$$

Dies kann auch durch die einfallende Intensität (Energie, die eine Flächeneinheit pro Zeiteinheit durchsetzt) ausgedrückt werden. Mit

$$\text{Intensität} = i(\omega,\theta,\phi)\,d\omega\,d\Omega = \hbar\omega c\,P(\omega,\theta,\phi)\,d\omega\,d\Omega$$

folgt

$$\text{Übergangswahrscheinlichkeit} = 2\pi(\hbar)^{-2}|u_{lk}|^2(\hbar\omega_{lk}c)^{-1}\,i(\omega_{lk},\theta,\phi)d\Omega. \tag{4.2}$$

Mit der Dipol-Näherung, wobei gilt

$$u_{lk} = \sqrt{2\pi\hbar/\omega_{lk}}(e/m)(\boldsymbol{p}_{lk}\cdot\boldsymbol{e}) = \sqrt{2\pi\hbar/\omega_{lk}}\,e\,\omega_{lk}(\boldsymbol{x}_{lk}\cdot\boldsymbol{e}),$$

ist die Gesamt-Absorptionswahrscheinlichkeit (pro Sekunde)

$$4\pi^2 e^2\hbar^{-2}c^{-1}(\boldsymbol{x}_{lk}\cdot\boldsymbol{e})^2\,i(\omega_{lk},\theta,\phi)d\Omega. \tag{4.3}$$

Es ist offensichtlich, daß eine Beziehung zwischen der Wahrscheinlichkeit für spontane Emission mit gleichzeitigem Übergang vom Zustand l zum Zustand k,

$$\left\{\begin{matrix}\text{Wahrscheinlichkeit für}\\ \text{spontane Emission/sec}\end{matrix}\right\} = 2\pi(\hbar)^{-2}(2\pi c)^{-3}|u_{kl}|^2\,\omega_{lk}^2\,d\Omega,$$

und der Absorption eines Photons mit gleichzeitigem Übergang vom Zustand k zum Zustand l, siehe Gl. (4.1), besteht. Anfangs- und Endzustand können vertauscht werden, da $|u_{lk}| = |u_{kl}|$. Diese Beziehung kann am einfachsten angegeben werden in Form der Wahrscheinlichkeit $n(\omega,\theta,\phi)$, daß ein bestimmter Photonenzustand besetzt ist. Da es im Frequenzbereich $d\omega$ und im Raumwinkel $d\Omega$ $(2\pi c)^{-3}\omega^2 d\omega\,d\Omega$ Photonenzustände gibt, ist die Wahrscheinlichkeit für das Auftreten eines Photons in diesem Bereich

$$P(\omega,\theta,\phi)\,d\omega\,d\Omega = n(\omega,\theta,\phi)(2\omega c)^{-3}\omega^2\,d\omega\,d\Omega.$$

Die Absorptionswahrscheinlichkeit in der Form von $n(\omega,\theta,\phi)$ ist also

$$\text{Übergangswahrscheinlichkeit/sec} = 2\pi(\hbar)^{-2}|u_{lk}|^2\,n(\omega,\theta,\phi)(2\pi c)^{-3}\omega_{kl}^2\,d\Omega. \tag{4.4}$$

Diese Gleichung kann folgendermaßen interpretiert werden. Da $n(\omega,\theta,\phi)$ die Wahrscheinlichkeit dafür ist, daß ein Photonenzustand besetzt ist, müssen die restlichen Terme der rechten Seite die Wahrscheinlichkeit pro Sekunde sein, daß ein Photon in diesem Zustand absorbiert wird. Vergleicht man Gl. (4.4) mit dem entsprechenden Ausdruck für spontane Emission, so zeigt sich, daß

$$\left\{\begin{array}{l}\text{Wahrsch./sec für die}\\ \text{Absorption eines Photons}\\ \text{aus einem Zustand (pro}\\ \text{Photon in diesem Zustand)}\end{array}\right\} = \left\{\begin{array}{l}\text{Wahrsch./sec für die}\\ \text{spontane Emission eines}\\ \text{Photons in diesen}\\ \text{Zustand}\end{array}\right\}.$$

Im folgenden wird gezeigt, daß Gl. (4.4) auch dann gilt, wenn mehr als ein Photon pro Zustand möglich ist, vorausgesetzt $n(\omega, \theta, \phi)$ wird als mittlere Anzahl von Photonen pro Zustand angesehen.

Wenn der Anfangszustand zwei Photonen im gleichen Photonenzustand enthält, so ist es nicht möglich, diese zu unterscheiden und das statistische Gewicht des Anfangszustandes ist $1/2!$. Dennoch ist die Absorptionsamplitude doppelt so groß wie für ein Photon. Multiplizieren wir das statistische Gewicht mit dem Quadrat der Amplitude für diesen Prozeß, so finden wir, daß die Übergangswahrscheinlichkeit pro Sekunde doppelt so groß ist wie für nur ein Photon pro Photonenzustand. Wenn der Anfangszustand drei Photonen enthält und eines absorbiert wird, so können die folgenden sechs Prozesse (siehe Fig. 4.2) auftreten.

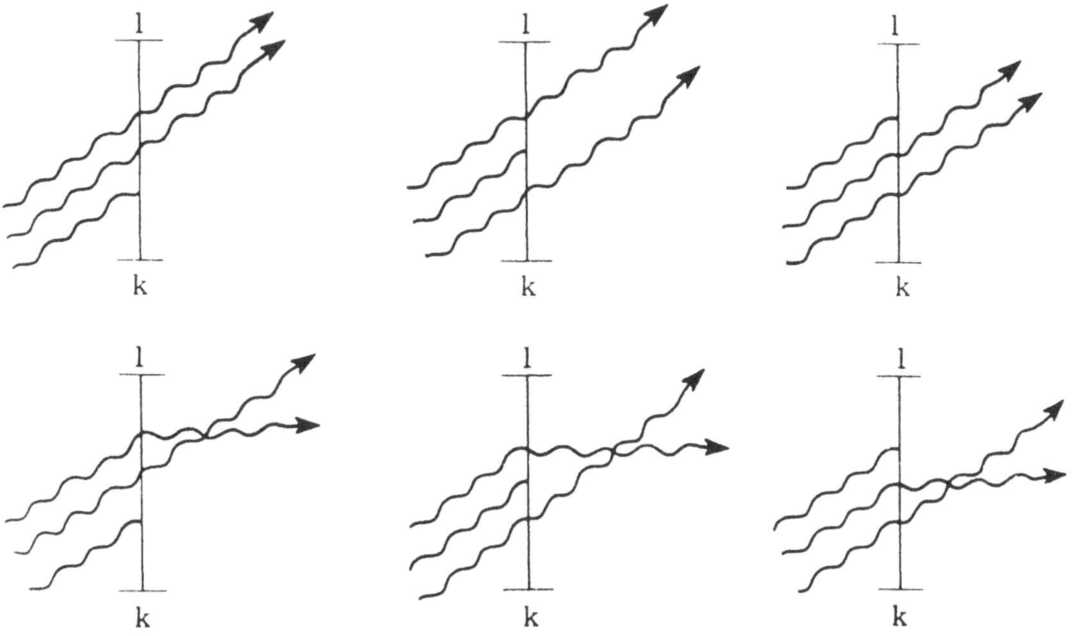

FIG. 4-2

Jedes der drei einfallenden Photonen kann absorbiert werden, und außerdem kann man die beiden nicht absorbierten Photonen vertauschen. Das statistische Gewicht des Anfangszustandes ist 1/3!, das statistische Gewicht des Endzustandes 1/2! und die Amplitude für den Übergang ist 6. Also ist die Übergangswahrscheinlichkeit (1/3!) (1/2!) $(6)^2 = 3$ mal so groß als wenn im Anfangszustand ein Photon gewesen wäre. Allgemein ist die Übergangswahrscheinlichkeit für n Photonen pro Anfangszustand n mal so groß als für ein einziges Photon pro Photonenzustand, also ist Gl. (4.4) richtig, wenn für $n(\omega, \theta, \phi)$ die mittlere Photonenzahl pro Zustand genommen wird.

Ein Übergang, der die Emission eines Photons zur Folge hat, kann durch einfallende Strahlung angeregt werden. Solch ein Prozeß (bei dem ein Photon einfällt) kann in einem Diagramm wie in Fig. 4.3 dargestellt werden.

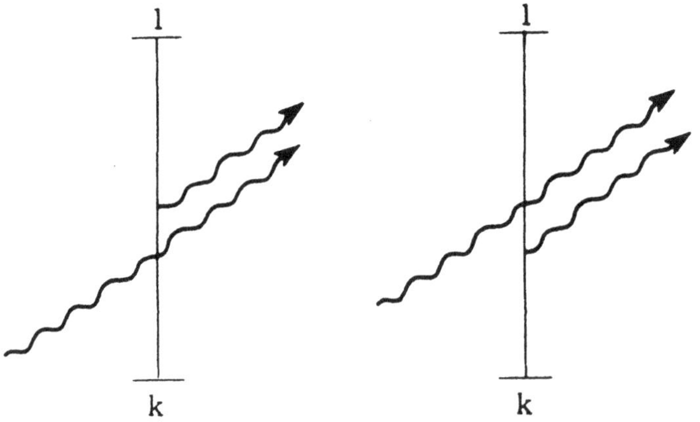

FIG. 4-3

Ein Photon trifft auf das Atom, und zwei unterscheidbare Photonen fliegen weg. Das statistische Gewicht des Endzustandes ist 1/2!, und die Amplitude für den Prozeß ist 2, also ist die Emissionswahrscheinlichkeit für diesen Prozeß doppelt so groß wie für spontane Emission. Bei n einfallenden Photonen ist das statistische Gewicht des Anfangszustandes $1/n!$, das statistische Gewicht des Endzustandes $1/(n+1)!$, und die Amplitude für den Prozeß ist $(n+1)$-mal so groß wie die Amplitude für spontane Emission. Die Emissionswahrscheinlichkeit (pro Sekunde) ist dann $(n+1)$-mal so groß wie die Wahrscheinlichkeit für spontane Emission. Man kann sagen, daß das n für den anregenden Teil der Übergangsrate steht, während die 1 dem spontanen Übergang entspricht.

Da die Potentiale zur Berechnung der Übergangswahrscheinlichkeit auf ein Photon pro Kubikzentimeter normiert wurden, und die Übergangswahrscheinlichkeit vom Quadrat der Amplitude des Potentials abhängt, erhält man natürlich die genaue Absorptionswahrscheinlichkeit bei n Photonen pro Photonenzustand, indem man die Potentiale auf n Photonen pro Kubikzentimeter normiert (die Amplitude ist $\sqrt{n}$-mal so groß). Das ist der Grund für die Richtigkeit der sogenannten halb-klassischen Strahlungstheorie. In dieser Theorie wird die Absorption als Resultat der Störung durch ein Potential berechnet, das auf die tatsächliche Energie im Feld normiert ist, d.h. auf die Energie $n\hbar\omega$, wenn n Photonen vorhanden sind. Die genaue Emissionswahrscheinlichkeit kann jedoch nicht auf diese Art erhalten werden, da sie proportional zu $(n+1)$ ist. Der Fehler besteht im Weglassen des spontanen Teils der Übergangswahrscheinlichkeit. In der halbklassischen Strahlungstheorie wird der spontane Teil der Emissionswahrscheinlichkeit durch allgemeine Argumente plausibel gemacht, die darauf beruhen, daß seine Berücksichtigung zur beobachteten PLANCKschen Verteilungsfunktion führt. EINSTEIN leitete als erster diese Beziehung durch halbklassische Überlegungen ab.

Fünfte Vorlesung

Auswahlregeln in der Dipol-Näherung

In der Dipol-Näherung ist das entsprechende Matrixelement

$$\boldsymbol{x}_{if} = \int \psi_f^* \boldsymbol{x} \psi_i \, d\mathrm{vol}.$$

Die Komponenten von $\boldsymbol{x}_{if}$ sind x_{if}, y_{if}, z_{if} und die

$$\text{Überg. wahrsch.} \approx |x_{if}|^2 + |y_{if}|^2 + |z_{if}|^2.$$

Auswahlregeln sind durch solche Bedingungen gegeben, die dieses Matrixelement zu Null machen. Wenn zum Beispiel im Wasserstoffatom Anfangs- und Endzustand S-Zustände sind (kugelsymmetrisch), so ist $\boldsymbol{x}_{if}=0$, und Übergänge zwischen diesen Zuständen sind „verboten". Beim Übergang vom P- zum S-Zustand jedoch ist $\boldsymbol{x}_{if} \neq 0$, und diese sind „erlaubt".

Im allgemeinen ist die Auswahlregel für Ein-Elektron-Übergänge

$$\Delta L = \pm 1.$$

Das kann man daraus ersehen, daß die Koordinaten x, y und z im Wesentlichen das Legendre-Polynom P_1 sind. Ist der Bahndrehimpuls des Anfangszustandes n, ist die Wellenfunktion proportional zu P_n. Nun ist

$$P_1 P_n = [1/(2n+1)]\,[n P_{n-1} + (n+1) P_{n+1}].$$

Damit also das Matrixelement nicht verschwindet, muß der Drehimpuls des Endzustandes $n \pm 1$ sein, damit seine Wellenfunktion entweder P_{n+1} oder P_{n-1} enthält.

Für ein kompliziertes Atom (mehr als ein Elektron) ist der Hamilton-Operator

$$H = \sum_\alpha (1/2m)[\boldsymbol{P}_\alpha - (e/c) A(\boldsymbol{x}_\alpha)]^2 + \text{Coulomb-Terme.}$$

Die Übergangswahrscheinlichkeit ist proportional $|P_{mn}|^2 = \left|\sum_\alpha (\boldsymbol{P}_\alpha)_{mn}\right|^2$, wobei über alle Elektronen des Atoms zu summieren ist. Wie wir gezeigt haben, ist $(\boldsymbol{P}_\alpha)_{mn}$ bis auf eine Konstante das gleiche wie $(\boldsymbol{x}_\alpha)_{mn}$, und die Übergangswahrscheinlichkeit ist proportional

$$|\boldsymbol{x}_{mn}|^2 = \left|\sum_\alpha (\boldsymbol{x}_\alpha)_{mn}\right|^2.$$

Speziell für zwei Elektronen ist das Matrixelement

$$\int \psi_f^*(\boldsymbol{x}_1, \boldsymbol{x}_2)(\boldsymbol{x}_1 + \boldsymbol{x}_2)\psi_i(\boldsymbol{x}_1, \boldsymbol{x}_2)\, d\boldsymbol{x}_1^3\, d\boldsymbol{x}_2^3.$$

$\boldsymbol{x}_1 + \boldsymbol{x}_2$ verhält sich bei Drehungen des Koordinatensystems ähnlich der Wellenfunktion eines „Objektes" mit Drehimpuls 1. Wenn das „Objekt" und das Atom im Anfangszustand nicht wechselwirken, kann das Produkt $(\boldsymbol{x}_1 + \boldsymbol{x}_2)\psi_i(\boldsymbol{x}_1, \boldsymbol{x}_2)$ formal als Wellenfunktion des Systems (Atom + Objekt) betrachtet werden mit $J_i + 1$, J_i und $J_i - 1$ als möglichen Werten des Gesamtdrehimpulses. Daher ist das Matrixelement nur dann ungleich Null, wenn J_f, der Drehimpuls des Endzustandes, einen der drei Werte $J_i \pm 1$ und J_i einnimmt. Folglich ist die allgemeine Auswahlregel $\Delta J = \pm 1, 0$.

Parität. Parität ist die Eigenschaft einer Wellenfunktion bezüglich ihres Verhaltens gegenüber Spiegelung aller Koordinaten. Das heißt, wenn

$$\psi(-\boldsymbol{x}_1, -\boldsymbol{x}_2, \ldots) = +\psi(\boldsymbol{x}_1, \boldsymbol{x}_2, \ldots),$$

so ist die Parität gerade. Oder wenn

$$\psi(-\boldsymbol{x}_1, -\boldsymbol{x}_2, \ldots) = -\psi(\boldsymbol{x}_1, \boldsymbol{x}_2, \ldots),$$

so ist die Parität ungerade.

Wenn man in den Matrixelementen, die in der Dipol-Näherung vorkommen, die Integrationsvariable $\boldsymbol{x}$ durch $-\boldsymbol{x}'$ ersetzt, so ergibt sich

$$\boldsymbol{x}_{if} = \int \psi_f^*(\boldsymbol{x})\,\boldsymbol{x}\,\psi_i(\boldsymbol{x})\,d^3\boldsymbol{x} = \int \psi_f^*(-\boldsymbol{x}')(-\boldsymbol{x}')\psi_i(-\boldsymbol{x}')\,d^3\boldsymbol{x}'.$$

Ist die Parität von ψ_f die gleiche wie die von ψ_i, so folgt

$$\boldsymbol{x}_{if} = -\boldsymbol{x}_{if} = 0.$$

Daraus folgt als Regel für erlaubte Übergänge: *Die Parität muß sich ändern.* Bei einem Atom mit einem Elektron bestimmt L die Parität; deshalb wäre $\Delta L = 0$ verboten. Bei Atomen mit mehreren Elektronen wird die Parität nicht von L festgelegt (sondern sie wird durch die algebraische, nicht die vektorielle Summe der Drehimpulse der einzelnen Elektronen bestimmt), so daß $\Delta L = 0$-Übergänge auftreten können. Die $0 \to 0$-Übergänge sind auf jeden Fall verboten, da ein Photon immer den Drehimpuls 1 hat.

Alle Wellenfunktionen haben entweder gerade oder ungerade Parität. Das kann man daraus ersehen, daß der Hamilton-Operator (ohne äußeres Magnetfeld) invariant gegenüber der Paritäts-Operation ist. Denn, wenn $H\psi(\boldsymbol{x}) = E\psi(\boldsymbol{x})$ gilt, so gilt auch $H\psi(-\boldsymbol{x}) = E\psi(-\boldsymbol{x})$. Daraus folgt, wenn der Zustand nicht entartet ist, entweder $\psi(-\boldsymbol{x}) = \psi(\boldsymbol{x})$ oder $\psi(-\boldsymbol{x}) = -\psi(\boldsymbol{x})$. Wenn der Zustand entartet ist, kann $\psi(-\boldsymbol{x}) \neq \psi(\boldsymbol{x})$ sein. Aber dann besteht eine vollständige Lösung aus einer der beiden Linearkombinationen

$$\psi(\boldsymbol{x}) + \psi(-\boldsymbol{x}) \quad \text{gerade Parität,}$$

$$\psi(\boldsymbol{x}) - \psi(-\boldsymbol{x}) \quad \text{ungerade Parität.}$$

Verbotene Linien. Verbotene Spektrallinien können in Gasen auftreten, wenn diese genügend verdünnt sind. Das heißt, das Verbot gilt nicht uneingeschränkt in allen Fällen. Es bedeutet einfach, daß die Lebensdauer des Zustandes viel größer als im erlaubten Fall, aber nicht unendlich ist. Sind die Stöße dann selten genug (in verbotenen Fällen verursachen gewöhnlich Stöße 2. Art das Zurückfallen in tiefere Niveaus), so haben die verbotenen Übergänge genug Zeit um aufzutreten.

In dem fast exakten Matrixelement

$$\int \psi_f^*(\boldsymbol{e}\cdot\boldsymbol{p})e^{-i\mathbf{K}\cdot\boldsymbol{x}}\psi_i d^3\boldsymbol{x}$$

ersetzt die Dipolnäherung $e^{-i\boldsymbol{K}\cdot\boldsymbol{x}}$ durch 1. Wenn es verschwindet, ist der Übergang verboten, wie wir oben beschrieben haben. In der nächsthöheren oder Quadrupol-Näherung würde dann $e^{-i\mathbf{K}\cdot\boldsymbol{x}}$ durch $1 - i\boldsymbol{K}\cdot\boldsymbol{x}$ ersetzt, und wir hätten das Matrixelement

$$-i\int \psi_f^*(\boldsymbol{e}\cdot\boldsymbol{p})(\boldsymbol{K}\cdot\boldsymbol{x})\psi_i d^3\boldsymbol{x}.$$

Für Licht, das sich in z-Richtung ausbreitet und in x-Richtung polarisiert ist, wird daraus

$$-iK \int \psi_f^*(p_x z)\psi_i d^3\mathbf{x} = -iK|_f(p_x z)_i|^2,$$

und die Übergangswahrscheinlichkeit ist proportional

$$(K)^2|_f(p_x z)_i|^2,$$

wogegen sie in der Dipol-Näherung proportional war zu

$$|_f(p_x)_i|^2.$$

Daher ist die Übergangswahrscheinlichkeit in der Quadrupol-Näherung mindestens von der Ordnung von $(Ka)^2 = a^2/\lambda\!\!\!{}^-{}^2$, also kleiner als in der Dipol-Näherung, wobei a von der Ordnung der Atomausdehnung und $\lambda\!\!\!{}^-$ die emittierte Wellenlänge ist.

Aufgabe: Zeige daß

$$H(xz)-(xz)H = (\hbar/mi)(p_x z + x p_z)$$

und daß folglich

$$[(\hbar/mi)(p_x z + x p_z)]_{mn} = (xz)_{mn}(E_m - E_n).$$

Man beachte, daß $p_x z$ zerlegt werden kann in

$$p_x z = \tfrac{1}{2}(p_x z + x p_z) + \tfrac{1}{2}(p_x z - x p_z).$$

Aus der vorausgehenden Aufgabe geht hervor, daß der erste Teil von $p_x z$ bis auf eine Konstante mit xz äquivalent ist, welches sich wie eine Wellenfunktion zum Drehimpuls 2 und von gerader Parität verhält[1]. Man sieht also, daß die Auswahlregeln, die dem ersten Teil entsprechen, $\Delta J = \pm 2, +1, 0$ ohne Änderung der Parität sind. Diese Strahlungsart wird elektrischer Quadrupol genannt. Die Auswahlregeln für den zweiten Teil von $p_x z$ sind $\Delta J = \pm 1, 0$ ohne Änderung der Parität, und die entsprechende Strahlung wird magnetischer Dipol genannt. Man beachte, daß außer für $\Delta J = \pm 2$ die beiden Strahlungsarten durch die Änderung des Drehimpulses oder der Parität nicht unterschieden werden können. Für $\Delta J = \pm 1, 0$ können sie nur durch die Polarisation unterschieden werden. Beide Arten können gleichzeitig auftreten und interferieren.

Für die elektrische Quadrupol-Strahlung ist in den Regeln implizit enthalten, daß $1/2 \rightarrow 1/2$- und $0 \rightarrow 1$-Übergänge verboten sind (obwohl $\Delta J = \pm 1$ möglich ist), da die geforderte Änderung des Drehimpulsvektors um 2 in diesen Fällen unmöglich ist.

[1] Der zweite Teil ist der Drehimpulsoperator L_y, der sich wie eine Wellenfunktion zum Drehimpuls 1 und von gerader Parität verhält.

Tabelle 5.1 Klassifikation der Übergänge und ihrer Auswahlregeln

	Multipol	Elektr. Dipol	Magnet. Dipol	Elektr. Quadrupol	Magnet. Quadrupol	Elektr. Oktupol
Eigenschaft des Photons	Drehimpuls	1	1	2	2	3
	Parität	ungerade	gerade	gerade	ungerade	ungerade
Auswahlregeln für das emittierende System	Änderung der Parität	ja	nein	nein	ja	ja
		$\pm 1,0$	$\pm 1,0$	$\pm 2, \pm 1,0$	$\pm 2, \pm 1,0$	$\pm 3,\ \pm 2,\ \pm 1,0$
	Änderung des Gesamtdrehimpulses ΔJ	nicht $0 \to 0$	nicht $0 \to 0$	nicht $0 \to 0$ $\frac{1}{2} \to \frac{1}{2}$ $0 \to 1$	nicht $0 \to 0$ $\frac{1}{2} \to \frac{1}{2}$ $0 \to 1$	nicht $0 \to 0$ $\frac{1}{2} \to \frac{1}{2}$ etc. (siehe unten)

Gehen wir zu höheren Näherungen über, so können wir durch ähnliche Überlegungen die Änderungen des Drehimpulsvektors oder Photonendrehimpulses, die Auswahlregeln für Änderung der Parität und des Gesamtdrehimpulses ΔJ, die zu den verschiedenen Multipol-Ordnungen gehören, ableiten (Tabelle 5.1).

Alle impliziten Auswahlregeln für ΔJ, die für die höheren Multipolordnungen ziemlich viele werden, können folgendermaßen explizit als Auswahlregel ausgedrückt werden.

$$|J_f - J_i| \leq l \leq J_f + J_i,$$

wobei 2^l die Multipolordnung und l die Änderung des Drehimpulsvektors ist.

Es stellt sich heraus, daß bei sogenannten paritätsbegünstigten Übergängen, wobei das Produkt aus Anfangs- und Endparität $(-1)^{J_f - J_i}$ und die kleinstmögliche Multipolordnung $J_f - J_i$ ist, die Übergangswahrscheinlichkeiten für Multipolarten innerhalb der gestrichelten senkrechten Linien in Tabelle 5.1 fast gleich sind[1].

Bei parität-nichtbegünstigten Übergängen, wobei das Produkt der Paritäten $(-1)^{J_f - J_i + 1}$ und die kleinste Multipolordnung $|J_f - J_i| + 1$ ist, kann es sein, daß dies nicht stimmt.

Sechste Vorlesung

Strahlungsgleichgewicht

Wenn ein System im Gleichgewicht ist, ist das Verhältnis der Atome in zwei Zuständen, z. B. l und k gemäß der statistischen Mechanik gegeben durch

$$N_l/N_k = e^{-(E_l - E_k)/kT} = e^{-\hbar\omega/kT},$$

wobei die Energien sich um $\hbar\omega$ unterscheiden. Da das System im Gleichgewicht ist, muß die Anzahl der Atome, die in der Zeiteinheit durch Absorption von Photonen $\hbar\omega$ vom Zustand k nach l übergehen, gleich sein der Anzahl, die durch Emission von l nach k übergeht. Sind n_ω Photonen der Frequenz ω pro Kubikzentimeter enthalten, so ist die Absorptionswahrscheinlichkeit proportional n_ω, und die Emissionswahrscheinlichkeit ist proportional $n_\omega + 1$. Also gilt

$$N_k n_\omega = N_l(n_\omega + 1)$$

[1] Bei Kernen, die Gammastrahlen emittieren, scheint dies nicht wahr zu sein. Aus einem obskuren Grund dominiert die magnetische Strahlung in jeder Multipolordnung.

oder

$$(n_\omega + 1)/n_\omega = N_k/N_l = e^{\hbar\omega/kT},$$

$$n_\omega = 1/(e^{\hbar\omega/kT} - 1).$$

Das ist das PLANCKsche Verteilungsgesetz für schwarze Körper.

Die Streuung von Licht

Wir diskutieren hier die Phänomene, die auftreten, wenn ein Photon auf ein Atom auftrifft und an ihm in eine andere Richtung (und vielleicht mit anderer Energie) gestreut wird (siehe Fig. 6.1). Dies kann als die Absorption des einlaufenden und die Emission eines neuen Photons durch das Atom betrachtet werden. Die beiden vorkommenden Photonen werden durch die Vektorpotentiale dargestellt:

$$A_1 = (2\pi\hbar c^2/\omega_1)^{1/2} e_1 e^{+i(\omega_1 t - \mathbf{K}_1 \cdot \mathbf{x})},$$

$$A_2 = (2\pi\hbar c^2/\omega_2)^{1/2} e_2 e^{-i(\omega_2 t - \mathbf{K}_2 \cdot \mathbf{x})}.$$

Was wir bestimmen wollen, ist die Wahrscheinlichkeit, daß ein Atom, das anfangs im Zustand k war, durch die Störung $A = A_1 + A_2$ für die Zeit T in den Zustand l geht.

Diese Wahrscheinlichkeit kann genau wie jede Übergangswahrscheinlichkeit mit Hilfe der A_{lk} berechnet werden, wobei

$$\begin{aligned} A_{lk} &= \delta_{kl} \exp[-i(E_l/\hbar)T] \\ &- \frac{i}{\hbar}\int_0^T \exp[-i(E_l/\hbar)(T-t_3)]\, U_{lk}(t_3) \exp[-i(E_k/\hbar)t_3]\, dt_3 \\ &+ (i/\hbar)^2 \sum_n \int_0^T \int_0^{t_4} \exp[-i(E_l/\hbar)(T-t_4)] \\ &\times U_{ln}(t_4) \exp[-i(E_n/\hbar)(t_4-t_3)]\, U_{nk}(t_3) \exp[-i(E_k/\hbar)t_3]\, dt_3\, dt_4. \end{aligned}$$

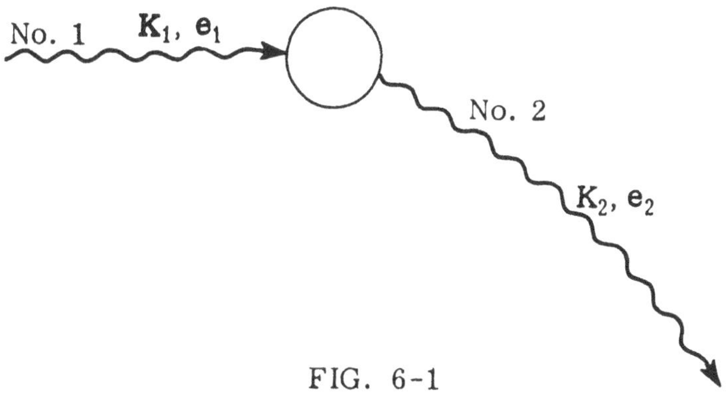

FIG. 6-1

Die Dipol-Näherung und

$$U = \Delta H = (e/mc)(\boldsymbol{p}\cdot\boldsymbol{A}) + (e^2/2mc^2)(\boldsymbol{A}\cdot\boldsymbol{A})$$

sollen angewandt werden, wobei die Spins vernachlässigt wurden.

In jedem Integral, das ein A_{lk} definiert, muß jedes der beiden Vektorpotentiale genau einmal auftreten. Daher erscheint im ersten Integral der Term $\boldsymbol{p}\cdot\boldsymbol{A}$ von U in U_{lk} nicht. Das Produkt $\boldsymbol{A}\cdot\boldsymbol{A} = (\boldsymbol{A}_1 + \boldsymbol{A}_2)\cdot(\boldsymbol{A}_1 + \boldsymbol{A}_2)$ trägt nur mit seinem gemischten Produkt $2\boldsymbol{A}_1\cdot\boldsymbol{A}_2$ bei. Das zweite Integral hat keinen Beitrag von $\boldsymbol{A}\cdot\boldsymbol{A}$, aber es läßt sich in zwei Summanden zerlegen. Der erste Term enthält ein U_{ln}, herrührend von $\boldsymbol{p}\cdot\boldsymbol{A}_2$ und ein U_{nk}, herrührend von $\boldsymbol{p}\cdot\boldsymbol{A}_1$. Der zweite hat U_{ln} von $\boldsymbol{p}\cdot\boldsymbol{A}_1$ und U_{nk} von $\boldsymbol{p}\cdot\boldsymbol{A}_2$. Die zeitliche Reihenfolge, die diese beiden Terme zur Folge haben, kann schematisch wie in Fig. 6.2 dargestellt werden.

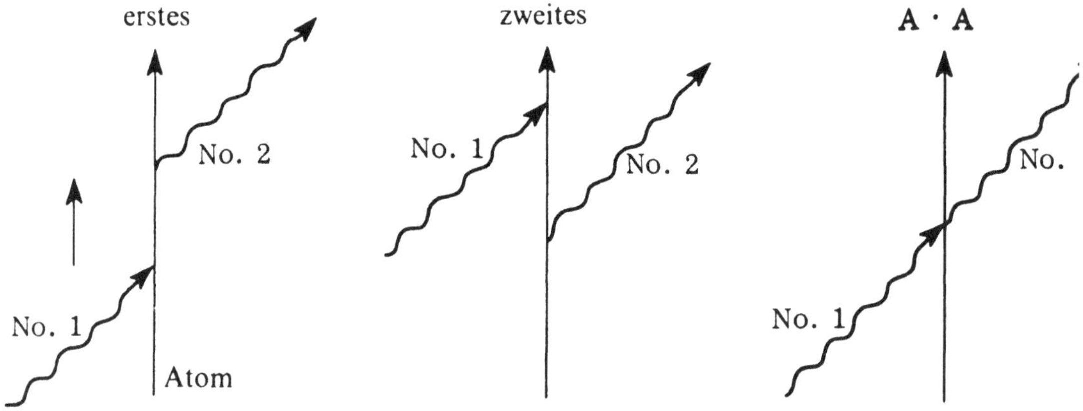

FIG. 6-2

Das Integral, das aus dem ersten Term folgt, wird nun im einzelnen ausgeführt.

$$(\boldsymbol{p}\cdot\boldsymbol{A}_1)_{nk} = (2\pi\hbar c^2/\omega_1)^{1/2}(\boldsymbol{p}\cdot\boldsymbol{e}_1)_{nk}e^{-i\omega_1 t},$$

$$(\boldsymbol{p}\cdot\boldsymbol{A}_2)_{ln} = (2\pi\hbar c^2/\omega_2)^{1/2}(\boldsymbol{p}\cdot\boldsymbol{e}_2)_{ln}e^{i\omega_2 t}.$$

Dann ist das resultierende Integral

$$\sum_n 2\pi/(\omega_1\omega_2)^{1/2}(\boldsymbol{p}\cdot\boldsymbol{e}_2)_{ln}(\boldsymbol{p}\cdot\boldsymbol{e}_1)_{nk} \times \int_0^T\int_0^{t_4} \exp[-i(E_l/\hbar)(T-t_4) + i\omega_2 t_4]$$

$$\times \exp[-i(E_n/\hbar)(t_4 - t_3) - i\omega_1 t_3]\exp[-i(E_k/\hbar)t_3]\,dt_3\,dt_4.$$

Das Integral ist ähnlich wie die Integrale, die wir oben hinsichtlich der Übergangswahrscheinlichkeiten betrachtet haben, und die Summe wird

$$\sum_n 2\pi/(\omega_1\omega_2)^{1/2}(\boldsymbol{p}\cdot\boldsymbol{e}_1)_{ln}(\boldsymbol{p}\cdot\boldsymbol{e}_2)_{nk}e^{i\phi}\times\sin[(T\cdot\Delta/\hbar)/(E_k-E_n+\hbar\omega_1)\cdot\Delta],$$

wobei $\Delta=(E_l+\hbar\omega_2-E_k-\hbar\omega_1)$, und der Phasenwinkel ϕ unabhängig von n ist. Ein Term mit dem Nenner $(E_n-\hbar\omega_1-E_k)(E_l+\hbar\omega_2-E_n)$ wurde vernachlässigt, da das frühere Resultat zeigt, daß nur solche Energien mit $E_l+\hbar\omega_2\approx E_k+\hbar\omega_1$ wichtig sind. Das endgültige Resultat lautet

$$\text{Überg.wahrsch./sec}=(2\pi/\hbar)|M|^2[\omega_2^2\,d\Omega_2/(2\pi^3)]=\sigma c, \qquad (6.1)$$

wobei $|M|$ durch A_{lk} bestimmt ist, indem man über ω_2 integriert und über $\boldsymbol{e}_2$ mittelt. Dann ist der vollständige Ausdruck für den Wirkungsquerschnitt

$$\sigma\,d\Omega_2=\frac{e^4}{m^2c^4}\,\frac{\omega_2}{\omega_1}\,d\Omega_2\left|\frac{1}{m}\sum_n\frac{(\boldsymbol{p}\cdot\boldsymbol{e}_2)_{ln}(\boldsymbol{p}\cdot\boldsymbol{e}_1)_{nk}}{E_k+\hbar\omega_1-E_n}+\frac{(\boldsymbol{p}\cdot\boldsymbol{e}_1)_{ln}(\boldsymbol{p}\cdot\boldsymbol{e}_2)_{nk}}{E_k-E_n-\hbar\omega_2}+\frac{1}{mc^2}(\boldsymbol{e}_1\cdot\boldsymbol{e}_2)\delta_{lk}\right|^2. \qquad (6.2)$$

Der erste Term unter dem Summationszeichen stammt von dem oben erwähnten „ersten Term“ und der zweite von dem „zweiten Term“. Der letzte Term innerhalb der Absolutstriche kommt von $\boldsymbol{A}\cdot\boldsymbol{A}$.

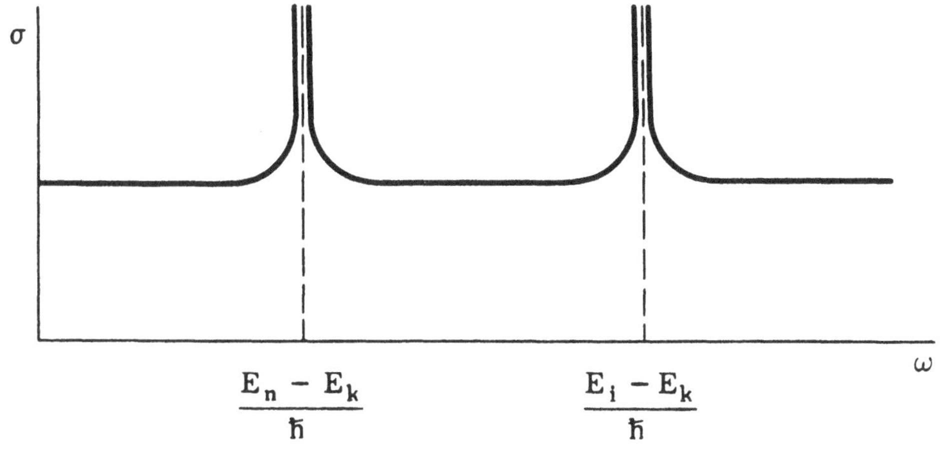

FIG. 6-3

Für $l\neq k$ ist die Streuung inkohärent, und das Resultat wird „Raman-Effekt“ genannt. Für $l=k$ ist die Streuung kohärent.

Man beachte ferner: Sind alle Atome im Grundzustand und $l \neq k$, so kann die Energie des Atoms nur größer werden, und die Frequenz ω des Lichtes kann nur kleiner werden. Das gibt Anlaß zu „Stokesschen Linien". Der umgekehrte Effekt gibt „Anti-Stokessche Linien".

Nehmen wir an, es sei $\omega_1 = \omega_2$ (kohärente Streuung), aber außerdem sei $\hbar\omega_1$ fast gleich $E_k - E_n$, wobei E_n irgendein mögliches Energieniveau des Atoms ist. Dann wird ein Term in der Summe über n besonders groß und dominiert gegenüber dem Rest. Das nennt man „Resonanz-Streuung". Wenn σ gegen ω aufgetragen wird, hat der Wirkungsquerschnitt für solche Werte von ω ein scharfes Maximum (siehe Fig. 6.3).

Man kann den „Brechungsindex" eines Gases aus unserer Streuformel erhalten. Und zwar, wie für andere Arten der Streuung, indem man den Teil des Lichtes betrachtet, der in Vorwärtsrichtung gestreut wird.

Selbstenergie

Ein anderes Phänomen, das in der Quantenelektrodynamik betrachtet werden muß, ist die Möglichkeit, daß ein Atom ein Photon emittiert und dasselbe Photon wieder absorbiert. Das drückt sich im Diagonalelement A_{kk} aus. Seine Wirkung ist äquivalent mit einer Energieänderung des Niveaus. Diese ergibt sich zu

$$\Delta E = \sum_n \int \frac{(\boldsymbol{p}\cdot\boldsymbol{e})_{kn}(\boldsymbol{p}\cdot\boldsymbol{e})_{nk}}{E_k - E_n - \omega} \frac{d^3\boldsymbol{K}}{(2\pi\hbar)^3} \frac{2\pi}{\omega},$$

wobei e die Polarisationsrichtung ist. Das Integral divergiert. Eine genauere relativistische Berechnung ergibt ebenso ein divergentes Integral. Das bedeutet, daß unsere Formulierung der elektromagnetischen Effekte in Wirklichkeit keine völlig befriedigende Theorie ist. Die Abänderungen, die nötig sind, um diese Schwierigkeit der unendlichen Selbstenergie zu vermeiden, werden später diskutiert werden. Das Endergebnis ist eine sehr kleine Abweichung ΔE in der Lage der Energieniveaus. Diese Abweichung wurde von LAMB und RUTHERFORD beobachtet.

ZUSAMMENFASSUNG DER PRINZIPIEN UND RESULTATE DER SPEZIELLEN RELATIVITÄTSTHEORIE

Siebente Vorlesung

Das Relativitätsprinzip besteht darin, daß alle physikalischen Phänomene genau die gleichen sein sollen, wenn sich alle betrachteten Objekte gemeinsam mit der gleichförmigen Geschwindigkeit v bewegen; das heißt, kein Experiment im Innern eines abgeschlossenen Raumschiffes, das sich mit der gleichförmigen Geschwindigkeit v bewegt (relativ zum Massenschwerpunkt des Weltalls z. B.), kann diese Geschwindigkeit bestimmen. Das Prinzip wurde experimentell bestätigt. Die Newtonschen Gesetze genügen diesem Prinzip; denn sie bleiben ungeändert, wenn sie einer Galilei-Transformation

$$x' = x - vt \quad y' = y \quad z' = z \quad t' = t$$

unterzogen werden, weil sie nur 2. Ableitungen enthalten. Die Maxwell-Gleichungen jedoch werden bei der Anwendung dieser Transformation geändert, und frühe Arbeiten auf diesem Gebiet versuchten mit Hilfe dieser Eigenschaft, die Geschwindigkeit der Erde absolut zu bestimmen (Michelson-Morley-Experiment). Der Mißerfolg, irgendeinen Effekt dieser Art zu entdecken, führte schließlich zu dem Einsteinschen Postulat, daß die Maxwell-Gleichungen in jedem Koordinatensystem die gleiche Form haben; und im besonderen, daß die Lichtgeschwindigkeit in allen Koordinatensystemen die gleiche ist. Die Transformation zwischen Koordinatensystemen, welche die Maxwell-Gleichungen invariant läßt, ist die Lorentz-Transformation:

$$\begin{aligned} x' &= \frac{x - vt}{\sqrt{1-(v^2/c^2)}} = x\cosh u - ct\sinh u, \\ y' &= y, \\ z' &= z, \\ t' &= \frac{t-(xv/c^2)}{\sqrt{1-(v^2/c^2)}} = -\frac{x}{c}\sinh u + t\cosh u, \end{aligned}$$

wobei $\tanh u = v/c$. Im folgenden werden wir die Zeiteinheit so festlegen, daß die Lichtgeschwindigkeit c eins wird. Die zweite Form wurde angegeben, um die Analogie mit der Rotation

$$x' = x\cos\theta + y\sin\theta,$$

$$y' = -x\sin\theta + y\cos\theta$$

zu zeigen. Aufeinanderfolgende Transformationen v_1 und v_2 oder u_1 und u_2 addieren sich so, daß eine einzige Transformation v_3 oder u_3 zum gleichen Ergebnis führt, wenn

$$v_3 = \frac{v_1 + v_2}{1 + \frac{v_1 v_2}{c^2}} \quad \text{oder} \quad \tanh u_3 = \tanh(u_1 + u_2).$$

EINSTEIN forderte (spezielle Relativitätstheorie), daß die NEWTONschen Gesetze so modifiziert werden müssen, daß auch sie in der Form nicht durch die Lorentz-Transformation geändert werden.

Eine interessante Folge der Lorentz-Transformation ist die, daß die Uhren in bewegten Systemen langsamer zu laufen scheinen; dieses wird Zeit-Dilatation genannt. Beim Übergang von einem Koordinatensystem zu einem anderen ist es passend, die Tensor-Analysis zu benutzen. Zu diesem Zweck wird ein Vierer-Vektor als ein Satz von vier Größen definiert, die sich in derselben Weise wie x, y, z und ct transformieren. Der Index μ soll bezeichnen, welche der vier Komponenten gerade betrachtet wird; z. B.[1]

$$x_1 = x, \quad x_2 = y, \quad x_3 = z, \quad x_4 = t.$$

Die folgenden Ausdrücke sind Vierer-Vektoren:

$-\frac{\partial}{\partial x}, -\frac{\partial}{\partial y}, -\frac{\partial}{\partial z}, +\frac{\partial}{\partial t}$ (∇_μ) vier-dimensionaler Gradient,

j_x, j_y, j_z, ρ (j_μ) Strom- und Ladungs-Dichte,

A_x, A_y, A_z, φ (A_μ) Vektor- und Skalar-Potential,

p_x, p_y, p_z, E (p_μ) Impuls- und Gesamtenergie[2].

Eine Invariante ist eine Eigenschaft, die sich bei einer Lorentz-Transformation nicht ändert. Sind a_μ und b_μ zwei Vierer-Vektoren, so ist das „Produkt"

$$a \cdot b \equiv \sum_n a_\mu b_\mu \equiv a_4 b_4 - a_1 b_1 - a_2 b_2 - a_3 b_3$$

eine Invariante. Damit man das Summationszeichen weglassen kann, wird folgende Summen-Konvention benutzt. Tritt ein Index zweimal

[1] Von hier an setzen wir $c = \hbar = 1$, siehe Seite 45.

[2] Hier ist die Energie E die Gesamtenergie einschließlich der Ruhenergie mc^2.

auf, so wird über ihn summiert und ein Minus-Zeichen vor die ersten, zweiten und dritten Komponenten gesetzt. Die Lorentz-Invarianz der Kontinuitätsgleichung kann man leicht zeigen, indem man sie als ein „Produkt" der Vierer-Vektoren ∇_μ und j_μ schreibt:

$$\nabla_\mu j_\mu = \nabla_4 j_4 - \nabla_1 j_1 - \nabla_2 j_2 - \nabla_3 j_3 = \frac{\partial \rho}{\partial t} + \frac{\partial j_x}{\partial x} + \frac{\partial j_y}{\partial y} + \frac{\partial j_z}{\partial z}.$$

Aus der Invarianz dieses „Produktes", der vier-dimensionalen Divergenz $\nabla \cdot j$, folgt die Ladungserhaltung in allen Systemen, wenn sie in einem System erhalten ist. Eine andere Invariante ist

$$p_\mu p_\mu = p \cdot p = E^2 - p_x^2 - p_y^2 - p_z^2 = E^2 - p^2 = m^2$$

(E = Gesamtenergie, m = Ruhmasse, mc^2 = Ruhenergie, p = Impuls). Daraus folgt

$$E^2 = p^2 + m^2.$$

Es ist auch interessant zu bemerken, daß die Phase der Wellenfunktion eines freien Teilchens $\exp[(-i/\hbar)(Et - \boldsymbol{p} \cdot \boldsymbol{x})]$ invariant ist, da

$$Et - \boldsymbol{p} \cdot \boldsymbol{x} = Et - p_x x - p_y y - p_z z = p_\mu x_\mu.$$

Die Invarianz von $p_\mu p_\mu$ kann dazu benutzt werden, die Umrechnung von Energien im Laborsystem auf Energien bezüglich des Schwerpunkt-

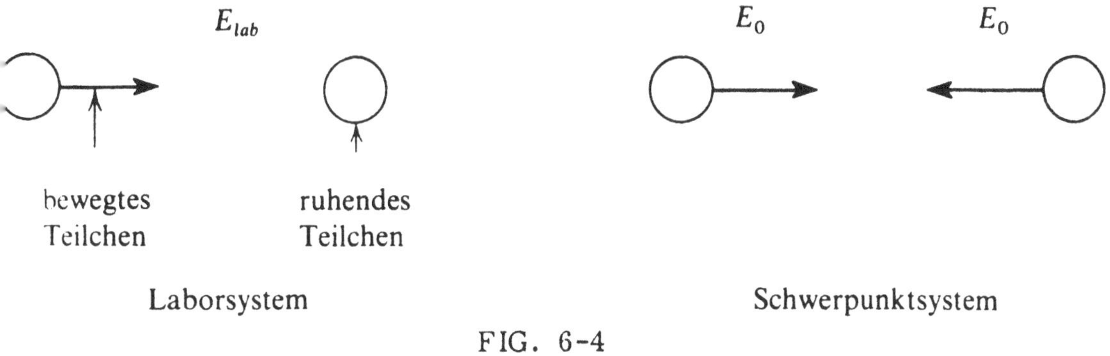

FIG. 6-4

systems (Fig. 6.4) folgendermaßen zu erleichtern (man betrachte der Einfachheit halber gleiche Teilchen):

$$p_\mu p_\mu = E_{lab} m = E_0^2 + p_0^2,$$

aber

$$p_0^2 = E_0^2 - m^2 \quad \text{also} \quad E_{lab} m = 2E_0^2 - m^2$$

und

$$E_0 = [\tfrac{1}{2} m (E_{lab} + m)]^{1/2}.$$

Die Gleichungen der Elektrodynamik $\boldsymbol{B}=\nabla\times\boldsymbol{A}$ und $\boldsymbol{E}=-(1/c)(\partial\boldsymbol{A}/\partial t)-\boldsymbol{\nabla}\phi$ können leicht in Tensorschreibweise angegeben werden:

$$
\begin{aligned}
B_x &= \partial A_z/\partial y - \partial A_y/\partial z = -\nabla_y A_z + \nabla_z A_y,\\
B_y &= \partial A_x/\partial z - \partial A_z/\partial x = -\nabla_z A_x + \nabla_x A_z,\\
B_z &= \partial A_y/\partial x - \partial A_x/\partial y = -\nabla_x A_y + \nabla_y A_x,\\
E_x &= -\partial A_x/\partial t - \partial\phi/\partial x = -\nabla_t A_x + \nabla_x A_t,\\
E_y &= -\partial A_y/\partial t - \partial\phi/\partial y = -\nabla_t A_y + \nabla_y A_t,\\
E_z &= -\partial A_z/\partial t - \partial\phi/\partial z = -\nabla_t A_z + \nabla_z A_t,
\end{aligned}
$$

wobei angewandt wurde, daß ϕ die vierte Komponente des Vierer-Vektors A_μ, des Potentials ist. Aus dem Obigen kann man ersehen, daß B_x, B_y, B_z, E_x, E_y und E_z die Komponenten eines zweistufigen Tensors sind:

$$F_{\mu\nu} = \nabla_\mu A_\nu - \nabla_\nu A_\mu. \tag{7.1}$$

Dieser Tensor ist antisymmetrisch ($F_{\mu\nu}=-F_{\nu\mu}$), und die Diagonal-Terme ($\mu=\nu$) sind Null; daher gibt es nur sechs unabhängige Komponenten (drei von $\boldsymbol{E}$ und drei von $\boldsymbol{B}$) anstatt sechszehn.

$$F_{\mu\nu} = \begin{vmatrix} 0 & -B_z & B_y & E_x \\ B_z & 0 & -B_x & E_y \\ -B_y & B_x & 0 & E_z \\ -E_x & -E_y & -E_z & 0 \end{vmatrix}.$$

Die Maxwell-Gleichungen $\boldsymbol{\nabla}\times\boldsymbol{B}=4\pi\boldsymbol{J}+(\partial\boldsymbol{E}/\partial t)$ und $\boldsymbol{\nabla}\cdot\boldsymbol{E}=4\pi\rho$ lauten dann

$$\nabla_\mu F_{\mu\nu} = 4\pi j_\nu, \tag{7.2}$$

wobei $\nu=1, 2, 3, 4$, das heißt $j_1=j_x$, $j_2=j_y$, $j_3=j_z$, $j_4=\rho$, und μ ist ein Summationsindex. $\nu=1$, 2 und 3 ergibt die drei Komponenten der Rotations-Gleichung und $\nu=4$ ergibt die Divergenzgleichung.

Die Gleichung für das Potential A_μ finden wir, indem wir Gleichung (7.1) in (7.2) einsetzen:

$$\nabla_\mu\nabla_\mu A_\nu - \nabla_\mu\nabla_\nu A_\mu = 4\pi j_\nu.$$

Das Potential A_ν ist jedoch nicht eindeutig, da das Potential

$$A'_\mu = A_\mu + \nabla_\mu\chi \tag{7.3}$$

(χ = irgendeine skalare Ortsfunktion) auch dieser Beziehung genügt. Solch eine Änderung oder Transformation des Potentials wird eine Eich-Transformation genannt (aus historischen Gründen). Wir werden das Potential genauer bestimmen, indem wir voraussetzen, daß alle Potentiale so geeicht wurden, daß sie der sogenannten Lorentz-Bedingung[1]

$$\nabla_\mu A_\mu = 0 \tag{7.4}$$

genügen. Das ist zweckmäßig, da es wegen $\nabla \cdot \nabla \equiv \nabla_\mu \nabla_\mu$ die Gleichung für A_μ vereinfacht zu

$$(\nabla \cdot \nabla) A_\nu = 4\pi j_\nu, \tag{7.5}$$

was man als die Wellengleichungen

$$\begin{aligned} \nabla^2 \boldsymbol{A} - \partial^2 \boldsymbol{A}/\partial t^2 &= -4\pi \boldsymbol{j}, \\ \nabla^2 \phi - \partial^2 \phi/\partial t^2 &= -4\pi\rho \end{aligned} \tag{7.5'}$$

wiedererkennt.

Manchmal werden die Gleichungen (7.5′) so geschrieben: $\Box^2 A_\mu = -4\pi j_\mu$ ($\Box^2$ = Laplace-Operator $= \nabla^2 - (\partial/\partial t)^2 = -\nabla \cdot \nabla$). Diese Wahl der Eichung ($\nabla_\mu A_\mu = 0$) ist diejenige, die in der klassischen Elektrodynamik üblich ist,

$$\nabla \cdot \boldsymbol{A} + \partial\phi/\partial t = 0. \tag{7.4'}$$

Achte Vorlesung

Lösung der Maxwell-Gleichung im leeren Raum

Im leeren Raum gilt für die ebene Welle als Lösung der Wellengleichung

$$\Box^2 A_\mu = -4\pi j_\mu = 0$$

folgender Ausdruck

$$A_\mu = e_\mu e^{-ik \cdot x},$$

wobei e_μ und k_μ konstante Vektoren sind, und k_μ der Bedingung genügt:

$$k_\mu k_\mu = k \cdot k = 0.$$

Das kann man daraus ersehen, daß ∇_ν angewandt auf $e^{-ik \cdot x}$ das gleiche bedeutet wie eine Multiplikation mit ik_ν(∇_ν angewandt auf e_μ liefert kei-

[1] Diese ist nicht ausreichend, um A vollständig zu bestimmen. Wir könnten immer noch irgendein χ finden, so daß gilt $\Box^2 \chi = 0$.

nen Beitrag, da die Koordinaten senkrecht aufeinander stehen). Also gilt

$$-\Box^2 A_\mu = \nabla_\nu(\nabla_\nu A_\mu) = \nabla_\nu(-ie_\mu k_\nu e^{-ik\cdot x})$$
$$= -e_\mu(k_\nu k_\nu)e^{-ik\cdot x}.$$

Man beachte, daß hierbei $\nabla_\nu A_\mu$ eigentlich ein zweistufiger Tensor und $\nabla_\nu(\nabla_\nu A_\mu)$ ein dreistufiger Tensor ist, und daß dann die Zusammenfassung im Index ν einen einstufigen Tensor oder Vektor liefert.

k_μ ist der Ausbreitungsvektor mit den Komponenten

$$k_\mu = (\omega, K_x, K_y, K_z) = (\omega, \boldsymbol{K}),$$

so daß in der üblichen Schreibweise gilt

$$\exp(-ik\cdot x) = \exp[-i(\omega t - \boldsymbol{K}\cdot\boldsymbol{x})],$$

und die Bedingung $k\cdot k = 0$ bedeutet

$$\omega^2 - \boldsymbol{K}\cdot\boldsymbol{K} = 0.$$

Aufgabe: Zeige, daß aus der Lorentz-Konvention

$$\nabla_\mu A_\mu = 0$$

$k\cdot e = 0$ folgt.

Bei dreidimensionalen Problemen ist es üblich, den Polarisationsvektor $\boldsymbol{e}$ so zu wählen, daß $\boldsymbol{K}\cdot\boldsymbol{e} = 0$, und das skalare Potential $\phi = 0$ zu setzen. Aber das ist keine eindeutige Bedingung; das heißt, sie ist relativistisch nicht invariant und gilt nur in einem Koordinatensystem. Das scheint paradox, daß man das System, in dem $\boldsymbol{K}\cdot\boldsymbol{e} = 0$ gilt, auszeichnet, da es mit der Relativitätstheorie unvereinbar ist. Der Widerspruch wird jedoch dadurch gelöst, daß man immer eine sogenannte Eich-Transformation vornehmen kann, die das Feld $F_{\mu\nu}$ unverändert läßt, die aber $\boldsymbol{e}$ ändert. Wählt man also $\boldsymbol{K}\cdot\boldsymbol{e} = 0$ in einem besonderen System, so läuft das auf die Wahl einer bestimmten Eichung hinaus.

Die Eichtransformation, Gl. (7.3), ist

$$\boldsymbol{A}' = \boldsymbol{A} - \nabla\chi,$$

$$\phi' = \phi + (\partial\chi/\partial t),$$

wobei χ ein Skalar ist. Aber Gl. (7.4), $\nabla\cdot A = 0$ (die Lorentz-Konvention), gilt auch, wenn

$$\nabla\cdot A' = \nabla\cdot A + \nabla\cdot\chi = 0$$

oder wenn

$$\Box^2\chi = 0.$$

Diese Gleichung hat eine Lösung $\chi = i\alpha e^{-ik\cdot x}$, so daß

$$A'_\mu = A_\mu + \nabla_\mu(\alpha e^{-ik\cdot x}) = (e_\mu + \alpha k_\mu) e^{-ik\cdot x},$$

wobei α eine willkürliche Konstante ist. Daher ist

$$e'_\mu = e_\mu + \alpha k_\mu$$

der neue Polarisationsvektor, den man durch die Eichtransformation erhält. In üblicher Schreibweise ist

$$\boldsymbol{e}' = \boldsymbol{e} + \alpha \boldsymbol{K},$$

$$e'_4 = e_4 + \alpha\omega.$$

Deshalb kann unabhängig vom Koordinatensystem

$$\boldsymbol{K}\cdot\boldsymbol{e}' = \boldsymbol{K}\cdot\boldsymbol{e} + \alpha\boldsymbol{K}\cdot\boldsymbol{K} = \boldsymbol{K}\cdot\boldsymbol{e} + \alpha\omega^2/c^2$$

durch die Wahl der Konstanten α zu Null gemacht werden.

Das Feld wird durch eine Eichtransformation nicht geändert, denn

$$F'_{\mu\nu} = \nabla_\mu A'_\nu - \nabla_\nu A'_\mu = \nabla_\mu A_\nu + \nabla_\mu\nabla_\nu\chi - \nabla_\nu A_\mu - \nabla_\nu\nabla_\mu\chi = F_{\mu\nu}$$

und $\nabla_\mu\nabla_\nu\chi \equiv \nabla_\nu\nabla_\mu\chi$, da die Reihenfolge der Differentiationen unwesentlich ist.

Mechanik relativistischer Teilchen

Die Komponenten der normalen Geschwindigkeit transformieren sich nicht wie die Komponenten eines Vierervektors. Aber ein anderer Ausdruck

$$dz_\mu/ds = dt/ds,\ dx/ds,\ dy/ds,\ dz/ds,$$

wobei

$$dz_\mu = dt,\ dx,\ dy,\ dz$$

ein Wegelement des Teilchens und *ds* die Eigenzeit definiert durch

$$ds^2 = dt^2 - dx^2 - dy^2 - dz^2$$

ist, ist ein Vierervektor und wird Vierergeschwindigkeit u_μ genannt. Dividiert man ds^2 durch dt^2, so ergibt sich das Verhältnis von Eigenzeit zu ortsfester Zeit als

$$(ds/dt)^2 = 1 - v^2.$$

Die Komponenten der gewöhnlichen Geschwindigkeit stehen in folgendem Zusammenhang mit u_μ

$$dx/ds = (dx/dt)(dt/ds) = v_x/(1-v^2)^{1/2},$$
$$dy/ds = v_y/(1-v^2)^{1/2},$$
$$dz/ds = v_z/(1-v^2)^{1/2},$$
$$dt/ds = 1/(1-v^2)^{1/2}.$$

Es ist offensichtlich, daß $u_\mu u_\mu = 1$, denn

$$u_\mu u_\mu = \frac{1}{1-v^2} - \frac{v_x^2}{1-v^2} - \frac{v_y^2}{1-v^2} - \frac{v_z^2}{1-v^2} = \frac{1-v^2}{1-v^2} = 1.$$

Der Viererimpuls wird definiert als

$$p_\mu = m u_\mu = m/(1-v^2)^{1/2}, \quad m v_x/(1-v^2)^{1/2}, \quad m v_y/(1-v^2)^{1/2}, \quad m v_z/(1-v^2)^{1/2}.$$

Man beachte, daß $p_4 = m/(1-v^2)^{1/2}$ die Gesamtenergie E ist, so daß in der üblichen Schreibweise der Impuls $\boldsymbol{P}$ gegeben ist durch

$$\boldsymbol{P} = E\boldsymbol{v},$$

wobei $\boldsymbol{v}$ die gewöhnliche Geschwindigkeit ist.

Wie bei der Geschwindigkeit sind auch die Komponenten der gewöhnlichen Kraft, die durch d/dt (Impuls) definiert ist, nicht die Komponenten eines Vierervektors. Aber der Ausdruck

$$f_\mu = dp_\mu/ds$$

ist ein Vierervektor mit den Komponenten

$$f_\mu = d/dt\left(m v_\mu/\sqrt{1-v^2}\right)dt/ds = F_\mu/\sqrt{1-v^2}, \quad \mu = 1,2,3,$$

wobei F_μ die gewöhnliche Kraft ist. Die vierte Komponente ist

$$f_4 = \frac{\text{Kraft}}{\sqrt{1-v^2}} = \frac{\text{Energieänderung pro Zeiteinheit}}{\sqrt{1-v^2}} = \frac{d/dt\left(m/\sqrt{1-v^2}\right)}{\sqrt{1-v^2}}.$$

Das folgt daraus, daß $m/\sqrt{1-v^2}$ die Gesamtenergie ist und aus der bekannten Identität

$$\text{Kraft} = \boldsymbol{F}\cdot\boldsymbol{V} = \left[\frac{d}{dt}\,\frac{mV}{\sqrt{1-v^2}}\right]\cdot V$$

$$= \frac{m}{2}\left[\frac{v^2}{(1-v^2)^{3/2}} + \frac{1}{(1-v^2)^{1/2}}\right]\frac{dv^2}{dt}$$

$$= \frac{mv}{(1-v^2)^{3/2}}\,\frac{dv}{dt} = \frac{d}{dt}\,\frac{m}{\sqrt{1-v^2}}.$$

Folglich ist das relativistische Analogon der NEWTONschen Gleichungen

$$d/ds(p_\mu) = f_\mu = m\,d^2 z_\mu/ds^2. \tag{8.1}$$

Die übliche Lorentz-Kraft ist

$$\boldsymbol{F} = e(\boldsymbol{E} + \boldsymbol{v}\times\boldsymbol{B}) \tag{8.2}$$

und die Energieänderung pro Zeiteinheit ist

$$\boldsymbol{F}\cdot\boldsymbol{v} = e\,\boldsymbol{E}\cdot\boldsymbol{v}.$$

Daher folgt aus der obigen Definition der Viererkraft

$$f = e/(1-v^2)^{1/2}(\boldsymbol{E} + \boldsymbol{v}\times\boldsymbol{B})$$

und

$$f_4 = e/(1-v^2)^{1/2}\,\boldsymbol{E}\cdot\boldsymbol{v}.$$

Aufgabe: Zeige, daß die eben angegebenen Ausdrücke für f und f_4 äquivalent mit

$$f_\nu = e\,u_\mu F_{\mu\nu}$$

sind, so daß aus dem relativistischen Analogon der NEWTONschen Gleichungen

$$m\,d^2 z_\mu/ds^2 = e(dz_\nu/ds)\,F_{\mu\nu} \tag{8.3}$$

wird.

Man zeige auch, daß daraus folgt:

$$d/ds[(dz_\mu/ds)^2] = 0.$$

In der üblichen Form lautet die Bewegungsgleichung

$$d/dt\left(m\boldsymbol{v}/\sqrt{1-v^2}\right) = e(\boldsymbol{E} + \boldsymbol{v}\times\boldsymbol{B}). \tag{8.4}$$

Durch direkte Anwendung der Lagrange-Gleichungen

$$d/dt(\partial L/\partial v_\mu) - (\partial L/\partial x_\mu) = 0$$

kann gezeigt werden, daß die Lagrange-Funktion

$$L = -m\sqrt{1-v^2} - e\phi + e\boldsymbol{A}\cdot\boldsymbol{v} \tag{8.5}$$

zu diesen Bewegungsgleichungen führt. Ebenso ist der zu x konjugierte Impuls gegeben durch $\partial L/\partial \boldsymbol{v}$ oder

$$\boldsymbol{P} = m\boldsymbol{v}/(1-v^2)^{1/2} + e\boldsymbol{A}.$$

Die entsprechende Hamiltonfunktion ist

$$H = e\phi + [(\boldsymbol{P} - e\boldsymbol{A})^2 + m^2]^{1/2}. \tag{8.6}$$

Diese genügt der Gleichung $(H - e\phi)^2 - (\boldsymbol{P} - e\boldsymbol{A})^2 = m^2$. Es ist schwierig, den Hamilton-Formalismus in eine kovariante oder vierdimensionale Formulierung umzuwandeln. Aber das Prinzip der kleinsten Wirkung, welches aussagt, daß die Wirkung

$$S = \int L\,dt$$

ein Minimum werden soll, führt direkt zur relativistischen Form der Bewegungsgleichungen, wenn man es folgendermaßen ausdrückt

$$S = \int L\,dt = m\int ds + e\int A_\mu (dz_\mu/ds)\,ds = \int [m(dz/d\alpha\cdot dz/d\alpha)^{1/2} + e A_\mu dz_\mu/d\alpha]\,d\alpha.$$

Man beachte, daß definitionsgemäß gilt:

$$(ds/d\alpha)^2 = (dz_\mu/d\alpha)(dz_\mu/d\alpha).$$

Es ist interessant, daß eine andere „Wirkung“, die durch

$$S' = m/2 \int (dz_\mu/d\alpha)^2\,d\alpha + e\int A_\mu(z_\mu)(dz_\mu/d\alpha)\,d\alpha$$

gegeben ist, zum gleichen Resultat wie das obige S führt.

Aufgaben: (1) Zeige, daß die Lagrange-Funktion, Gl. (8.5), zu den Bewegungsgleichungen, Gl. (8.4), führt, und daß die entsprechende Hamilton-Funktion durch Gl. (8.6) gegeben ist. Ebenso finde man den Ausdruck für $\boldsymbol{P}$. (2) Zeige, daß $\delta S = 0$ (Variation von S), wobei S die oben angegebene Wirkung ist, zu denselben Gleichungen führt.

RELATIVISTISCHE WELLENGLEICHUNG

Neunte Vorlesung

Einheiten

Die hier angegebene Konvention wird im folgenden benutzt. Wir definieren die Einheiten von Masse, Zeit und Länge so, daß

$$c = 1 \quad (c = 2.99793 \times 10^{10} \text{ cm/sec}),$$

$$\hbar = 1 \quad (\hbar = 1.0544 \times 10^{-27} \text{ erg-sec}).$$

Tabelle 9.1 gibt eine nützliche Liste zur Umrechnung in herkömmlichen Einheiten.

Tabelle 9.1. Bezeichnungen und Einheiten

hier gebrauchte Bezeichnung	Bedeutung	übliche Bezeichnung	Wert
m	Elektronenmasse	m	
	Energie	mc^2	510.99 kev
	Impuls	mc	1704 dyn$e$ – sec
	Frequenz	$mc^2/\hbar$	
	Wellenzahl	$mc/\hbar$	
$1/m$	Länge (Compton-Wellenlänge)/2π	$\hbar/mc$	3.8615×10^{-11} cm
	Zeit	$\hbar/mc^2$	
e^2	Feinstrukturkonstante (dimensionslos)	$e^2/\hbar c$	1/137.038
e^2/m	klassischer Elektronenradius	e^2/mc^2	2.8176×10^{-13} cm
$1/me^2$	Bohrscher Radius	$a_0 = \hbar/me^2$	0.52945 A

Wir brauchen die folgenden numerischen Werte:

M_p = Protonenmasse = 1836,1 m = 938,2 Mev,

Masseneinheit des Atomgewichtes = 931,2 Mev,

M_H = Masse des Wasserstoffatoms = 1,00815 Masseneinheiten,

M_N = Neutronenmasse = 784 kev + M_H,
kT = 1 eV, wenn T = 11,606 °K,
N_a = Avogadrosche Zahl = $6{,}025 \times 10^{23}$,
$N_a e$ = 96,520 Cb.

Klein-Gordon-, Pauli- und Dirac-Gleichung

Gemäß der relativistischen klassischen Mechanik ist die Hamilton-Funktion gegeben durch

$$H = \sqrt{(\boldsymbol{p} - e\boldsymbol{A})^2 + m^2} + e\phi. \tag{9.1}$$

Setzt man den quantenmechanischen Operator $-i\nabla$ für $\boldsymbol{p}$ ein, so ist die Quadratwurzel unbestimmt. Daher erhält man den relativistischen quantenmechanischen Hamilton-Operator nicht direkt aus der klassischen Gleichung (9.1). Es ist jedoch möglich, das Quadrat des Operators zu definieren und zu schreiben

$$(H - e\phi)^2 - (\boldsymbol{p} - e\boldsymbol{A})^2 = m^2.$$

Daraus folgt mit $H = i\partial/\partial t$

$$[-(\hbar/i)\partial/\partial t - e\phi]^2\psi - [(\hbar/i)(\partial/\partial x) - e/c\,A_x]^2\psi - \cdots = m^2\psi, \tag{9.2}$$

wobei das Quadrat eines Operators mit der üblichen Operator-Algebra berechnet wird. Diese Gleichung wurde zuerst von Schrödinger als mögliche relativistische Gleichung gefunden. Sie wird gewöhnlich als die Klein-Gordon-Gleichung bezeichnet. In relativistischer Schreibweise heißt sie

$$(i\nabla_\mu - eA_\mu)(i\nabla_\mu - eA_\mu)\psi = m^2\psi. \tag{9.2'}$$

Mit dieser Gleichung kann man den „Spin" nicht beschreiben, und sie versagt daher bei der Beschreibung der Feinstruktur des Wasserstoffspektrums. Sie wird jetzt zur Anwendung auf das π-Meson, ein Teilchen ohne Spin, vorgeschlagen. Um ihre Anwendung auf das Wasserstoffatom zu zeigen, setzen wir $\boldsymbol{A} = 0$ und $\phi = -Ze/r$ und außerdem $\psi = \chi(r)\exp(-iEt)$. Dann lautet die Gleichung

$$(E + Ze^2/r)^2\chi + \nabla^2\chi = m^2\chi.$$

Mit $E = m + W$, wobei $W \ll m$, und der Substitution $V = -Ze^2/r$ folgt

$$(W - V)\chi + \nabla^2\chi/2m = -(W - V)^2\chi/2m.$$

Vernachlässigt man den Term auf der rechten Seite im Vergleich zum ersten Term auf der linken Seite, so ergibt sich die übliche Schrödinger-

Gleichung. Betrachtet man $(W-V)^2/2m$ als Störungspotential, so ist es eine leichte Übungsaufgabe, die Feinstrukturaufspaltung für Wasserstoff zu berechnen und diese mit den exakten Werten zu vergleichen.

Übung: Wegen der Klein-Gordon-Gleichung kann man schreiben

$$\rho = (i/2)(\psi^* \partial\psi/\partial t - \psi\,\partial\psi^*/\partial t) - e\phi\,\psi\,\psi^* = \text{Ladungsdichte},$$

$$\boldsymbol{j} = -(i/2)(\psi^* \nabla\psi - \psi\nabla\psi^*) - e\boldsymbol{A}\,\psi\,\psi^* \quad = \text{Stromdichte}.$$

Zeige dann, daß $(\rho, \boldsymbol{j})$ ein Vierervektor ist und daß $\nabla_\mu j_\mu = 0$.

Die Klein-Gordon-Gleichung führt zu einem Resultat, das zu der Zeit, als es zuerst gefunden wurde, so unwahrscheinlich schien, daß es als Grund galt, die Gleichung zu verwerfen. Dieses Resultat ist die Möglichkeit von Zuständen mit negativen Energien. Um zu sehen, daß die Klein-Gordon-Gleichung solche Energiezustände liefert, betrachte man die Gleichung für ein freies Teilchen, die man so schreiben kann:

$$\Box^2 \psi = m^2 \psi,$$

wobei $\Box^2$ der Laplace-Operator ist. In der Schreibweise von Vierervektoren hat diese Gleichung die Lösung $\psi = A\exp(-ip_\mu x_\mu)$, wobei $p_\mu p_\mu = m^2$. Wegen

$$p_\mu p_\mu = p_4 p_4 - p_x p_x - p_y p_y - p_z p_z = E^2 - \boldsymbol{p}\cdot\boldsymbol{p},$$

folgt daraus

$$E = \pm(m^2 + \boldsymbol{p}\cdot\boldsymbol{p})^{1/2}.$$

Die scheinbare Unmöglichkeit negativer Werte von E führte Dirac dazu, eine neue relativistische Wellengleichung zu entwickeln. Die Dirac-Gleichung erweist sich als genau in der Angabe der Energieniveaus des Wasserstoffatoms und ist die allgemein anerkannte Beschreibung des Elektrons. Gegen DIRACs ursprüngliche Absicht führt jedoch seine Gleichung auch auf die Existenz negativer Energieniveaus, die inzwischen befriedigend interpretiert wurden. Die der Klein-Gordon-Gleichung können auch erklärt werden.

Übung: Zeige: Wenn $\psi = \exp(-iEt)\chi(x,y,z)$ eine Lösung der Klein-Gordon-Gleichung mit konstanten $\boldsymbol{A}$ und ϕ ist, dann ist $\psi = \exp(+iEt)\chi^*$ eine Lösung für $-\boldsymbol{A}$ und $-\phi$ anstelle von $\boldsymbol{A}$ und ϕ. Das deutet eine Möglichkeit an, wie man die Lösungen mit „negativer" Energie interpretieren kann. Es ist die Lösung für ein Teilchen mit entgegengesetzter Ladung wie das Elektron, aber mit der gleichen Masse.

Anstatt dem ursprünglichen Weg in der Entwicklung der Dirac-Gleichung zu folgen, benützen wir hier eine andere Ableitung. Die Klein-Gordon-Gleichung ist eigentlich die vierdimensionale Form der Schrödinger-Gleichung. Analog kann die Dirac-Gleichung als die vierdimensionale Form der Pauli-Gleichung entwickelt werden.

Bei diesem Verfahren werden die Terme, die den „Spin" enthalten, mit in die relativistische Gleichung aufgenommen. Der Spin wurde zuerst von PAULI eingeführt, aber anfangs war es nicht klar, warum das magnetische Moment des Elektrons $\hbar e/2mc$ sein sollte. Dieser Wert folgte scheinbar natürlich aus der Dirac-Gleichung, und es wird oft angegeben, daß der exakte Wert für das magnetische Moment des Elektrons nur aus der Dirac-Gleichung folgt. Das ist jedoch nicht wahr, da weiteres Rechnen an der Pauli-Gleichung zeigte, daß der gleiche Wert ebenso natürlich daraus folgt, d.h. als der Wert, der zur größten Vereinfachung führt. Da der Spin in der Dirac-Gleichung vorkommt und in der Klein-Gordon-Gleichung nicht, und da die Klein-Gordon-Gleichung für falsch gehalten wurde, kann man oft lesen, daß der Spin eine relativistische Forderung sei. Das stimmt nicht, da die Klein-Gordon-Gleichung eine gültige relativistische Gleichung für Teilchen ohne Spin ist.

Die Schrödinger-Gleichung lautet

$$H\psi = E\psi,$$

wobei

$$H = 1/2m(-i\nabla - eA)^2 + e\phi,$$

und die Klein-Gordon-Gleichung

$$[(H - e\phi)^2 - (-i\nabla - eA)^2]\psi = m^2\psi. \tag{9.3}$$

Nun kann man die Pauli-Gleichung auch in der Form $H\psi = E\psi$ schreiben, wobei aber

$$H = (1/2m)[\boldsymbol{\sigma}\cdot(-i\nabla - eA)]^2 + e\phi, \tag{9.4}$$

$(-i\nabla - eA)^2$, das in der Schrödinger-Gleichung auftritt, wurde also durch $[\boldsymbol{\sigma}\cdot(-i\nabla - eA)]^2$ ersetzt. Daher könnte eine relativistische Version der Pauli-Gleichung, analog zur Klein-Gordon-Gleichung, z.B. lauten

$$(H - e\phi)^2\psi - \{\boldsymbol{\sigma}\cdot[(\hbar/i)\nabla - (e/c)A]\}^2\psi = m^2\psi.$$

Das stimmt in Wirklichkeit nicht, aber eine sehr ähnliche Form [wobei H durch $i(\partial/\partial t)$ ersetzt wurde] ist richtig, nämlich

$$[i(\partial/\partial t) - e\phi - \boldsymbol{\sigma}\cdot(-i\nabla - eA)] \times [i(\partial/\partial t) - e\phi + \boldsymbol{\sigma}\cdot(-i\nabla - eA)]\psi = m^2\psi. \tag{9.5}$$

Das ist eine mögliche Form der Dirac-Gleichung.

Die Wellenfunktion ψ, auf die die Operatoren angewandt werden, ist eigentlich eine Matrix

$$\psi = \begin{pmatrix} \psi_+ \\ \psi_- \end{pmatrix}.$$

Eine Form, die der ursprünglich von DIRAC vorgeschlagenen ähnlicher ist, kann man folgendermaßen finden. Der Einfachheit halber schreiben wir

$$i(\partial/\partial t) - e\phi = \pi_4,$$
$$-i\boldsymbol{\nabla} - (e/c)\boldsymbol{A} = \boldsymbol{\pi}.$$

Die Funktion χ sei nun definiert durch $(\pi_4 + \boldsymbol{\sigma}\cdot\boldsymbol{\pi})\psi = m\chi$.

Dann bedeutet Gl. (9.5) $(\pi_4 - \boldsymbol{\sigma}\cdot\boldsymbol{\pi})\chi = m\psi$. Dieses Gleichungenpaar kann wieder umgeschrieben werden (nur um auf eine gebräuchliche Form zu kommen)

$$\chi + \psi = \psi_a,$$
$$\chi - \psi = \psi_b.$$

Addiert und subtrahiert man das Gleichungenpaar für ψ und χ, so ist das Resultat

$$\begin{aligned} \pi_4\psi_a - \boldsymbol{\sigma}\cdot\boldsymbol{\pi}\psi_b &= m\psi_a, \\ -\pi_4\psi_b + \boldsymbol{\sigma}\cdot\boldsymbol{\pi}\psi_a &= m\psi_b. \end{aligned} \tag{9.6}$$

Diese beiden Gleichungen können als eine Gleichung geschrieben werden, wenn man eine besondere Konvention anwendet. Wir definieren eine neue Matrix-Wellenfunktion:

$$\psi = \begin{pmatrix} \psi_{a_1} \\ \psi_{a_2} \\ \psi_{b_1} \\ \psi_{b_2} \end{pmatrix}, \tag{9.7}$$

wobei der Matrixcharakter von ψ_a und ψ_b explizit gezeigt wurde, d.h. es ist eigentlich

$$\psi_a = \begin{pmatrix} \psi_{a_1} \\ \psi_{a_2} \end{pmatrix}, \quad \psi_b = \begin{pmatrix} \psi_{b_1} \\ \psi_{b_2} \end{pmatrix}.$$

Dann gilt mit den zusätzlichen Definitionen

$$\gamma_4 = \left(\begin{array}{cc|cc} 1 & 0 & 0 & 0 \\ 0 & 1 & 0 & 0 \\ \hline 0 & 0 & -1 & 0 \\ 0 & 0 & 0 & -1 \end{array}\right), \qquad \gamma = \left(\begin{array}{cc|cc} 0 & 0 & \multicolumn{2}{c}{\boldsymbol{\sigma}} \\ 0 & 0 & & \\ \hline \multicolumn{2}{c|}{-\boldsymbol{\sigma}} & 0 & 0 \\ & & 0 & 0 \end{array}\right). \tag{9.8}$$

(*Man beachte:* Ein Beispiel der letzten Definition ist

$$\gamma_x = \begin{pmatrix} 0 & 0 & 0 & 1 \\ 0 & 0 & 1 & 0 \\ 0 & -1 & 0 & 0 \\ -1 & 0 & 0 & 0 \end{pmatrix}, \quad \text{da} \quad \sigma_x = \begin{pmatrix} 0 & 1 \\ 1 & 0 \end{pmatrix}$$

γ_y und γ_z analog.) Die beiden Gleichungen für ψ_a und ψ_b können in folgender Form als eine geschrieben werden

$$\gamma_4 \pi_4 \psi - \boldsymbol{\gamma} \cdot \boldsymbol{\pi}\, \psi = m \psi,$$

die eigentlich aus vier Gleichungen mit vier Wellenfunktionen besteht. In der Schreibweise mit Vierervektoren ist die Dirac-Gleichung dann

$$\gamma_\mu \pi_\mu \psi = m \psi$$

oder

$$\gamma_\mu (i \nabla_\mu - e A_\mu) \psi = m \psi. \tag{9.9}$$

Übung: Zeige daß

$$\gamma_\mu \gamma_\nu + \gamma_\nu \gamma_\mu = \begin{cases} 0 & \text{wenn } \mu \neq \nu, \\ 2 & \text{wenn } \mu = \nu = 4, \\ -2 & \text{wenn } \nu = \mu = 1,2,3, \end{cases}$$

das heißt, zeige daß

$$\gamma_t^2 = 1, \quad \gamma_x^2 = \gamma_y^2 = \gamma_z^2 = -1,$$

$$\gamma_t \gamma_x = -\gamma_x \gamma_t, \quad \gamma_x \gamma_y = -\gamma_y \gamma_x \quad \text{usw.}$$

Eine ähnliche Form der Dirac-Gleichung kann man mit einer anderen Herleitung durch Vergleich mit der Klein-Gordon-Gleichung bekommen. Mit $H = i(\partial/\partial t) = i\nabla_4$ und $e\phi = eA_4$ wird so aus Gl. (9.3)

$$(i\nabla_\mu - eA_\mu)^2\psi = m^2\psi \tag{9.10}$$

in Vierervektoren. Benützt man eine ähnliche Schreibweise in der Pauli-Gleichung, Gl. (9.4), und setzt außerdem $\boldsymbol{\sigma} = \boldsymbol{\gamma}$ und willkürlich $\sigma_4 = \gamma_4$ (um die Definition des Vierervektors σ zu vervollständigen), so kann Gl. (9.4) auf eine Form gebracht werden, die ähnlich wie Gl. (9.10) ist

$$\{\gamma_\mu[(\hbar/i)\nabla_\mu - (e/c)A_\mu]\}^2\psi = m^2\psi \tag{9.11}$$

Man vergleiche dies mit Gl. (9.9).

Nun unterscheidet sich die Pauli-Gleichung, Gl. (9.4), von der Schrödinger-Gleichung dadurch, daß das dreidimensionale Skalarprodukt $(\boldsymbol{p} - e\boldsymbol{A})^2$ durch das Quadrat einer einfachen Größe $\boldsymbol{\sigma}\cdot(\boldsymbol{p} - e\boldsymbol{A})$ ersetzt wurde. Analog kann man vermuten, daß das Produkt von Vierervektoren $(p_\mu - eA_\mu)^2$ in Gl. (9.10) durch das Quadrat einer einfachen Größe $\gamma_\mu(p_\mu - eA_\mu)$ ersetzt werden muß, wobei wir vier Matrizen γ_μ in vier Dimensionen analog zu den drei Matrizen $\boldsymbol{\sigma}$ in drei Dimensionen finden müssen. Die resultierende Gleichung

$$[\gamma_\mu(i\nabla_\mu - eA_\mu)]^2\psi = m^2\psi\,, \tag{9.11}$$

ist im wesentlichen äquivalent mit Gl. (9.9). (Wende auf beide Seiten von Gl. (9.9) den Operator $\gamma_\mu(i\nabla_\mu - eA_\mu)$ an und benütze Gl. (9.9) noch einmal, um die rechte Seite zu vereinfachen.)

Übung: Zeige, daß Gl. (9.11) äquivalent ist mit

$$\left[(i\nabla_\mu - eA_\mu)^2 - \frac{i}{2}e\gamma_\mu\gamma_\nu F_{\mu\nu}\right]\psi = m^2\psi\,.$$

Zehnte Vorlesung

Algebra der γ-Matrizen

In der vorigen Vorlesung erhielten wir die Dirac-Gleichung

$$\gamma_\mu(i\nabla_\mu - eA_\mu)\psi = m\psi \tag{10.1}$$

zusammen mit einer speziellen Darstellung für die γ's,

$$\gamma_t = \begin{pmatrix} 1 & 0 \\ 0 & -1 \end{pmatrix}, \quad \gamma_{x,y,z} = \begin{pmatrix} 0 & \sigma_{x,y,z} \\ -\sigma_{x,y,z} & 0 \end{pmatrix}, \tag{10.2}$$

wobei jedes Element in diesen Vier-mal-vier-Matrizen wieder eine Zwei-mal-zwei-Matrix ist, das heißt

$$1 = \begin{pmatrix} 1 & 0 \\ 0 & 1 \end{pmatrix} \text{ Einheitsmatrix}, \quad \sigma_x = \begin{pmatrix} 0 & 1 \\ 1 & 0 \end{pmatrix} \text{ usw.}$$

Am besten definiert man die γ's jedoch durch ihre Vertauschungsrelationen, da nur diese wichtig sind. Die Vertauschungsrelationen bestimmen keine eindeutige Darstellung für die γ's, und die obige Darstellung ist nur eine von vielen möglichen. Die Vertauschungsrelationen lauten

$$\gamma_t^2 = 1, \quad \gamma_x^2 = \gamma_y^2 = \gamma_z^2 = -1,$$

$$\gamma_t \gamma_{x,y,z} + \gamma_{x,y,z} \gamma_t = 0, \tag{10.3}$$

$$\gamma_x \gamma_y + \gamma_y \gamma_x = 0, \quad \gamma_x \gamma_z + \gamma_z \gamma_x = 0, \quad \gamma_y \gamma_z + \gamma_z \gamma_y = 0,$$

oder in einer einheitlichen Schreibweise

$$\begin{aligned} &\gamma_\mu \gamma_\nu + \gamma_\nu \gamma_\mu = 2\delta_{\mu\nu}, \\ &\delta_{\mu\nu} = 0 \qquad \mu \neq \nu, \\ &\quad\;\; = +1 \qquad \mu = \nu = 4, \\ &\quad\;\; = -1 \qquad \mu = \nu = 1,2,3. \end{aligned} \tag{10.4}$$

Man beachte, daß mit dieser Definition von $\delta_{\mu\nu}$ und der Regel für die Bildung eines Skalarproduktes gilt

$$\delta_{\mu\nu} a_\nu = a_\mu .$$

Andere neue Matrizen entstehen, wenn man Produkte der schon definierten Matrizen bildet. Zum Beispiel sind die Matrizen in Gl. (10.5) Produkte von zwei γ's. Die Matrizen

$$\gamma_x \gamma_y, \quad \gamma_x \gamma_z, \quad \gamma_y \gamma_z, \quad \gamma_x \gamma_t, \quad \gamma_y \gamma_t, \quad \gamma_z \gamma_t$$

sind alle unabhängig von $\gamma_x, \gamma_y, \gamma_z, \gamma_t$. (Sie können nicht als Linearkombination letzterer geschrieben werden.) Ähnlich sind die Produkte von drei Matrizen

$$\begin{aligned} &\gamma_x \gamma_y \gamma_z (= \gamma_5 \gamma_t), \\ &\gamma_y \gamma_z \gamma_t (= -\gamma_x \gamma_5), \\ &\gamma_z \gamma_t \gamma_x (= -\gamma_y \gamma_5), \\ &\gamma_t \gamma_x \gamma_y (= -\gamma_z \gamma_5). \end{aligned}$$

Das sind die einzigen neuen Produkte von dreien. Denn, wenn zwei der Matrizen gleich wären, könnte das Produkt reduziert werden, etwa $\gamma_t\gamma_y\gamma_t = -\gamma_t\gamma_t\gamma_y = -\gamma_y$. Dem einzigen neuen Produkt von vieren, das man bilden kann, wurde ein besonderer Name, γ_5, gegeben

$$\gamma_5 \equiv \gamma_x\gamma_y\gamma_z\gamma_t\,.$$

Produkte von mehr als vieren müssen zwei gleiche enthalten, so daß sie reduziert werden können. Es gibt daher 16 linear unabhängige Größen. Linearkombinationen von diesen können 16 willkürliche Konstanten enthalten. Das stimmt mit der Tatsache überein, daß solch eine Kombination durch eine Vier-mal-vier-Matrix ausgedrückt werden kann. (Es ist dann mathematisch interessant, daß alle Vier-mal-vier-Matrizen in der Algebra der γ's ausgerückt werden können. Diese wird eine Clifford-Algebra oder hyperkomplexe Algebra genannt. Ein einfacheres Beispiel ist das der Zwei-mal-zwei-Matrizen, die sogenannte Algebra der Quaternionen, die die Algebra der Pauli-Spin-Matrizen ist.)

Übung: Beweise, daß

$$i\gamma_x\gamma_y = \begin{pmatrix}\sigma_z & 0\\ 0 & \sigma_z\end{pmatrix},\quad i\gamma_y\gamma_z = \begin{pmatrix}\sigma_x & 0\\ 0 & \sigma_x\end{pmatrix},\quad i\gamma_z\gamma_x = \begin{pmatrix}\sigma_y & 0\\ 0 & \sigma_y\end{pmatrix} \tag{10.5}$$

und daß

$$\gamma_t\gamma_{x,y,z} = \begin{pmatrix}0 & \sigma_{x,y,z}\\ \sigma_{x,y,z} & 0\end{pmatrix} \equiv \boldsymbol{\alpha}\,(\text{Definition von } \boldsymbol{\alpha})\,.$$

Es ist nützlich, eine andere γ-Matrix zu definieren, da sie häufig vorkommt:

$$\gamma_5 = \gamma_x\gamma_y\gamma_z\gamma_t = i\begin{pmatrix}0 & 1\\ 1 & 0\end{pmatrix}. \tag{10.6}$$

Beweise, daß

$$\gamma_5\gamma_t = i\begin{pmatrix}0 & -1\\ -1 & 0\end{pmatrix},\quad \gamma_5\gamma_{x,y,z} = -i\begin{pmatrix}\sigma_{x,y,z} & 0\\ 0 & -\sigma_{x,y,z}\end{pmatrix},$$

$$\gamma_5^2 = -1,\quad \gamma_5\gamma_\mu + \gamma_\mu\gamma_5 = 0\,. \tag{10.7}$$

Für später ist es nützlich, wenn wir definieren

$$\not{a} = a_\mu\gamma_\mu \equiv a_t\gamma_t - a_x\gamma_x - a_y\gamma_y - a_z\gamma_z\,. \tag{10.8}$$

Hieraus kann man zeigen, daß

$$\not{a}\not{b} = -\not{b}\not{a} + 2a\cdot b \quad (a\cdot b = a_\mu b_\mu),$$
$$\not{a}^2 = a_\mu a_\mu, \tag{10.9}$$
$$\not{a}\gamma_5 = -\gamma_5\not{a}.$$

Das erste kann zum Beispiel bewiesen werden, indem man schreibt

$$\not{a}\not{b} = (a_t\gamma_t - a_x\gamma_x - a_y\gamma_y - a_z\gamma_z)(b_t\gamma_t - b_x\gamma_x - b_y\gamma_y - b_z\gamma_z)$$

und, wenn man den zweiten Faktor nach vorne setzt, mit Hilfe der Vertauschungsrelationen. Tut man dies mit dem ersten Term $(b_t\gamma_t)$ des zweiten Faktors, so ergibt sich

$$b_t\gamma_t(a_t\gamma_t + a_x\gamma_x + a_y\gamma_y + a_z\gamma_z)$$

da γ_t mit sich selbst vertauscht und mit γ_x, γ_y und γ_z antikommutiert. Führt man dieses bei allen Termen aus, so erhält man

$$\begin{aligned}\not{a}\not{b} = {} & b_t\gamma_t[(-a_t\gamma_t + a_x\gamma_x + a_y\gamma_y + a_z\gamma_z) + 2a_t\gamma_t] \\ & + b_x\gamma_x[(a_t\gamma_t - a_x\gamma_x - a_y\gamma_y - a_z\gamma_z) + 2a_x\gamma_x] \\ & + b_y\gamma_y[(a_t\gamma_t - a_x\gamma_x - a_y\gamma_y - a_z\gamma_z) + 2a_y\gamma_y] \\ & + b_z\gamma_z[(a_t\gamma_t - a_x\gamma_x - a_y\gamma_y - a_z\gamma_z) + 2a_z\gamma_z] \\ = {} & -\not{b}\not{a} + 2(b_t a_t\gamma_t^2 + b_x a_x\gamma_x^2 + b_y a_y\gamma_y^2 + b_z a_z\gamma_z^2) \\ = {} & -\not{b}\not{a} + 2b\cdot a.\end{aligned}$$

Übungen: (1) Zeige, daß

$$\gamma_x\not{a}\gamma_x = \not{a} + 2a_x\gamma_x,$$
$$\gamma_\mu\gamma_\mu = 4,$$
$$\gamma_\mu\not{a}\gamma_\mu = -2\not{a},$$
$$\gamma_\mu\not{a}\not{b}\gamma_\mu = 4a\cdot b,$$
$$\gamma_\mu\not{a}\not{b}\not{c}\gamma_\mu = -2\not{c}\not{b}\not{a}.$$

(2) Zeige durch Potenzreihenentwicklung, daß

$$\begin{aligned}\exp[(u/2)\gamma_t\gamma_x] &= \cosh(u/2) + \gamma_t\gamma_x\sinh(u/2), \\ \exp[(\theta/2)\gamma_x\gamma_y] &= \cos(\theta/2) + \gamma_x\gamma_y\sin(\theta/2).\end{aligned} \tag{10.10}$$

(3) Zeige, daß

$$\exp[-(u/2)\gamma_t\gamma_z]\gamma_t\exp[+(u/2)\gamma_t\gamma_z]=\gamma_t\cosh u+\gamma_z\sinh u,$$
$$\exp[-(u/2)\gamma_t\gamma_z]\gamma_z\exp[+(u/2)\gamma_t\gamma_z]=\gamma_z\cosh u+\gamma_t\sinh u,$$
$$\exp[-(u/2)\gamma_t\gamma_z]\gamma_y\exp[+(u/2)\gamma_t\gamma_z]=\gamma_y,$$
$$\exp[-(u/2)\gamma_t\gamma_z]\gamma_x\exp[+(u/2)\gamma_t\gamma_z]=\gamma_x. \qquad (10.11)$$

Ähnlichkeits-Transformation

Wir nehmen einmal an, wir hätten eine andere Darstellung der γ's, die den gleichen Vertauschungsrelationen, Gl. (10.3), genügt; wird die Dirac-Gleichung, Gl. (10.1), die gleiche Form behalten? Um diese Frage zu beantworten führen wir folgende Transformation der Wellengleichung aus: $\psi=S\psi'$, wobei S eine konstante Matrix ist, die S^{-1} als inverse haben soll ($SS^{-1}=1$). Die Dirac-Gleichung lautet dann

$$\gamma_\mu\pi_\mu S\psi'=mS\psi'. \qquad (10.12)$$

π_μ und S vertauschen, da π ein Differentialoperator plus einer Ortsfunktion ist. Man kann für diese Gleichung also auch schreiben

$$\gamma_\mu S\pi_\mu\psi'=mS\psi'.$$

Multiplizieren wir mit der inversen Matrix, so ergibt sich

$$S^{-1}\gamma_\mu S\pi_\mu\psi'=mS^{-1}S\psi'$$

oder

$$\gamma'_\mu\pi_\mu\psi'=m\psi',$$

wobei $\gamma'_\mu=S^{-1}\gamma_\mu S$. Die Transformation $\gamma'_\mu=S^{-1}\gamma_\mu S$ wird Ähnlichkeits-Transformation genannt, und man kann leicht zeigen, daß die neuen γ's den Vertauschungsrelationen, Gl. (10.3), genügen. Produkte aus γ''s

$$\gamma'_\mu\gamma'_\nu=(S^{-1}\gamma_\mu S)(S^{-1}\gamma_\nu S)=S^{-1}(\gamma_\mu\gamma_\nu)S,$$

transformieren sich genauso wie die γ's, so daß Gleichungen, die die γ's enthalten (die Vertauschungsrelationen im besonderen) in der transformierten Darstellung die gleichen sind. Das liefert eine andere Darstellung der γ's, und die Dirac-Gleichung hat genau die gleiche Form wie die ursprüngliche Gleichung, Gl. (10.1), und ist bezüglich all ihrer Resultate äquivalent.

Relativistische Invarianz

Die relativistische Invarianz der Dirac-Gleichung kann gezeigt werden, indem wir einmal annehmen, γ transformiere sich wie ein Vierervektor. Das heißt,

$$\gamma'_x = (\gamma_x - v\gamma_t)/(1-v^2)^{1/2}, \quad \gamma'_t = (\gamma_t - v\gamma_x)/(1-v^2)^{1/2}, \quad \gamma'_y = \gamma_y \quad \gamma'_z = \gamma_z.$$

π transformiert sich auch wie ein Vierervektor, da es eine Kombination zweier Vierervektoren ∇_μ und A_μ ist. Die linke Seite $\gamma_\mu \pi_\mu$ der Dirac-Gleichung ist das Produkt zweier Vierervektoren und daher bei Lorentz-Transformationen invariant. Die rechte Seite m ist auch invariant. Transformiert man γ_μ wie einen Vierervektor, so hat man eine neue Darstellung für die γ's, aber man kann Gl. (10.11) benützen, um zu zeigen, daß sich die neuen γ's von den alten γ's durch eine Ähnlichkeitstransformation unterscheiden; daher ist es eigentlich nicht nötig, die γ's überhaupt zu transformieren. Das heißt, man kann die gleiche spezielle Darstellung in allen Lorentz-Koordinatensystemen gebrauchen. Das führt zu zwei Möglichkeiten für die Ausführung von Lorentz-Transformationen:

1. Transformiere die γ's wie einen Vierervektor, und die Wellenfunktion bleibt die gleiche (abgesehen von einer Lorentz-Transformation der Koordinaten).

2. Benütze die Standard-Darstellung im Lorentz-transformierten Koordinaten-System, dann unterscheidet sich die Wellenfunktion von der in (1) durch eine Ähnlichkeits-Transformation.

Hamilton-Form der Dirac-Gleichung

Um zu zeigen, daß die Dirac-Gleichung für kleine Geschwindigkeiten in die Schrödinger-Gleichung übergeht, ist es angebracht, sie in Hamilton-Form zu schreiben. Die ursprüngliche Form, Gl. (10.1), kann man schreiben als

$$\gamma_t[-(\hbar/i)(\partial/\partial t) - e\phi]\psi - \boldsymbol{\gamma}\cdot[(\hbar/i)\nabla - e\boldsymbol{A}]\psi = m\psi.$$

Multipliziert man mit γ_t und stellt die Terme um, so ergibt sich

$$-(\hbar/i)(\partial\psi/\partial t) = \{\gamma_t \boldsymbol{\gamma}\cdot[(\hbar/i)\nabla - e\boldsymbol{A}] + e\phi + \gamma_t m\}\psi = H\psi.$$

Mit Gl. (10.5) kann man für H schreiben

$$H = \boldsymbol{\alpha}\cdot[(\hbar/i)\nabla - e\boldsymbol{A}] + e\phi + m\beta,$$

wobei $\beta = \gamma_t$, $\alpha_{x,y,z} = \gamma_t \gamma_{x,y,z}$ und die α's nach Gl. (10.5) den folgenden Vertauschungsrelationen genügen: $\alpha_x^2 = \alpha_y^2 = \alpha_z^2 = \beta^2 = 1$ und alle gemischten Paare antikommutieren.

Wir werden noch besonders erwähnen, daß $\boldsymbol{\alpha}$ und β in unserer speziellen Darstellung hermitesche Matrizen sind, so daß in dieser Darstellung H hermitesch ist.

Übung: Zeige, daß eine Wahrscheinlichkeitsdichte $\rho=\psi^*\psi$ und ein Wahrscheinlichkeitsstrom $\boldsymbol{j}=\psi^*\boldsymbol{\alpha}\psi$ der Kontinuitätsgleichung

$$(\partial\rho/\partial t)+\nabla\cdot\boldsymbol{j}=0$$

genügen.

Beachte: ψ ist eine Wellenfunktion mit vier Komponenten und

$$\rho=\psi^*\psi=(\psi_1^*\psi_2^*\psi_3^*\psi_4^*)\begin{pmatrix}\psi_1\\ \psi_2\\ \psi_3\\ \psi_4\end{pmatrix}=\psi_1^*\psi_1+\psi_2^*\psi_2+\psi_3^*\psi_3+\psi_4^*\psi_4,$$

$$j_x=\sum_{ij}\psi_i^*(\alpha_x)_{ij}\psi_j$$

$$=\psi_4^*\psi_1+\psi_3^*\psi_2+\psi_2^*\psi_3+\psi_1^*\psi_4.$$

Elfte Vorlesung

Wir sollten darauf aufmerksam machen, daß β und $\boldsymbol{\alpha}$ nur in bestimmten Darstellungen hermitesch sind. Im besonderen sind sie in der bisher benutzten Darstellung hermitesch; diese werden wir die Standard-Darstellung nennen. Ausdrücke in der Standard-Darstellung kennzeichnen wir mit *S.R.* Die Hermitezität von $\boldsymbol{\alpha}$ und β ist notwendig um

$$\rho=\psi^*\psi,\qquad j=\psi^*\boldsymbol{\alpha}\psi \quad S.R. \tag{11.1}$$

als die Ausdrücke für Ladungs- und Stromdichte zu bekommen. Daher gelten diese nicht in allen Darstellungen. Die Dirac-Gleichung lautet (wenn man $\hbar$ und c wieder einsetzt)

$$-(\hbar/i)(\partial\psi/\partial t)=H\psi,\quad H=\beta mc^2+e\phi+c\boldsymbol{\alpha}\cdot[(\hbar/i)\nabla-(e/c)\boldsymbol{A}]. \tag{11.2}$$ [1]

[1] Man stellt fest, daß der Hamilton-Operator bei SCHIFF, („Quantum Mechanics", MCGRAW-HILL, New York, 1949) sich von diesem hier dadurch unterscheidet, daß alle Terme außer $e\phi$ negatives Vorzeichen haben. Ebenso entsprechen $\psi_1, \psi_2, \psi_3, \psi_4$, die Komponenten der Wellenfunktion bei SCHIFF, den $-\psi_{b_1}, -\psi_{b_2}, +\psi_{a_1}, \psi_{a_2}$ hier. Dies ist alles die Folge einer Ähnlichkeits-Transformation $S=i\beta\alpha_x\alpha_y\alpha_z$ zwischen der hier benützten Darstellung und der bei SCHIFF. Man kann leicht zeigen, daß $S^2=-1$, woraus folgt, daß $S^{-1}=-S$ und

$$S^{-1}=\begin{pmatrix}0&0&1&0\\0&0&0&1\\-1&0&0&0\\0&-1&0&0\end{pmatrix}=\begin{pmatrix}0&1\\-1&0\end{pmatrix}.$$

Der Erwartungswert von $\boldsymbol{x}$ ist

$$\langle \boldsymbol{x} \rangle = \int \psi^* \boldsymbol{x} \psi \, d\,\text{vol} = \int (\psi_1^* x \psi_1 + \psi_2^* x \psi_2 + \psi_3^* x \psi_3 + \psi_4^* x \psi_4) \, d\,\text{vol} \quad S.R.,$$

wobei ψ hier eine Wellenfunktion mit vier Komponenten ist. Ähnlich kann man in einer Übung zeigen, daß

$$\langle \boldsymbol{\alpha} \rangle = \int \psi^* \boldsymbol{\alpha} \psi \, d\,\text{vol}$$

$$\langle \alpha_x \rangle = \int (\psi_4^* \psi_1 + \psi_3^* \psi_2 + \psi_2^* \psi_3 + \psi_1^* \psi_4) \, d\,\text{vol} \quad S.R.$$

Ebenso sind die Matrixelemente formal die gleichen wie vorher. Zum Beispiel

$$(\boldsymbol{\alpha})_{mn} = \int \psi_m^* \boldsymbol{\alpha} \psi_n \, d\,\text{vol}.$$

Ist A ein beliebiger Operator, so ist seine Zeitableitung

$$\dot{A} = i(HA - AH) + \partial A/\partial t.$$

Das Resultat für $\boldsymbol{x}$ ist einfach

$$\dot{\boldsymbol{x}} = i(H\boldsymbol{x} - \boldsymbol{x}H) = \boldsymbol{\alpha} \tag{11.3}$$

da $\boldsymbol{x}$ mit allen Termen in H außer $\boldsymbol{p} \cdot \boldsymbol{\alpha}$ vertauscht. Da aber $\boldsymbol{\alpha}^2 = 1$, hat $\boldsymbol{\alpha}$ die Eigenwerte ± 1. Daher sind die Eigenwerte von $\dot{\boldsymbol{x}}$ $\pm$ Lichtgeschwindigkeit. Dieses Resultat wird manchmal plausibel gemacht durch das Argument, daß eine genaue Bestimmung der Geschwindigkeit die genaue Ortsbestimmung zu zwei Zeiten enthält. Dann ist wegen der Unschärferelation der Impuls vollständig unbestimmt und alle Werte sind gleich wahrscheinlich. Mit der relativistischen Beziehung zwischen Geschwindigkeit und Impuls folgt daraus, wie man sieht, daß Geschwindigkeiten nahe der Lichtgeschwindigkeit wahrscheinlicher sind, so daß der Erwartungswert der Geschwindigkeit gleich der Lichtgeschwindigkeit wird.[1]

Ähnlich gilt

$$\overset{\cdot}{\overline{(\boldsymbol{p} - e\boldsymbol{A})}}_x = i(Hp_x - p_x H) - ie(HA_x - A_x H) - e\,\partial A_x/\partial t$$

$$= -e(\partial\phi/\partial x) + e\boldsymbol{\alpha} \cdot (\partial \boldsymbol{A}/\partial x) - e(\boldsymbol{\alpha} \cdot \nabla) A_x - e(\partial A_x/\partial t).$$

Die Terme mit $\boldsymbol{A}$ und A_x, außer dem letzten, lauten voll ausgeschrieben folgendermaßen:

$$e\left(\alpha_x \frac{\partial A_x}{\partial x} + \alpha_y \frac{\partial A_y}{\partial x} + \alpha_z \frac{\partial A_z}{\partial x} - \alpha_x \frac{\partial A_x}{\partial x} - \alpha_y \frac{\partial A_x}{\partial y} - \alpha_z \frac{\partial A_x}{\partial z}\right).$$

[1] Dieses Argument ist nicht ganz richtig, denn $\boldsymbol{x}$ vertauscht mit $\boldsymbol{p}$; das heißt, man sollte die beiden Eigenschaften gleichzeitig messen können.

Wie man sieht, ist das die x-Komponente von

$$e\boldsymbol{\alpha}\times(\nabla\times\boldsymbol{A})=e\boldsymbol{\alpha}\times\boldsymbol{B}.$$

Der erste und letzte Term bilden die x-Komponente von $\boldsymbol{E}$. Daher ist

$$\dot{\overline{(\boldsymbol{p}-e\boldsymbol{A})}}=e(\boldsymbol{E}+\boldsymbol{\alpha}\times\boldsymbol{B})=\boldsymbol{F},$$

wobei $\boldsymbol{F}$ das Analogon zur Lorentz-Kraft ist. Diese Gleichung wird manchmal als das Analogon der NEWTONschen Gleichungen betrachtet. Da es aber keinen direkten Zusammenhang zwischen dieser Gleichung und $\dot{\boldsymbol{x}}$ gibt, geht sie für kleine Geschwindigkeiten nicht direkt in die NEWTONschen Gleichungen über und ist daher als passendes Analogon nicht ganz geeignet.

Die folgenden Beziehungen können bewiesen werden, wenn auch ihre Bedeutung noch nicht geklärt ist:

$$(d/dt)[\boldsymbol{x}+(i/2m)\beta\boldsymbol{\alpha}]=(\beta/m)(\boldsymbol{p}-e\boldsymbol{A}),$$

$$(d/dt)[t+(i/2m)\beta]=(\beta/m)(H-e\phi),$$

$$i(d/dt)(\alpha_x\alpha_y\alpha_z)=-2m\beta\alpha_x\alpha_y\alpha_z,$$

$$-(d/dt)(\beta\boldsymbol{\sigma})=2(\beta\alpha_x\alpha_y\alpha_z)(\boldsymbol{p}-e\boldsymbol{A}),$$

wobei in der letzten Beziehung $\boldsymbol{\sigma}$ die Matrix

$$\begin{pmatrix}\boldsymbol{\sigma} & 0\\ 0 & \boldsymbol{\sigma}\end{pmatrix}$$

ist, so daß

$$\sigma_z=-i\alpha_x\alpha_y, \text{ usw.}$$

In Analogie zur klassischen Physik könnte man erwarten, daß der Drehimpulsoperator jetzt ist

$$\boldsymbol{L}=\boldsymbol{R}\times(\boldsymbol{p}-e\boldsymbol{A})$$

Man beachte, daß in der klassischen Physik gilt

$$\boldsymbol{p}-e\boldsymbol{A}=m\boldsymbol{v}(1-v^2)^{-1/2}.$$

Wegen der obigen Ergebnisse für $\dot{\boldsymbol{R}}$ und $\dot{\overline{(\boldsymbol{p}-e\boldsymbol{A})}}$ können wir als Zeitableitung von $\boldsymbol{L}$ schreiben

$$\dot{\boldsymbol{L}}=\dot{\boldsymbol{R}}\times(\boldsymbol{p}-e\boldsymbol{A})+\boldsymbol{R}\times\dot{\overline{(\boldsymbol{p}-e\boldsymbol{A})}}$$

$$=\boldsymbol{\alpha}\times(\boldsymbol{p}-e\boldsymbol{A})+\boldsymbol{R}\times\boldsymbol{F}.$$

Der letzte Term kann als Drehmoment interpretiert werden. Für eine Zentralkraft $\boldsymbol{F}$ verschwindet dieser Term. Aber man sieht dann, daß $\dot{\boldsymbol{L}} \neq 0$ wegen des ersten Terms; das heißt, der Drehimpuls $\boldsymbol{L}$ ist auch bei Zentralkräften *keine* Erhaltungsgröße.

Man betrachte aber die Zeitableitung des Operators $\boldsymbol{\sigma}$, der so definiert wurde

$$\begin{pmatrix} \boldsymbol{\sigma} & 0 \\ 0 & \boldsymbol{\sigma} \end{pmatrix},$$

wobei $\sigma_z = -\alpha_x \alpha_y$, etc. Man sieht, daß die z-Komponente mit dem β-, $e\phi$-, und α_z-Term von H vertauscht, aber nicht mit dem α_x- und α_y-Term, so daß $\dot{\sigma}_z = +1(H\alpha_x\alpha_y - \alpha_x\alpha_y H) = +(\alpha_x\pi_x\alpha_x\alpha_y - \alpha_x\alpha_y\alpha_x\pi_x + \alpha_y\pi_y\alpha_x\alpha_y - \alpha_x\alpha_y\alpha_y\pi_y)$, wobei

$$\boldsymbol{\pi} = (-i\nabla - e\boldsymbol{A}) .$$

Es gilt aber

$$\alpha_x\pi_x\alpha_x\alpha_y = \alpha_x\alpha_x\alpha_y\pi_x = \alpha_y\pi_x ,$$

$$-\alpha_x\alpha_y\alpha_x\pi_x = \alpha_x\alpha_x\alpha_y\pi_x = \alpha_y\pi_x ,$$

$$\alpha_y\pi_y\alpha_x\alpha_y = -\alpha_y\alpha_y\alpha_x\pi_y = -\alpha_x\pi_y ,$$

$$-\alpha_x\alpha_y\alpha_y\pi_y = -\alpha_x\pi_y ,$$

so daß

$$\dot{\sigma}_z = (2\alpha_y\pi_x - 2\alpha_x\pi_y) .$$

Das ist, wie man erkennt, die z-Komponente von $-2\boldsymbol{\alpha}\times\boldsymbol{\pi}$. Schließlich ist also

$$1/2(\dot{\boldsymbol{\sigma}}) = -\boldsymbol{\alpha}\times\boldsymbol{\pi} = -\boldsymbol{\alpha}\times(\boldsymbol{p} - e\boldsymbol{A}),$$

und das ist der erste Teil von $\dot{\boldsymbol{L}}$ mit negativem Vorzeichen. Daraus folgt, daß

$$(d/dt)[\boldsymbol{L} + (\hbar/2)\boldsymbol{\sigma}] = \boldsymbol{R}\times\boldsymbol{F} ,$$

und dieser Ausdruck verschwindet bei Zentralkräften. Der Operator $\boldsymbol{L} + (\hbar/2)\boldsymbol{\sigma}$ kann als der Gesamt-Drehimpulsoperator betrachtet werden, wobei $\boldsymbol{L}$ den Bahndrehimpuls bedeutet und $(\hbar/2)\boldsymbol{\sigma}$ den inneren Drehimpuls für Spin 1/2. Also bleibt der Gesamtdrehimpuls bei Zentralkräften erhalten.

Aufgaben: (1) Zeige, daß in einem stationären Feld $\phi = 0, \partial\boldsymbol{A}/\partial t = 0$

$$\boldsymbol{\sigma}\cdot(\boldsymbol{p} - e\boldsymbol{A}) ,$$

eine Erhaltungsgröße ist. Man beachte, daß dies eine Folge aus

dem anomalen gyromagnetischen Verhältnis des Elektrons ist. Es bedeutet auch, daß die Zyklotron-Frequenz des Elektrons gleich der Präzessionsfrequenz in einem magnetischen Feld ist.
(2) Zeige, daß in einem stationären magnetischen Feld $\phi=0$, $\partial \boldsymbol{A}/\partial t=0$ und für einen stationären Zustand ψ_1 und ψ_2 in

$$\psi = \begin{pmatrix} \psi_1 \\ \psi_2 \\ \psi_3 \\ \psi_4 \end{pmatrix}$$

die gleichen sind wie ψ_1 und ψ_2 in der Pauli-Gleichung. Und, wenn E_{Pauli} die kinetische Energie in der Pauli-Gleichung und $E_{\text{Dirac}}=W+m$ die Ruhenergie + kinetische Energie in der Dirac-Gleichung ist, zeige, daß

$$E_{\text{Dirac}}=\sqrt{2mE_{\text{Pauli}}+m^2},$$

und erkläre die einfache Struktur dieser Gleichung.

Nichtrelativistische Näherung in der Dirac-Gleichung

Wir nehmen an, daß alle Potentiale stationär sind und stationäre Zustände betrachtet werden. Das vereinfacht die Behandlung, aber es ist nicht notwendig. In diesem Fall ist

$$\psi=e^{-iEt}\psi(\boldsymbol{x}),$$

$$H\psi=E\psi \quad (\text{Dirac}\text{scher Hamilton-Operator}),$$

und man setze

$$E=m+W.$$

Das heißt

$$H\psi=(m+W)\psi=\boldsymbol{\alpha}\cdot(\boldsymbol{p}-e\boldsymbol{A})\psi+\beta m\psi+e\phi\psi\,.$$

Ebenso wie man Gl. (9.5) in zwei Gleichungen zerlegt hat, kann man mit den in Vorlesung 10 angegebenen $\boldsymbol{\alpha},\beta$ die obige Gleichung in die folgenden zerlegen

$$(m+W)\psi_a=\boldsymbol{\sigma}\cdot\boldsymbol{\pi}\psi_b+m\psi_a+V\psi_a, \tag{11.4}$$

$$(m+W)\psi_b=\boldsymbol{\sigma}\cdot\boldsymbol{\pi}\psi_a-m\psi_b+V\psi_b, \tag{11.5}$$

wobei wie früher $\boldsymbol{\pi}=(\boldsymbol{p}-e\boldsymbol{A})$ und $V=e\phi$. Vereinfacht und löst man Gl. (11.5) für ψ_b, so ergibt sich

$$\psi_b=[1/(2m+W-V)](\boldsymbol{\sigma}\cdot\boldsymbol{\pi})\psi_a. \tag{11.6}$$

Wir haben schon erwähnt, daß für W und V beide $\ll 2m$ $\psi_b \sim (v/c)\psi_a$ gilt. Aus diesem Grunde werden ψ_a und ψ_b manchmal die großen, beziehungsweise die kleinen Komponenten von ψ genannt. Setzt man ψ_b aus Gl. (11.6) in Gl. (11.4) ein, so ergibt sich

$$W\psi_a=(\boldsymbol{\sigma}\cdot\boldsymbol{\pi})[1/(2m+W-V)](\boldsymbol{\sigma}\cdot\boldsymbol{\pi})\psi_a+V\psi_a, \tag{11.7}$$

und, wenn W und V verglichen mit $2m$ vernachlässigt werden, ist das Resultat

$$W\psi_a=(1/2m)(\boldsymbol{\sigma}\cdot\boldsymbol{\pi})^2\psi_a+V\psi_a.$$

Das ist die Pauli-Gleichung, Gl. (9.4).

Nun wollen wir die Näherung bis zur zweiten Ordnung ausführen, das heißt bis zur Ordnung von v^2/c^2, um zu bestimmen, welcher Fehler beim Gebrauch der Pauli-Gleichung zu erwarten ist.

Zwölfte Vorlesung

Mit den Resultaten von Vorlesung 11, die durch die Gleichungen (11.6) und (11.7) gegeben sind, führen wir die Nieder-Energie-Näherung aus, indem wir Terme bis zur Ordnung v^4 behalten. Daher ist

$$(2m+W-V)^{-1}\approx 1/2m-(W-V)/(2m)^2. \tag{12.1}$$

Dann wird aus Gl. (11.7)

$$(W-V)\psi_a=(1/2m)(\boldsymbol{\sigma}\cdot\boldsymbol{\pi})^2\psi_a-(1/4m^2)(\boldsymbol{\sigma}\cdot\boldsymbol{\pi})(W-V)(\boldsymbol{\sigma}\cdot\boldsymbol{\pi})\psi_a, \tag{12.2}$$

während die Normierungs-Forderung $\int(\psi_a^2+\psi_b^2)d\,\mathrm{vol}=1$ übergeht in

$$\int\psi_a^*[1+(\boldsymbol{\sigma}\cdot\boldsymbol{\pi})^2/(4m^2)]\psi_a d\,\mathrm{vol}=1. \tag{12.3}$$

Mit Hilfe der Substitution

$$\chi=[1+(\boldsymbol{\sigma}\cdot\boldsymbol{\pi})^2/(8m^2)]\psi_a, \tag{12.4}$$

kann das Normierungs-Integral vereinfacht werden zu (bis zur Ordnung von v^2/c^2)

$$\int\chi^*\chi d\,\mathrm{vol}=1.$$

Diese Substitution führt auch zu einer einfacheren Interpretation von Gl. (12.2). Wir schreiben Gl. (12.2) um

$$[1+(\boldsymbol{\sigma}\cdot\boldsymbol{\pi})^2/(8m^2)](W-V)[1+(\boldsymbol{\sigma}\cdot\boldsymbol{\pi})^2/(8m^2)]\psi_a$$
$$=(1/2m)(\boldsymbol{\sigma}\cdot\boldsymbol{\pi})^2\psi_a+(1/8m^2)[(\boldsymbol{\sigma}\cdot\boldsymbol{\pi})^2(W-V)-2(\boldsymbol{\sigma}\boldsymbol{\pi})(W-V)$$
$$\times(\boldsymbol{\sigma}\cdot\boldsymbol{\pi})+(W-V)(\boldsymbol{\sigma}\cdot\boldsymbol{\pi})^2]\psi_a.$$

Wendet man Gl. (12.4) an und dividiert durch $1+(\boldsymbol{\sigma}\cdot\boldsymbol{\pi})^2/(8m^2)$, so folgt daraus

$$\begin{aligned}(W-V)\chi&=(1/2m)(\boldsymbol{\sigma}\cdot\boldsymbol{\pi})^2\chi-(1/8m^3)(\boldsymbol{\sigma}\cdot\boldsymbol{\pi})^4\chi\\&\quad+(1/8m^2)[(\boldsymbol{\sigma}\cdot\boldsymbol{\pi})^2(W-V)-2(\boldsymbol{\sigma}\cdot\boldsymbol{\pi})(W-V)(\boldsymbol{\sigma}\cdot\boldsymbol{\pi})\\&\quad+(W-V)(\boldsymbol{\sigma}\cdot\boldsymbol{\pi})^2]\chi.\end{aligned}\tag{12.5}$$

Wir können mit Hilfe der Operator-Algebra Gl. (12.5) auf eine Form bringen, die leichter zu interpretieren ist. Insbesondere erinnere man sich daran, daß

$$A^2B-2ABA+BA^2=A(AB-BA)-(AB-BA)A.$$

Wegen $\boldsymbol{\pi}=(\boldsymbol{p}-e\boldsymbol{A})$ und wegen

$$(\boldsymbol{\sigma}\cdot\boldsymbol{\pi})(W-V)-(W-V)(\boldsymbol{\sigma}\cdot\boldsymbol{\pi})=+i(\boldsymbol{\sigma}\cdot\boldsymbol{\nabla}V)=-ie(\boldsymbol{\sigma}\cdot\boldsymbol{E})$$

ergibt sich daraus (mit $\boldsymbol{\sigma}\cdot\boldsymbol{\pi}=A$ und $(W-V)=B$ von früher)

$$i(\boldsymbol{\sigma}\cdot\boldsymbol{\pi})(\boldsymbol{\sigma}\cdot\boldsymbol{E})-i(\boldsymbol{\sigma}\cdot\boldsymbol{E})(\boldsymbol{\sigma}\cdot\boldsymbol{\pi})=\boldsymbol{\nabla}\cdot\boldsymbol{E}-2\boldsymbol{\sigma}\cdot(\boldsymbol{\pi}\times\boldsymbol{E}),$$

(wegen $\boldsymbol{\nabla}\times\boldsymbol{E}\sim\partial\boldsymbol{B}/\partial t=0$ hier), also kann Gl. (12.5) entwickelt werden in

$$\begin{aligned}W\chi&=\underset{(1)}{V\chi}+\underset{(2)}{(1/2m)(\boldsymbol{p}-e\boldsymbol{A})\cdot(\boldsymbol{p}-e\boldsymbol{A})\chi}-\underset{(3)}{(e/2m)(\boldsymbol{\sigma}\cdot\boldsymbol{B})\chi}\\&\quad\underset{(4)}{-(1/8m^3)(\boldsymbol{p}\cdot\boldsymbol{p})^2\chi}\\&\quad-(e/8m^2)[\underset{(5)}{\Delta\cdot\boldsymbol{E}}-\underset{(6)}{2\boldsymbol{\sigma}\cdot(\boldsymbol{p}-e\boldsymbol{A})\times\boldsymbol{E}}]\chi.\end{aligned}\tag{12.6}$$

In dieser Form kann die Wellengleichung interpretiert werden, indem man jeden Term von Gl. (12.6) für sich betrachtet.

Term (1) ist das übliche skalare Potential, wie es früher vorkam. Term (2) kann als die kinetische Energie interpretiert werden.

Term (3), der Pauli-Spin-Effekt, ist genauso wie er in der Pauli-Gleichung vorkommt.

Term (4) ist eine relativistische Korrektur zur kinetischen Energie. Die Korrektur leitet man her von

$$E=(m^2+p^2)^{1/2}=m(1+p^2/m^2)^{1/2}=m+p^2/2m-p^4/8m^3+\cdots.$$

Der letzte Term in dieser Entwicklung ist äquivalent mit Term (4).

Term (5) und (6) zeigen die Spin-Bahn-Kopplung. Um diese Interpretation zu verstehen, betrachte man den Teil von Term (6), der durch $\boldsymbol{\sigma}\cdot(\boldsymbol{p}\times\boldsymbol{E})$ gegeben ist. In einem Feld proportional $1/r^2$ ist dies proportional zu $\boldsymbol{\sigma}\cdot(\boldsymbol{p}\times\boldsymbol{r})/r^3$. Der Faktor $\boldsymbol{p}\times\boldsymbol{r}$ kann als der Drehimpuls $\boldsymbol{L}$ interpretiert werden und man erhält $(\boldsymbol{\sigma}\cdot\boldsymbol{L})/r^3$, die Spin-Bahn-Kopplung. Dieser Term fällt weg, wenn das Elektron in einem S-Zustand $(L=0)$ ist. Andererseits wird aus (5) $\boldsymbol{\nabla}\cdot\boldsymbol{E}=4\pi Ze\delta(\boldsymbol{r})$, und das liefert *nur* für die S-Zustände einen Beitrag (wenn die Wellenfunktion an der Stelle $r=0$ ungleich Null ist). Also ergeben (5) und (6) zusammen eine stetige Funktion für Spin-Bahn-Kopplung. Das magnetische Moment des Elektrons, $e/2m$, tritt als der Koeffizient von Term (3) und wieder als der von Term (5) und (6) auf, d.h.: $(e/2m)(1/4m^2)$.

Man kann ein klassisches Argument zur Deutung von Term (6) anführen. Eine Ladung, die sich mit der Geschwindigkeit $\boldsymbol{v}$ durch ein elektrisches Feld bewegt, bemerkt ein effektives magnetisches Feld $\boldsymbol{B}=\boldsymbol{v}\times\boldsymbol{E}=(1/m)(\boldsymbol{p}-e\boldsymbol{A})\times\boldsymbol{E}$, und Term (6) ist gerade die Energie $(e/2m)\times(\boldsymbol{\sigma}\cdot\boldsymbol{B})$ in diesem Feld. Wir erhalten auf diese Weise jedoch einen Faktor 2 zu viel. Noch vor der Ableitung der Dirac-Gleichung zeigte THOMAS, daß dieses einfache klassische Argument unvollständig ist und leitete genau den Term (6) ab. Anders ist die Situation für die anomalen Momente, die von PAULI zur Beschreibung von Neutronen und Protonen eingeführt wurden (siehe Aufgabe 3 unten). In PAULIS modifizierter Gleichung erscheint das anomale Moment mit dem Faktor 2, wenn man Term (5) mit (6) multipliziert.

Aufgaben: (1) Wende Gl. (12.6) auf das Wasserstoffatom an und berechne die Korrekturen der Energieniveaus bis zur ersten Ordnung. Man vergleiche die Ergebnisse mit den exakten Resultaten.[1] Man beachte den Unterschied der Wellenfunktionen am Koordinatenursprung. Dieser Unterschied ist in Wirklichkeit numerisch zu klein um bedeutend zu sein. In der Nähe des Nullpunktes ist die genaue Lösung der Dirac-Gleichung proportional zu

$$r^{\left[1-\left(\frac{Z}{137}\right)^2\right]^{\frac{1}{2}}} \approx r^{-1/40\,000}$$

für das Wasserstoffatom, während die Schrödinger-Gleichung ergibt, daß $\psi\to$const. für $r\to 0$.

(2) Man nehme an, daß $\boldsymbol{A}$ und ϕ zeitabhängig sind. Man setzt $W=i\partial/\partial t$ und verfolge die einzelnen Punkte dieser Vorlesung bis zur gleichen Ordnung der Näherung.

[1] SCHIFF, „Quantum Mechanics", MCGRAW-HILL, New York, 1949, pp. 323ff.

(3) PAULIS modifizierte Gleichung kann auf Neutronen und Protonen angewandt werden. Man erhält sie, indem man einen Term für anomale magnetische Momente zur Dirac-Gleichung addiert, also

$$\gamma_\mu(i\nabla_\mu - eA_\mu)\psi - (\mu/4M)\gamma_\mu\gamma_\nu F_{\mu\nu}\psi = m\psi .$$

Multipliziert man mit β, so kann man dies in der gewohnteren „Hamilton"-Form schreiben

$$i(\partial/\partial t)\psi = H_{\text{Dirac}}\psi + (\mu/4M)\beta(\boldsymbol{\sigma}\cdot\boldsymbol{B} - \boldsymbol{\alpha}\cdot\boldsymbol{E})\psi .$$

Zeige, daß die gleiche Näherung, die zu Gl. (12.6) führte, jetzt die folgenden Terme

$$\begin{aligned}&[V + 1/2M(\boldsymbol{p} - e\boldsymbol{A})^2 + (\mu + e/2M)\sigma\cdot\boldsymbol{B} + (1/8M^3)(\boldsymbol{p}\cdot\boldsymbol{p})^2\\ &\quad + (1/4M^2)[(2\mu/4M) + e/2M](\nabla\cdot\boldsymbol{E} + 2\boldsymbol{\sigma}\cdot(\boldsymbol{p} - e\boldsymbol{A})\times\boldsymbol{E})]\psi\end{aligned} \tag{12.7}$$

für Protonen liefert und für Neutronen einen ähnlichen Ausdruck, aber mit $e = 0$.

(4) Man kann Gl. (12.7) benützen um die Elektron-Neutron-Streuung in einem Atom zu erklären. Den größten Anteil der Streuung von Neutronen an Atomen bildet die winkelunabhängige Streuung am Kern. Die Elektronen des Atoms streuen jedoch auch und erzeugen eine Welle, die mit der Kern-Streuung interferiert. Für langsame Neutronen wurde dieser Effekt experimentell beobachtet. Er wird dargestellt durch Term (5) der Gl. (12.6) [und modifiziert in Gl. (12.7) mit $e = 0$]. Da die Elektronenladung sich außerhalb des Kerns befindet, hat $\nabla\cdot\boldsymbol{E}$ einen von Null verschiedenen Wert. Man kann Term (5) in einer Born-Näherung benützen um die Amplitude für Neutron-Elektron-Streuung zu berechnen. Als der Effekt zum ersten Mal entdeckt wurde, erklärte man ihn jedoch durch die Annahme einer Neutron-Elektron-Wechselwirkung, die durch das Potential $c\delta(\boldsymbol{R})$ gegeben ist, wobei δ die DIRACsche δ-Funktion und R der Abstand Neutron-Elektron ist.

Berechne die Streu-Amplitude mit $c\delta(\boldsymbol{R})$ durch die erste Born-Approximation und vergleiche sie mit dem durch Term (5) gegebenen Ausdruck. Zeige, daß

$$c = 4\pi\mu_N e^2/4M_N^2 .$$

Um $c\delta(R)$ als ein Potential zu deuten, wird ein mittleres Potential, $\bar{V}$, mit dem Radius e^2/mc^2 definiert, das die gleiche Wirkung hätte.

Zeige mit Hilfe von $\mu_N = 1{,}9135\, e\hbar/2M_N$, daß das resultierende $\bar{V}$ mit den experimentellen Ergebnissen innerhalb der angegebenen Genauigkeit übereinstimmt, d.h.: 4400 ± 400 ev.[1]

(5) Zeige, daß

$$\int \psi_f^* \boldsymbol{\alpha} f(\boldsymbol{R}) \psi_i \, d\,\mathrm{vol} \to \int \chi_f^* [(\boldsymbol{p} f + f \boldsymbol{p})/2m + (\boldsymbol{\sigma}/2m) \times (\boldsymbol{\nabla} f)] \chi_i \, d\,\mathrm{vol},$$

wenn man Terme von der Ordnung v^2/c^2 vernachlässigt.

[1] L. Foldy, Phys. Rev. **87**, 693 (1952).

LÖSUNG DER DIRAC-GLEICHUNG FÜR EIN FREIES TEILCHEN

Dreizehnte Vorlesung

Um die Wellenfunktionen freier Teilchen zu finden ist es zweckmäßig, die Form der Dirac-Gleichung mit den γ's zu benützen.

$$\gamma_\mu(i\nabla_\mu - eA_\mu)\psi = m\psi.$$

Gebraucht man die Definition von Vorlesung 10, $\not{a} = \gamma_\mu a_\mu$, so ist

$$\not{A} = \gamma_\mu A_\mu = \gamma_t A_t - \gamma_x A_x - \gamma_y A_y - \gamma_z A_z,$$

$$\not{\nabla} = \gamma_\mu \nabla_\mu = \gamma_t \nabla_t - \gamma_x \nabla_x - \gamma_y \nabla_y - \gamma_z \nabla_z,$$

und die Dirac-Gleichung kann so geschrieben werden:

$$(i\not{\nabla} - e\not{A})\psi = m\psi. \tag{13.1}$$

(Wir erinnern daran, daß die Größe $\not{a} = \gamma_\mu a_\mu$ gegenüber einer Lorentz-Transformation invariant ist.)

Man muß Wahrscheinlichkeits-Dichte und -Strom in eine vierdimensionale Form bringen. In der speziellen Darstellung sind Wahrscheinlichkeits-Dichte und -Strom gegeben durch

$$\rho = \psi^* \psi \quad j = \psi^* \alpha \psi.$$

Definiert man die zu ψ relativistisch-adjungierte[1] Wellenfunktion als

$$\tilde{\psi} = \psi^* \beta \tag{13.2}$$

in der Standard-Darstellung, so kann man für Wahrscheinlichkeits-Dichte und -Strom schreiben

$$\rho = \tilde{\psi}\beta\psi, \quad j_\mu = \tilde{\psi}\gamma_\mu\psi.$$

Um dies zu beweisen, ersetze man $\tilde{\psi}$ durch $\psi^*\beta$ und beachte, daß $\beta^2 = 1$ und daß $\beta\gamma_\mu = \alpha_\mu$.

[1] ψ ist ein Spaltenvektor mit vier Komponenten

$$\begin{pmatrix} \psi_1 \\ \psi_2 \\ \psi_3 \\ \psi_4 \end{pmatrix}.$$

Das adjungierte ψ ist der Zeilenvektor mit vier Komponenten $\widetilde{\psi_1^*, \psi_2^*, -\psi_3^*, -\psi_4^*}$ in der Standard-Darstellung. Die Multiplikation mit β ändert das Vorzeichen der dritten und vierten Komponente und außerdem wird ψ^* von einem Spaltenvektor in einen Zeilenvektor umgewandelt.

Übungen: (1) Zeige, daß das zu ψ Adjungierte folgender Beziehung genügt

$$\tilde{\psi}(-i\nabla\!\!\!/ - eA\!\!\!/) = m\tilde{\psi}. \tag{13.3}$$

(2) Zeige mit Hilfe von Gl. (13.1) und (13.3), daß $\nabla_\mu j_\mu = 0$ (Erhaltung der Wahrscheinlichkeits-Dichte).

Im Allgemeinen wird der zu einem Operator N adjungierte Operator mit $\tilde{N}$ bezeichnet, und $\tilde{N}$ ist das gleiche wie N, nur daß die Reihenfolge aller vorkommenden γ's umgekehrt ist und jedes explizite i (nicht die, die in den γ's enthalten sind) durch $-i$ ersetzt wird. Ist zum Beispiel $N = \gamma_x\gamma_y$, so ist $\tilde{N} = \gamma_y\gamma_x = -N$. Und ist $N = i\gamma_5 = i\gamma_x\gamma_y\gamma_z\gamma_t$, dann ist $\tilde{N} = -i\gamma_t\gamma_z\gamma_y\gamma_x = -i\gamma_5$. Die folgende Eigenschaft tritt an die Stelle der Hermitezität, die in der nichtrelativistischen Quantenmechanik so nützlich ist:

$$(\tilde{\psi}_2 N \psi_1)^* = (\tilde{\psi}_1 \tilde{N} \psi_2). \tag{13.4}$$

Bei einem freien Teilchen gibt es keine Potentiale, also $A\!\!\!/ = 0$ und aus der Dirac-Gleichung wird

$$i\nabla\!\!\!/\psi = m\psi. \tag{13.5}$$

Zur Lösung versuchen wir den Ansatz

$$\psi = ue^{-ip\cdot x} = ue^{-p_\nu x_\nu}, \tag{13.6}$$

ψ ist eine Wellenfunktion mit vier Komponenten, und mit diesem Ansatz wollen wir sagen, daß jede der vier Komponenten von dieser Form ist, das heißt

$$\begin{pmatrix}\psi_1\\ \psi_2\\ \psi_3\\ \psi_4\end{pmatrix} = \begin{pmatrix}u_1\\ u_2\\ u_3\\ u_4\end{pmatrix} e^{-ip\cdot x}.$$

u_1, u_2, u_3 und u_4 sind also die Komponenten eines Spaltenvektors und u wird ein Dirac-Spinor genannt. Das Problem ist jetzt, die Bedingungen für die u's und p's so zu bestimmen, daß der Ansatz der Dirac-Gleichung genügt. ∇_μ angewandt auf jede Komponente von ψ multipliziert jede Komponente mit $-ip_\mu$, so daß das Ergebnis dieser Operation angewandt auf ψ ergibt

$$\nabla_\mu\psi = \nabla_\mu ue^{-ip_\nu x_\nu} = -ip_\mu ue^{-ip_\nu x_\nu} = -ip_\mu\psi$$

und daß Gl. (13.5) übergeht in

$$i\gamma_\mu(-ip_\mu)\psi=\gamma_\mu p_\mu\psi=\not{p}\psi=m\psi \tag{13.7}$$

Der Ansatz führt also zum Ziel, wenn $\not{p}u=mu$. Um die Schreibweise zu vereinfachen, nehmen wir nun an, daß sich das Teilchen in der xy-Ebene bewegt, so daß

$$p_1=p_x \quad p_2=p_y \quad p_3=0 \quad p_4=E.$$

Unter diesen Bedingungen ist $\not{p}=\gamma_t E-\gamma_y p_y-\gamma_x p_x$. In der Standard-Darstellung ist

$$\gamma_t=\begin{pmatrix}1&0&0&0\\0&1&0&0\\0&0&-1&0\\0&0&0&-1\end{pmatrix} \qquad \gamma_{x,y}=\begin{pmatrix}0&\sigma_{x,y}\\-\sigma_{x,y}&0\end{pmatrix},$$

so daß $\not{p}-m$ übergeht in

$$\begin{pmatrix}E-m&0&0&-p_x+ip_y\\0&E-m&-(p_x+ip_y)&0\\0&p_x-ip_y&-(E+m)&0\\p_x+ip_y&0&0&-(E+m)\end{pmatrix}. \tag{13.8}$$

In Komponenten geschrieben lautet Gl. (13.7)

$$(E-m)u_1-(p_h-ip_y)u_4=0\,, \tag{13.9a}$$

$$(E-m)u_2-(p_h+ip_y)u_3=0\,, \tag{13.9b}$$

$$(p_x-ip_y)u_2-(E+m)u_3=0\,, \tag{13.9c}$$

$$(p_x+ip_y)u_1-(E+m)u_4=0\,. \tag{13.9d}$$

Das Verhältnis u_1/u_4 kann aus Gl. (13.9a) und ebenso aus Gl. (13.9d) bestimmt werden. Diese beiden Werte müssen gleich sein, damit Gl. (13.6) eine Lösung ist. Es gilt also

$$u_1/u_4=(p_x-ip_y)/(E-m)=(E+m)/(p_x+ip_y)$$

oder

$$p_x^2+p_y^2+m^2=E^2. \tag{13.10}$$

Das ist keine überraschende Bedingung. Sie gibt an, daß die p_y so gewählt werden müssen, daß sie die relativistische Gleichung für die Gesamtenergie erfüllen.

Ähnlich können Gl. (13.9b) und (13.9c) nach u_2/u_3 aufgelöst werden, und es ergibt sich

$$u_2/u_3 = (p_x + i p_y)/(E - m) = (E + m)/(p_x - i p_y),$$

was auch auf die Bedingung (13.10) führt.

Ein eleganterer Weg, genau die gleiche Bedingung zu erhalten, besteht darin, direkt mit Gl. (13.7) anzufangen. Multipliziert man diese Gleichung mit $\not{p}$, so erhält man

$$\not{p}(\not{p} u) = \not{p}(m u) = m(\not{p} u) = m^2 u.$$

Mit Hilfe von Gl. (10.9) folgt

$$\not{p}\not{p} = p \cdot p = E^2 - p_x^2 - p_y^2,$$

die Bedingung heißt also

$$E^2 - p_x^2 - p_y^2 = m^2 \quad \text{oder} \quad u = 0.$$

Das erste ist die gleiche Bedingung wie oben, und das zweite ist eine triviale Lösung (keine Wellenfunktion).

Wie man sieht, gibt es zwei linear unabhängige Lösungen der Dirac-Gleichung für freie Teilchen. Das kommt daher, daß beim Einsetzen des Ansatzes, Gl. (13.6), in die Dirac-Gleichung nur eine Bedingung für je zwei u's entsteht, für u_1, u_4 und u_2, u_3. Es ist zweckmäßig, die unabhängigen Lösungen so zu wählen, daß jede zwei Komponenten hat, die Null sind. Daher kann man die u's für die beiden Lösungen folgendermaßen annehmen

$$\begin{pmatrix} F \\ 0 \\ 0 \\ p_+ \end{pmatrix} \quad \text{und} \quad \begin{pmatrix} 0 \\ F \\ p_- \\ 0 \end{pmatrix}, \tag{13.11}$$

wobei folgende Notation benützt wurde:

$$\begin{aligned} F &= E + m, \\ p_+ &= p_x + i p_y, \\ p_- &= p_x - i p_y. \end{aligned} \tag{13.12}$$

Diese Lösungen sind nicht normiert.

Definition des Spins eines bewegten Elektrons

Was bedeuten die beiden linear unabhängigen Lösungen? Es muß irgendeine noch zu definierende physikalische Größe geben, die die Wellenfunktion eindeutig bestimmt. Es ist zum Beispiel bekannt, daß es in dem Koordinatensystem, in dem das Teilchen stationär ist, zwei mögliche Spin-Orientierungen gibt. Mathematisch ausgedrückt bedeutet die Existenz von zwei Lösungen zur Eigenwertgleichung $\not{p}u = mu$ die Existenz eines Operators, der mit $\not{p}$ vertauscht. Diesen Operator müssen wir finden. Man beachte, daß γ_5 mit $\not{p}$ antikommutiert; das heißt $\gamma_5 \not{p} = -\not{p}\gamma_5$. Man beachte außerdem, daß jeder Operator $\not{W}$ mit $\not{p}$ antikommutiert, wenn $W \cdot p = 0$ gilt, denn

$$\not{W}\not{p} = -\not{p}\not{W} + 2W \cdot p. \tag{10.9}$$

Die Kombination $\gamma_5 \not{W}$ dieser beiden antikommutierenden Operatoren ist ein Operator, der mit $\not{p}$ vertauscht; das heißt

$$(\gamma_5 \not{W})\not{p} = -\gamma_5 \not{p} \not{W} = \not{p}(\gamma_5 \not{W}).$$

Wir müssen nun die Eigenwerte des Operators $(i\gamma_5 \not{W})$ finden (das i wurde dazugeschrieben, damit im Folgenden die Eigenwerte reell werden). Bezeichnen wir diese Eigenwerte mit s, so ist

$$(i\gamma_5 \not{W})u = su \tag{13.13}$$

Um die möglichen Werte für s zu finden, multiplizieren wir Gl. (13.13) mit $i\gamma_5 \not{W}$,

$$(i\gamma_5 \not{W})(i\gamma_5 \not{W})u = -\gamma_5 \not{W} \gamma_5 \not{W} u = -W \cdot W u = i\gamma_5 \not{W} su = s^2 u$$

oder

$$-W \cdot W = s^2.$$

Setzt man $W \cdot W$ gleich -1, so sind die Eigenwerte des Operators $i\gamma_5 \not{W}$ gleich ± 1. Die Bedeutung der Wahl $W \cdot W = -1$ ist folgende: In dem System, in dem das Teilchen ruht, ist $p_x = p_y = p_z = 0$ und $p_4 = E$. Dann ist

$$0 = p \cdot W = p_4 W_4 \quad \text{oder} \quad W_4 = 0.$$

Daraus folgt $W \cdot W = -\mathbf{W}\mathbf{W} = -1$ oder $\mathbf{W} \cdot \mathbf{W} = 1$. Das besagt, daß in dem Koordinatensystem, in dem das Teilchen ruht, W ein gewöhnlicher Vektor (die vierte Komponente ist Null) mit der Länge 1 ist.

Bewegt sich das Teilchen in der xy-Ebene, so setze man für $\not{W}\,\gamma_z$, und aus der Operatorgleichung für $i\gamma_5 \not{W}$ wird

$$i\gamma_5 \gamma_z u = su.$$

Benützt man die in Vorlesung 10 abgeleiteten Beziehungen, so wird daraus für ein stationäres Teilchen[1]

$$i\gamma_5\gamma_z u = i\gamma_x\gamma_y\gamma_t u = i\gamma_x\gamma_y u = \begin{pmatrix} \sigma_z & 0 \\ 0 & \sigma_z \end{pmatrix} u = su.$$

Diese Wahl macht aus $\not{W}$ den σ_z-Operator, und der Zusammenhang mit dem Spin ist klar gezeigt. Definieren wir u so, daß es sowohl $\not{p}u = mu$ als auch $i\gamma_5 \not{W} u = su$ erfüllt, so ist u dadurch vollständig bestimmt. Es stellt ein Teilchen dar, das sich mit dem Impuls p_μ fortbewegt und dessen Spin (in dem mit dem Teilchen bewegten Koordinatensystem) entlang der W_μ-Achse entweder positiv ($s = +1$) oder negativ ($s = -1$) ist.

> *Übung:* Zeige, daß die erste der Wellenfunktionen, Gl. (13.11), die Lösung für $s = +1$ und die zweite für $s = -1$ ist!

Eine andere Möglichkeit, die Wellenfunktion für ein frei bewegliches Elektron zu bekommen, ist die, eine Ähnlichkeits-Transformation wie die in Gl. (10.12) an der Wellenfunktion vorzunehmen. Ist das Elektron anfangs in Ruhe und hat einen Spin in positiver oder negativer z-Richtung, so ist der Spinor für ein Elektron, das sich mit einer Geschwindigkeit v in der Raumrichtung $\boldsymbol{k}$ bewegt, folgender

$$u(\boldsymbol{k}) = Su \quad u = (2m)^{1/2} u_0 \quad u_0 = \begin{pmatrix} 1 \\ 0 \\ 0 \\ 0 \end{pmatrix} \text{ oder } \begin{pmatrix} 0 \\ 1 \\ 0 \\ 0 \end{pmatrix}$$

[Zur Normierung siehe Gl. (13.14).]

Wegen Gl. (10.11) ist S gegeben durch

$$S = \exp[(u/2)\gamma_t\gamma_k], \quad \cosh u = 1/(1-v^2)^{1/2}.$$

Nun gilt

$$\exp[+(u/2)\gamma_t\gamma_k] = \cosh(u/2) + \gamma_t\gamma_k \sinh(u/2)$$

und

$$(2m)^{1/2}\cosh(u/2) = [m(1-v^2)^{-1/2} + m]^{1/2} = (E+m)^{1/2},$$

$$(2m)^{1/2}\sinh(u/2) = (E-m)^{1/2}.$$

Daher ist

$$u_{(k)} = [(E+m)^{1/2} + \gamma_t\gamma_k(E-m)^{1/2}]u_0.$$

[1] Für ein stationäres Teilchen ist $\gamma_t u = u$.

Setzen wir $F=(E+m)$, $\boldsymbol{\alpha}=\gamma_t\boldsymbol{\gamma}$ und beachten, daß $(E^2-m^2)^{1/2}=p_k$, so erhalten wir

$$u_{(k)}=(1/\sqrt{F})(E+m+\boldsymbol{\alpha}\cdot\boldsymbol{p})u_0.$$

Falls $\boldsymbol{p}$ in der xy-Ebene liegt, ergibt dies gerade das Resultat Gl. (13.11) mit einem Normierungsfaktor $1/\sqrt{F}$.

Beachtet man, daß für ein Elektron in Ruhe $\gamma_t u_0=u_0$ ist, so kann man für $u_{(k)}$ schreiben

$$(1/\sqrt{F})(E\gamma_t-\boldsymbol{\gamma}\cdot\boldsymbol{p}+m)u_0$$

oder

$$u_{(k)}=(1/\sqrt{F})(\not{p}+m)u_0.$$

Es ist klar, daß dies eine Lösung zur Dirac-Gleichung für freie Teilchen ist

$$(\not{p}-m)u_k=0, \tag{13.7}$$

denn

$$(\not{p}+m)(\not{p}-m)=p^2-m^2=0 \quad p^2=m^2.$$

Normierung der Wellenfunktionen

In der nichtrelativistischen Quantenmechanik ist eine ebene Welle so normiert, daß die Wahrscheinlichkeit für ein Teilchen pro Kubikzentimeter eins ist, das heißt $\psi^*\psi=1$. Eine analoge Normierung für die relativistische ebene Welle könnte etwa lauten

$$\psi^*\psi=u^*u=\tilde{u}\gamma_t u=1, \quad \text{wobei } \tilde{u}=u^*\gamma_t.$$

$\psi^*\psi$ transformiert sich jedoch wie die vierte Komponente eines Vierervektors (es ist die vierte Komponente des Vierer-Stromes), so daß diese Normierung nicht invariant wäre. Es ist möglich, eine relativistisch invariante Normierung zu erhalten, indem man u^*u der vierten Komponente eines passenden Vierervektors gleich setzt. E ist zum Beispiel die vierte Komponente des Viererimpulses p_μ, also könnte die Wellenfunktion normiert werden durch

$$\tilde{u}\gamma_t u=2E.$$

Der Proportionalitätsfaktor 2 wurde zur Vereinfachung späterer Formeln gewählt. $(\tilde{u}\gamma_t u)$ lautet ausgeschrieben für den $s=+1$-Zustand

$$(\tilde{u}\gamma_t u) = \begin{pmatrix} F & 0 & 0 & -p_- \end{pmatrix} \begin{pmatrix} 1 & 0 & 0 & 0 \\ 0 & 1 & 0 & 0 \\ 0 & 0 & -1 & 0 \\ 0 & 0 & 0 & -1 \end{pmatrix} \begin{pmatrix} F \\ 0 \\ 0 \\ p_+ \end{pmatrix} \times C_1^2$$

$$= \begin{pmatrix} F & 0 & 0 & -p_- \end{pmatrix} \begin{pmatrix} F \\ 0 \\ 0 \\ -p_+ \end{pmatrix} \times C_1^2 = (F^2 + p_+ p_-) C_1^2 = 2E(E+m) C_1^2.$$

C_1 ist der Normierungsfaktor, mit dem die Wellenfunktionen der Gl. (13.11) zu multiplizieren sind. Damit $(\tilde{u}\gamma_t u)$ gleich $2E$ ist, müssen wir den Normierungsfaktor gleich $(E+m)^{-1/2} = (F)^{-1/2}$ setzen. Ausgedrückt in $(\tilde{u}u)$ wird die Normierungsbedingung

$$(\tilde{u}u) = \begin{pmatrix} F & 0 & 0 & -p_- \end{pmatrix} \begin{pmatrix} F \\ 0 \\ 0 \\ p_+ \end{pmatrix} \times \frac{1}{F} = (F^2 - p_- p_+) \frac{1}{F}$$

$$= \frac{2m^2 + 2mE}{E+m} = 2m.$$

Das gleiche Resultat erhält man für den $s = -1$-Zustand. Daher kann man als Normierungsbedingung angeben

$$(\tilde{u}u) = 2m. \tag{13.14}$$

In ähnlicher Weise können folgende Beziehungen bewiesen werden:

$$(\tilde{u}\gamma_x u) = 2p_x,$$

$$(\tilde{u}\gamma_y u) = 2p_y,$$

$$(\tilde{u}\gamma_z u) = 0.$$

Zur bequemeren Anwendung der Matrixelemente aller γ's zwischen verschiedenen Anfangs- und Endzuständen wurde Tabelle (13.1) aufgestellt.

Tabelle 13.1. Matrixelemente für Teilchen, die sich in der xy-Ebene bewegen

Matrix N	$(\tilde{u}Nu)$ $s=+1$	$\sqrt{F_1F_2}(\tilde{u}_2Nu_1)$ $s_1=+1$ $s_2=+1$	$\sqrt{F_1F_2}(\tilde{u}_2Nu_1)$ $s_1=+1$ $s_2=-1$	$\sqrt{F_1F_2}(\tilde{u}_2Nu_1)$ $s_1=-1$ $s_2=-1$	$\sqrt{F_1F_2}(\tilde{u}_2Nu_1)$ $s_1=-1$ $s_2=+1$
1	$2m$	$F_2F_1-p_{1+}p_{2-}$	0	Das Konjugiert-komplexe zu dem Fall $s_1=+1$, $s_2=+1$ (Spalte 3)	Das Negative des Konjugiert-komplexen zu dem Fall $s_1=+1$, $s_2=-1$ (Spalte 4)
γ_x	$2p_x$	$F_2p_{1+}+p_{2-}F_1$	0		
γ_y	$2p_y$	$-iF_2p_{1+}+ip_{2-}F_1$	0		
γ_z	0	0	$-p_{1+}F_2+p_{2+}F_1$		
γ_t	$2E$	$F_2F_1+p_{1+}p_{2-}$	0		
$\gamma_y\gamma_z$	0	0	$-iF_2F_1+ip_{1+}p_{2+}$		
$\gamma_z\gamma_x$	0	0	$F_2F_1+p_{1+}p_{2+}$		
$\gamma_x\gamma_y$	$-2iE$	$-iF_2F_1-ip_{1+}p_{2-}$	0		
$\gamma_t\gamma_x$	$2ip_y$	$F_2p_{1+}-p_{2-}F_1$	0		
$\gamma_t\gamma_y$	$-2ip_x$	$-iF_2p_{1+}-ip_{2-}F_1$	0		
$\gamma_t\gamma_z$	0	0	$-p_{1+}F_2-p_{2+}F_1$		
$\gamma_5\gamma_x=\gamma_t\gamma_y\gamma_z$	0	0	$-iF_2F_1-ip_{1+}p_{2+}$		
$\gamma_5\gamma_y=\gamma_t\gamma_z\gamma_x$	0	0	$F_2F_1-p_{1+}p_{2+}$		
$\gamma_5\gamma_z=\gamma_t\gamma_x\gamma_y$	$-2im$	$-iF_2F_1+ip_{1+}p_{2-}$	0		
$\gamma_5\gamma_t=\gamma_x\gamma_y\gamma_z$	0	0	$iF_2p_{1+}+iF_1p_{2+}$		
$\gamma_5=\gamma_x\gamma_y\gamma_z\gamma_t$	0	0	$iF_2p_{1+}-iF_1p_{2+}$		

Man beachte: $p_{2+}=p_{2x}+ip_{2y}=p_2\exp(i\theta_2)$; $p_{2-}=p_{2x}-ip_{2y}=p_2\exp(-i\theta_2)$; $F_2=E_2+m$; $F_1=E_1+m$; $p^2=(E-m)F$.

Grenzfälle: Falls Teilchen 1 ein Positron in Ruhe ist, ergibt die Tabelle $\sqrt{F_2}(\tilde{u}_2 N u_1)$, wenn man $F_1=0$, $p_{1+}=1=p_{1-}$ setzt. Sind beide Teilchen in Ruhe und Positronen, so ergibt die Tabelle $(\tilde{u}_2 N u_1)$ mit $F_1=F_2=0$; $p_{1+}=p_{2+}=1$.

Vierzehnte Vorlesung

Methoden zur Berechnung von Matrixelementen

Das Matrixelement eines Operators M zwischen dem Anfangszustand u_1 und dem Endzustand u_2 wird dargestellt durch

$$(\tilde{u}_2 M u_1).$$

Das Matrixelement ist unabhängig von den benützten Darstellungen, wenn diese mit den unitären Transformationen verknüpft sind. Das heißt

$$u_1' = S u_1,$$

$$u_2' = S u_2,$$

$$M' = S M S^{-1},$$

$$\tilde{u}_2' = \tilde{u}_2 \tilde{S},$$

so daß gilt

$$\tilde{u}_2' M' u_1' = \tilde{u}_2 \tilde{S} S M S^{-1} S u_1 = \tilde{u}_2 M u_1,$$

wobei für S die Eigenschaft $\tilde{S}=S^{-1}$ angenommen wurde.

Die direkte Methode, die Matrixelemente auszurechnen, ist einfach die, sie in Matrix-Form auszuschreiben und die Operationen auszuführen. Auf diese Weise bekamen wir die Werte in Tabelle (13.1).

Es können jedoch andere Methoden angewandt werden, die manchmal einfacher sind und manchmal zu weiterer Information führen, wie im folgenden Beispiel gezeigt wird. Wegen der Normierungs-Konvention gilt

$$\tilde{u} u = 2m.$$

Daraus folgt

$$(\tilde{u} \not{p} u) = 2m^2,$$

wegen $\not{p} u = m u$. Ähnlich gilt

$$(\tilde{u} \gamma_\mu \not{p} u) = m(\tilde{u} \gamma_\mu u).$$

Man beachte außerdem, daß

$$(\tilde{u} \not{p} \gamma_\mu u) = m(\tilde{u} \gamma_\mu u),$$

wegen $\tilde{u}\not{p}=\not{p}\tilde{u}=m\tilde{u}$. Addiert man die beiden Ausdrücke, so erhält man

$$(\tilde{u}(\gamma_\mu \not{p}+\not{p}\gamma_\mu)u)=2m(\tilde{u}\gamma_\mu u).$$

Wegen der in den Übungen bewiesenen Beziehung

$$\not{a}\not{b}=-\not{b}\not{a}+2a\cdot b$$

sieht man, daß

$$\not{p}\gamma_\mu+\gamma_\mu\not{p}=2p_\mu \quad \gamma_\mu=\not{1}.$$

p_μ ist aber eine Zahl, so daß folgt

$$2p_\mu(\tilde{u}u)=2m(\tilde{u}\gamma_\mu u),$$

und wegen $\tilde{u}u=2m$ ist nach der Normierung

$$(\tilde{u}\gamma_\mu u)=2p_\mu.$$

Ferner erhält man die allgemeine Beziehung

$$(\tilde{u}\gamma_t u)/(\tilde{u}u)=p_4/m=E/m.$$

Hieraus ersieht man, warum die mögliche Normierung

$$(\tilde{u}\gamma_t u)=E/m$$

äquivalent mit $(\tilde{u}u)=1$ war.

Aufgabe: Mit Hilfe von Methoden, die analog zu der eben vorgeführten sind, zeige man, daß

$$(\tilde{u}\gamma_5 u)=0.$$

Interpretation der Zustände negativer Energie

Als eine notwendige Bedingung dafür, daß die Lösung der Dirac-Gleichung existiert, haben wir gefunden

$$E^2=p^2+m^2,$$
$$E=\pm(p^2+m^2)^{1/2}.$$

Die Bedeutung der positiven Energie ist klar, aber die der negativen nicht. Es wurde früher von Schrödinger vermutet, daß sie einfach als sinnlos wegzulassen sei. Aber man fand, daß es zwei grundlegende Einwände gegen das Weglassen von Zuständen negativer Energie gibt. Der erste ist physikalisch, das heißt theoretisch-physikalisch. Denn die Dirac-Gleichung ergibt das Resultat, daß ein System, das zu Beginn in einem Zustand positiver Energie war, mit einer gewissen Wahrscheinlichkeit in Zustände negativer Energie gelangen kann. Wenn diese also ausgeschlossen würden, wäre dies ein Widerspruch. Der zweite Einwand ist mathematisch. Das heißt, schließt man die Zustände negativer Energie aus, so führt das zu einem unvollständigen System von Wellenfunktionen. Es ist nicht möglich, jede beliebige Funktion durch Entwicklung nach Funktionen eines unvollständigen Systems darzustellen. Diese Situation führte SCHRÖDINGER in unüberwindliche Schwierigkeiten.

Aufgabe: Man nehme an, daß für $t<0$ ein Teilchen in einem Zustand positiver Energie ist und sich mit einem Spin in positiver z-Richtung in x-Richtung bewegt ($s=+1$). Dann wird bei $t=0$ ein konstantes Potential $A=A_z(A_x=A_y=0)$ eingeschaltet und bei $t=T$ abgeschaltet. Man gebe die Wahrscheinlichkeit dafür an, daß das Teilchen bei $t=T$ in einem Zustand negativer Energie ist.

Antwort:

$$\left.\begin{array}{l}\text{Wahrscheinlichkeit,}\\ \text{bei } t=T \text{ in einem Zustand}\\ \text{negativer Energie zu sein}\end{array}\right\} = \left\{\begin{array}{l}[e^2A^2/(e^2A^2+m^2)]\\ \times\sin^2\left[(m^2+e^2A^2)^{1/2}\,T\right].\end{array}\right.$$

Man beachte, daß für $E=-m$, $1/\sqrt{F}=\infty$ die u's scheinbar sehr groß werden. Aber in Wirklichkeit verschwinden die Komponenten von u auch für $E=-m$, da es sich um einen komplizierten Grenzübergang handelt. Man kann dies umgehen und die korrekten Resultate einfach bekommen, wenn man $1/\sqrt{F}$ streicht und in den Komponenten von uF durch Null und p_+ durch 1 ersetzt.

Die positiven Energieniveaus bilden ein Kontinuum, das sich von $E=m$ bis $+\infty$ erstreckt, und die negativen Energien, wenn man sie zuläßt, bilden ein weiteres Kontinuum von $E=-m$ bis $-\infty$. Zwischen $+m$ und $-m$ sind keine Energieniveaus vorhanden (siehe Fig. 14.1). Dirac schlug die Vorstellung vor, daß alle negativen Energieniveaus normalerweise aufgefüllt seien. Erklärungen für die offensichtliche Obskurität eines solchen Sees von Elektronen in Zuständen negativer Energie, wenn er existiert, haben gewöhnlich eine psychologische Seite und sind nicht sehr befriedigend. Immerhin, wenn solch eine Situation angenommen wird, sind dieses einige wichtige Folgerungen:

1. Von Elektronen in Zuständen positiver Energie wird normalerweise nicht beobachtet werden, daß sie in Zustände negativer Energie

übergehen, da diese Zustände nicht verfügbar sind; sie sind schon besetzt.

2. Da der See von Elektronen in negativen Energieniveaus nicht beobachtet werden kann, sollte ein „Loch" in ihm, das durch den Übergang eines seiner Elektronen in einen Zustand positiver Energie hervorgerufen wurde, seine Existenz zeigen. Das Loch wird als ein Positron betrachtet und verhält sich wie ein Elektron mit einer positiven Ladung.

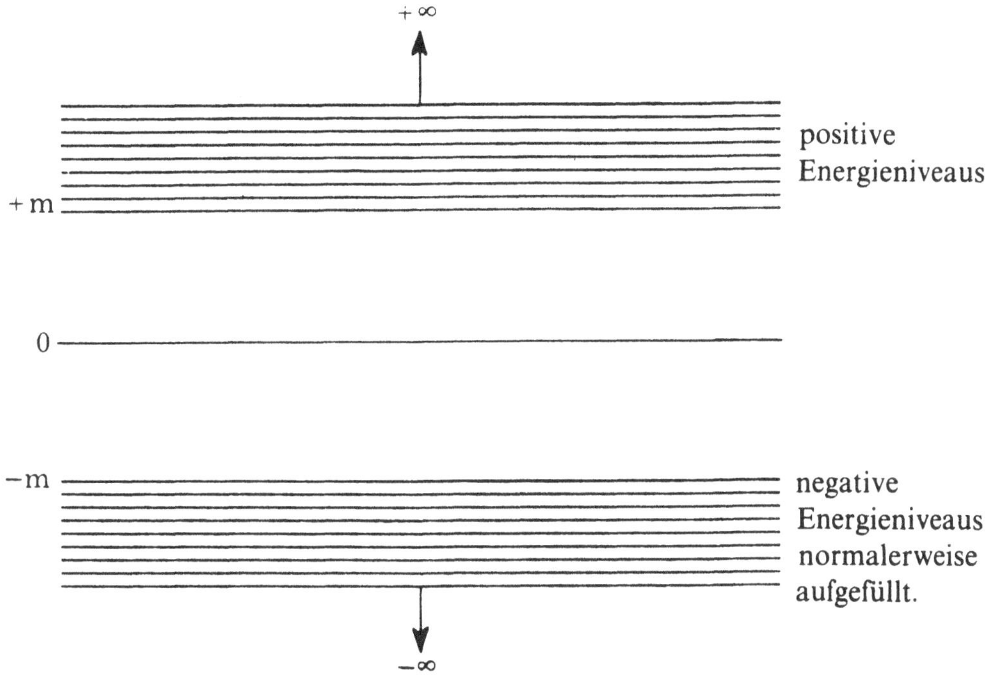

FIG. 14-1

3. Das PAULIsche Ausschließungs-Prinzip wird mit einbegriffen, damit der negative See voll besetzt sein kann. Das heißt, wenn mehr als ein Elektron einen gegebenen Zustand besetzen könnten, wäre es unmöglich, alle Zustände negativer Energie anzufüllen. Aus diesem Grunde wird die Dirac-Theorie manchmal als eine „Probe" auf das Ausschließungs-Prinzip angesehen.

Eine andere Interpretation der Zustände negativer Energie wurde vom Autor selbst vorgeschlagen. Die Grundidee ist die, daß die Zustände „negativer Energie" die Zustände von Elektronen darstellen, die sich zeitlich rückwärts bewegen.

Kehrt man in der klassischen Bewegungsgleichung

$$m(d^2 z_\mu/ds^2) = e(dz_\nu/ds) F_{\mu\nu}$$

die Richtung der Eigenzeit s um, so läuft das auf das gleiche heraus wie ein Vorzeichenwechsel der Ladung, so daß das Elektron, das sich zeitlich

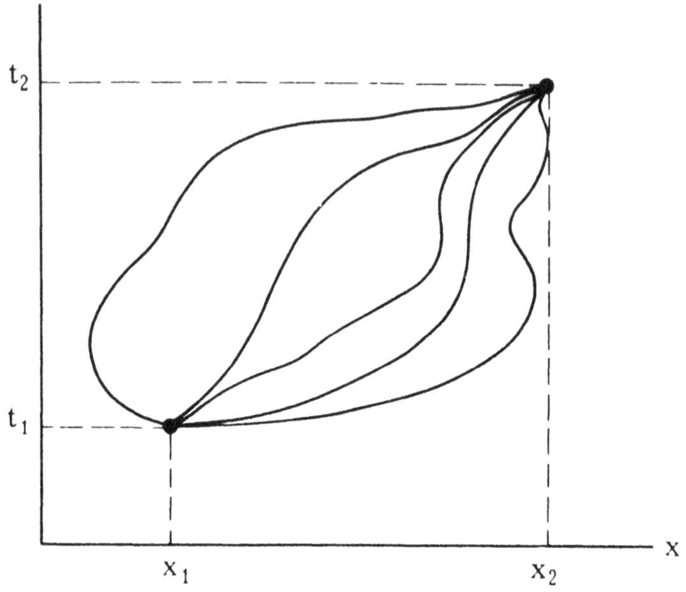

FIG. 14-2

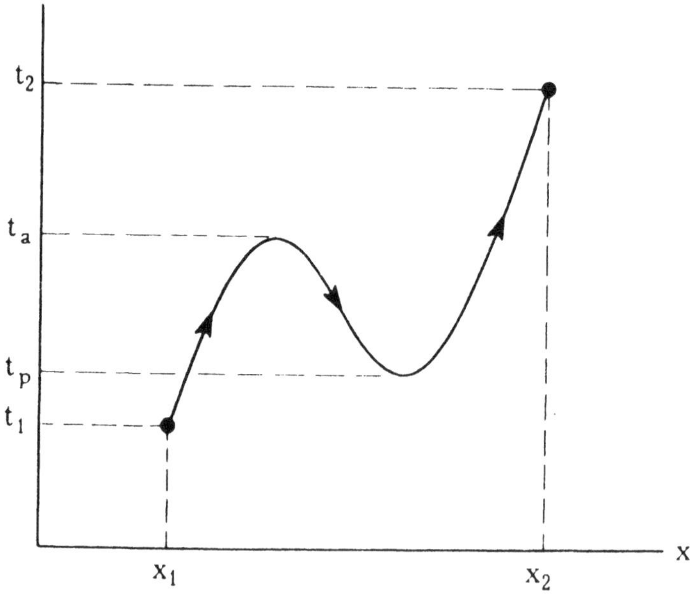

FIG. 14-3

rückwärts bewegt, aussehen würde wie ein Positron, das sich zeitlich vorwärts bewegt.

In der elementaren Quantenmechanik wurde die Gesamtamplitude dafür, daß sich ein Elektron von $\boldsymbol{x}_1, t_1$ nach $\boldsymbol{x}_2, t_2$ bewegt, dadurch berechnet, daß man über die Amplituden aller möglichen Trajektorien zwischen $\boldsymbol{x}_1, t_1$ und $\boldsymbol{x}_2, t_2$ summierte, vorausgesetzt, daß die Trajektorien immer zeitlich vorwärts gerichtet sind. Diese Trajektorien in einer Dimension können aussehen wie in Fig. 14.2. Aber mit dem neuen Gesichtspunkt kann eine mögliche Trajektorie auch aussehen wie in Fig. 14.3.

Stellt man sich einen Beobachter mit gewöhnlichem Zeitablauf vor, der nur die Gegenwart und Vergangenheit kennt, so sähe für ihn die Folge der Ereignisse folgendermaßen aus:

$t_1 \to t_p$ nur das ursprüngliche Elektron ist vorhanden

$t_p \to$ das ursprüngliche Elektron ist noch vorhanden, aber irgendwo anders entsteht ein Elektron-Positron-Paar

$t_p \to t_a$ das ursprüngliche Elektron und das neu gebildete Elektron und Positron sind vorhanden

$t_a \to$ das Positron trifft mit dem ursprünglichen Elektron zusammen, beide werden vernichtet und es bleibt nur das neu gebildete Elektron

$t_a \to t_2$ nur ein Elektron ist vorhanden.

Um diesen Gedanken quantenmechanisch zu behandeln, müssen zwei Regeln befolgt werden:

1. Um Matrixelemente für Positronen auszurechnen, müssen die Wellenfunktionen des Anfangs- und Endzustandes vertauscht werden. Das heißt, für ein Elektron, das sich zeitlich vorwärts von einem Zustand der Vergangenheit ψ_{past} nach einem Zustand der Zukunft ψ_{fut} bewegt, lautet das Matrixelement

$$\int \tilde{\psi}_{\text{fut}} M \psi_{\text{past}} \, d\text{vol}.$$

Bewegt sich das Elektron aber zeitlich rückwärts, so geht es *von* ψ_{fut} *nach* ψ_{past} über, und das Matrixelement für ein Positron heißt also

$$\int \tilde{\psi}_{\text{past}} M \psi_{\text{fut}} \, d\text{vol}.$$

2. Ist die Energie E positiv, dann ist $e^{-ip \cdot x}$ die Wellenfunktion eines Elektrons mit der Energie $p_4 = E$. Ist E negativ, so ist $e^{-ip \cdot x}$ die Wellenfunktion eines Positrons mit der Energie $-E$ oder $|E|$, und des Viererimpulses $-p$.

POTENTIAL-PROBLEME IN DER QUANTENELEKTRODYNAMIK

Fünfzehnte Vorlesung

Paar-Erzeugung und -Vernichtung

Zwei mögliche Bahnen eines Elektrons, das zwischen den Zuständen ψ_1 und ψ_2 gestreut wird, wurden in der letzten Vorlesung besprochen. Diese sind:

Fall I. ψ_1, ψ_2 sind beides Zustände positiver Energie, ψ_1 interpretiert als Elektron in der „Vergangenheit", ψ_2 als Elektron in der „Zukunft". Das ist Elektronen-Streuung.

Fall II. ψ_1, ψ_2 sind beides Zustände negativer Energie, ψ_1 interpretiert als Positron in der „Zukunft", ψ_2 als Positron in der „Vergangenheit". Das ist Positronen-Streuung.

Die Existenz von Zuständen negativer Energie ermöglicht zwei weitere Bahntypen. Diese sind:

Fall III. ψ_1 hat positive Energie, ψ_2 hat negative Energie, ψ_1 wird interpretiert als Elektron in der „Vergangenheit", ψ_2 als Positron in der „Vergangenheit". Beide Zustände liegen in der Vergangenheit und keiner in der Zukunft. Das bedeutet Paar-Vernichtung.

Fall IV. ψ_1 hat negative Energie, ψ_2 hat positive Energie, ψ_1 wird interpretiert als Positron in der „Zukunft", ψ_2 als Elektron in der „Zukunft". Das ist Paar-Erzeugung.

Die vier Fälle können graphisch dargestellt werden, siehe Fig. 15.1.

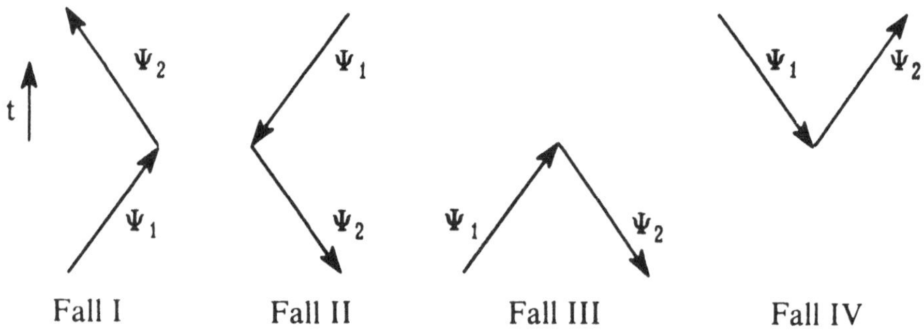

FIG. 15-1

Man beachte, daß in jedem Diagramm die Pfeile von ψ_1 nach ψ_2 zeigen, obwohl die Zeit in allen Fällen nach oben hin zunimmt. Die Pfeile geben die Bewegungsrichtung des Elektrons bei der vorliegenden Interpretation von Zuständen negativer Energie an. In üblicher Sprechweise weisen die Pfeile in Richtung positiver oder negativer Energie je nachdem, ob $\not{p}$ positiv oder negativ ist, das heißt, je nachdem, ob der dargestellte Zustand der eines Elektrons oder eines Positrons ist.

Energieerhaltung

Die Energieabhängigkeit für die Streuung in Fall I wurde in vorhergehenden Vorlesungen abgeleitet. Man kann sehen, daß die gleichen Ergebnisse für Fall II gelten. Um das zu zeigen, erinnere man sich daran, daß in Fall I, wenn das Elektron von der Energie E_1 nach E_2 übergeht, und wenn das Störungspotential proportional zu $\exp(-i\omega t)$ angenommen wird, daß dann diese Störung eine positive Energie ω liefert. Um dies zu sehen, beachte man, daß die Amplitude für Streuung proportional ist zu

$$\int \exp(-iE_2 t)^* \exp(-i\omega t) \exp(-iE_1 t) dt = \int \exp(iE_2 t - i\omega t - iE_1 t) dt. \tag{15.1}$$

Wie wir gezeigt haben, gibt es eine Resonanzstelle zwischen E_2 und $E_1+\omega$, so daß nur solche Energien, für die $E_2 \approx E_1+\omega$ gilt, einen Beitrag liefern. In Fall II gilt das gleiche Integral, aber E_2 und E_1 sind negativ. Ein Positron geht von einer Energie (der Vergangenheit) $E_{\text{past}} = -E_2$ zu einer Energie (der Zukunft) $E_{\text{fut}} = -E_1$ über. Bei der gleichen Störungsenergie ist die Amplitude wieder nur dann groß, wenn $E_2 = E_1 + \omega$ oder $-E_{\text{past}} = -E_{\text{fut}} + \omega$, so daß $E_{\text{fut}} = \omega + E_{\text{past}}$; das heißt, die Störung liefert eine positive Energie ω genau wie im Falle der Elektronen.

Der Ausbreitungs-Kern

Im nicht-relativistischen Fall (Schrödinger-Gleichung) lautet die Wellengleichung mit einem Störungspotential

$$i\partial\psi/\partial t = H_0\psi + V\psi \tag{15.2}$$

wobei V das Störungspotential und H_0 der ungestörte Hamilton-Operator ist. Für das freie Teilchen kann man zeigen, daß der Kern, der die Amplitude für den Übergang von Punkt 1 nach Punkt 2 in Raum und

Zeit angibt, folgendermaßen aussieht

$$\begin{aligned} K_0(2,1) &= N \exp[(1/2) i m (\boldsymbol{x}_2 - \boldsymbol{x}_1)^2/(t_2 - t_1)] \qquad & t_2 > t_1 \\ &= 0 & t_2 < t_1, \end{aligned} \tag{15.3}$$

wobei N ein Normierungsfaktor ist, der vom Zeitintervall $t_2 - t_1$ und von der Teilchenmasse abhängt:

$$N = [m/2\pi i (t_2 - t_1)]^{1/2}$$

Man beachte, daß der Kern so definiert ist, daß er für $t_2 < t_1$ null ist. Man kann zeigen, daß $\boldsymbol{K}_0$ der Gleichung

$$[i\partial/\partial t_2 - H_0(2)]\,\boldsymbol{K}_0(2,1) = i\delta(2,1) \tag{15.4}$$

genügt.

Der Ausbreitungskern $\boldsymbol{K}_V(2,1)$, der eine ähnliche Amplitude aber in Anwesenheit des Störungspotentials V liefert, muß der Gleichung

$$[i\partial/\partial t_2 - H_0(2) - V(2)]\,\boldsymbol{K}_V(2,1) = i\delta(2,1) \tag{15.5}$$

genügen. Man kann zeigen, daß $\boldsymbol{K}_V$ durch die Reihe

$$\begin{aligned} \boldsymbol{K}_V(2,1) = \boldsymbol{K}_0(2,1) &- i \int \boldsymbol{K}_0(2,3)\, V(3)\, \boldsymbol{K}_0(3,1)\, d^3\boldsymbol{x}_3\, dt_3 \\ &- \int \boldsymbol{K}_0(2,4)\, V(4)\, \boldsymbol{K}_0(4,3)\, V(3)\, \boldsymbol{K}_0(3,1)\, d^3\boldsymbol{x}_4\, dt_4\, d^3\boldsymbol{x}_3\, dt_3 + \ldots \end{aligned} \tag{15.6}$$

berechnet werden kann.

Falls der vollständige Hamilton-Operator $H = H_0 + V$ zeitunabhängig ist, und alle stationären Zustände ϕ_n des Systems bekannt sind, kann man $\boldsymbol{K}_V(2,1)$ aus der Summe

$$\boldsymbol{K}_V(2,1) = \sum_n \exp[-iE_n(t_2 - t_1)]\,\phi_n(x_2)\,\phi_n{}^*(x_1) \tag{15.7}$$

erhalten.

Es ist leicht, diese Gedanken auf den relativistischen Fall (Dirac-Gleichung) auszudehnen. Wählt man eine spezielle Form für den Hamilton-Operator, so kann man die Dirac-Gleichung folgendermaßen schreiben

$$i\partial\psi/\partial t = H\psi = \boldsymbol{\alpha}\cdot(\boldsymbol{p} - e\boldsymbol{A})\psi + e\phi\psi + m\beta\psi.$$

Definiert man den Ausbreitungskern mit $\boldsymbol{K}^A$, so ist der Kern die Lösung der Gleichung

$$[i\partial/\partial t_2 - e\phi_2 - \boldsymbol{\alpha}\cdot(-i\nabla_2 - e\boldsymbol{A}_2) - m\beta]\,\boldsymbol{K}^A(2,1) = i\beta\delta(2,1). \tag{15.8}$$

Die Matrix β steht in dem letzten Term, damit der aus dem Hamilton-Operator abgeleitete Kern relativistisch invariant ist. [Man beachte die Ähnlichkeit mit dem nicht-relativistischen Fall, Gl. (15.5).] Multipliziert man diese Gleichung mit β, so erhält man eine einfachere Form:

$$(i\nabla\!\!\!/_2 - e A\!\!\!/_2 - m) K^A(2,1) = i\delta(2,1). \tag{15.9}$$

Die Gleichung für ein freies Teilchen erhält man einfach, indem man $A\!\!\!/_2 = 0$ setzt, man nennt den Kern für freie Teilchen dann K_+,

$$(i\nabla\!\!\!/_2 - m) K_+(2,1) = i\delta(2,1). \tag{15.10}$$

Die Bezeichnung K_+ tritt an die Stelle von K_0 des nicht-relativistischen Falles, und Gl. (15.10) als die Definitionsgleichung an die Stelle von Gl. (15.4).

Ebenso wie K_V in die Reihe der Gl. (15.6) entwickelt werden kann, so kann K^A entwickelt werden in

$$\begin{aligned} K^A(2,1) = K_+(2,1) &- i\int K_+(2,3)\, e A\!\!\!/(3)\, K_+(3,1)\, d\tau_3 \\ &- \int K_+(2,3)\, e A\!\!\!/(3)\, K_+(3,4)\, e A\!\!\!/(4)\, K_+(4,1)\, d\tau_3\, d\tau_4 + \dots \end{aligned} \tag{15.11}$$

Man beachte, daß der Kern jetzt eine Vier-mal-vier-Matrix ist, so daß alle Komponenten von ψ bestimmt werden können. Deshalb ist die Reihenfolge der Terme in Gl. (15.11) wichtig. Das Integrationselement ist in Wirklichkeit ein vierdimensionales Volumenelement in Raum-Zeit

$$d\tau = dx_1\, dx_2\, dx_3\, dx_4 .$$

Das Potential $-ieA\!\!\!/(1)$ kann interpretiert werden als die Amplitude dafür, daß das Teilchen pro Kubikzentimeter und pro Sekunde einmal am Punkt (1) gestreut wird. Damit ist die Interpretation von Gl. (15.11) genau analog zu der von Gl. (15.6).

Aufgabe: Zeige, daß das durch Gl. (15.11) definierte K^A vereinbar ist mit den Gln. (15.8) und (15.9).

Im nicht-relativistischen Fall sind solche Bahnen, auf denen das Teilchen seine Bewegung zeitlich umkehrt, ausgeschlossen worden. Im vorliegenden Fall stimmt das nicht mehr. Die Existenz und Interpretation von negativen Energieeigenwerten der Dirac-Gleichung erlaubt die Interpretation und Behandlung solcher Bahnen.

Nimmt man an, daß $t_4 > t_3$, so folgt daraus die Existenz von virtuellen Paaren. Der Abschnitt von t_4 nach t_3 stellt die Bewegung eines Positrons dar (siehe Fig. 15.2).

In einem zeitlich stationären Feld, wenn die Wellenfunktionen ϕ_n für alle Zustände des Systems bekannt sind, kann $\boldsymbol{K}_+^A$ definiert werden durch

$$\boldsymbol{K}_+^A(2,1) = \sum_{\text{pos. Energie}} \exp[-iE_n(t_2-t_1)]\,\phi_n(\boldsymbol{x}_2)\tilde{\phi}_n(\boldsymbol{x}_1) \qquad t_2>t_1$$
$$= -\sum_{\text{neg. Energie}} \exp[-iE_n(t_2-t_1)]\,\phi_n(\boldsymbol{x}_2)\tilde{\phi}_n(\boldsymbol{x}_1) \qquad t_2<t_1. \tag{15.12}$$

Eine andere Lösung von Gl. (15.9) ist

$$\boldsymbol{K}_0^A(2,1) = \sum_{\text{pos. Energie}} \exp[-iE_n(t_2-t_1)]\,\phi_n(\boldsymbol{x}_2)\tilde{\phi}_n(\boldsymbol{x}_1)$$
$$+ \sum_{\text{neg. Energie}} \exp[-iE_n(t_2-t_1)]\,\phi_n(\boldsymbol{x}_2)\tilde{\phi}_n(\boldsymbol{x}_1) \qquad t_2>t_1 \tag{15.13}$$
$$=0 \qquad t_2<t_1.$$

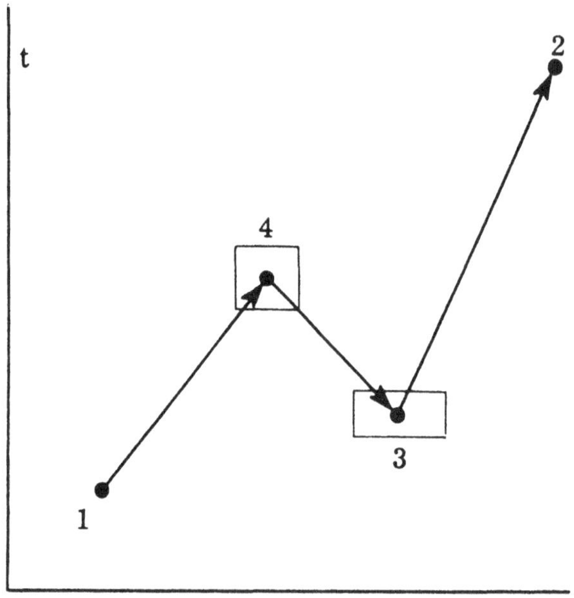

FIG. 15-2

Gl. (15.12) hat eine Interpretation, die mit der Positron-Interpretation für Zustände negativer Energie übereinstimmt. Wenn also der Zeitablauf wie „üblich“ ist ($t_2>t_1$), so ist ein Elektron vorhanden, und nur

Zustände positiver Energie liefern einen Beitrag. Ist der Zeitablauf „umgekehrt" ($t_2 < t_1$), so ist ein Positron vorhanden, und nur Zustände negativer Energie liefern einen Beitrag. Gl. (15.13) andererseits hat keine so befriedigende Interpretation. Obwohl der durch Gl. (15.13) definierte Kern $\boldsymbol{K}_0^A$ auch eine befriedigende mathematische Lösung von Gl. (15.9) ist (wie wir unten zeigen), verlangt die Interpretation von Gl. (15.13) die Vorstellung eines Elektrons in einem Zustand negativer Energie.

Um zu zeigen, daß beide Kerne Lösungen der gleichen inhomogenen Gleichung sind, beachte man, daß für die Differenz zu *allen* Zeiten t_2 gilt

$$\sum_{\text{neg. Energie}} \exp(iE_n t_1)\exp(-iE_n t_2)\phi_n(\boldsymbol{x}_2)\tilde{\phi}_n(\boldsymbol{x}_1).$$

Das ist, Term für Term, eine Lösung der homogenen Gleichung [d.h. Gl. (15.9) mit Null auf der rechten Seite]. Die Möglichkeit für zwei solche Lösungen ergibt sich daraus, daß Randbedingungen noch nicht genau festgelegt wurden. Wir werden immer $\boldsymbol{K}_+^A$ benutzen.

Der durch Gl. (15.12) definierte Kern $\boldsymbol{K}_+^A$ erlaubt die Behandlung von Fall III (Paar-Vernichtung) und von Fall IV (Paar-Erzeugung), die zu Beginn dieser Vorlesung angeführt wurden. In jedem Fall wirkt das Potential $-ie\not{A}(3)$ am Schnittpunkt von Positron- und Elektron-Bahn.

Sechzehnte Vorlesung

Zur Anwendung des Kerns K_+ (2,1)

In der nichtrelativistischen Theorie war es möglich, die Wellenfunktion an einem Punkt x_2 zur Zeit t_2 mit Hilfe des nicht-relativistischen Kernes $\boldsymbol{K}_0(\boldsymbol{x}_2, t_2; \boldsymbol{x}_1, t_1)$ zu berechnen, wenn die Wellenfunktion zu einem frü-

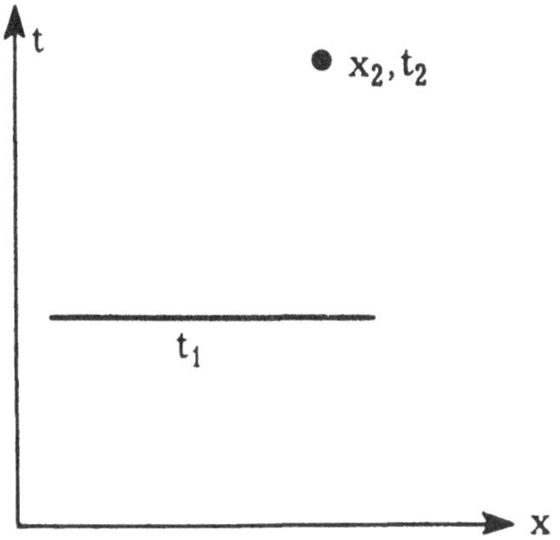

FIG. 16-1

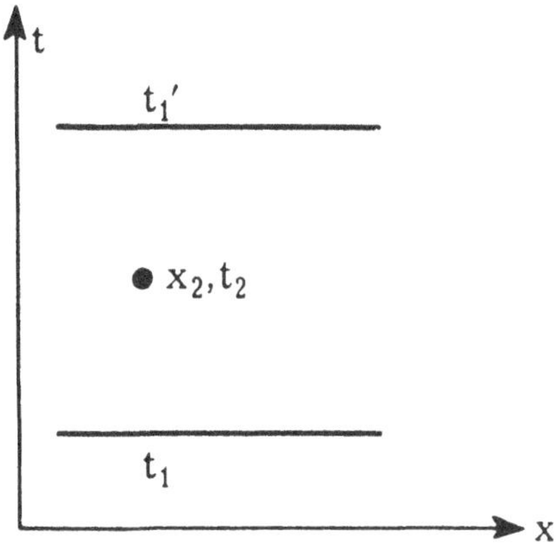

FIG. 16-2

heren Zeitpunkt t_1 (siehe Fig. 16.1) bekannt war,

$$\psi(\boldsymbol{x}_2,t_2)=\int \boldsymbol{K}_0(\boldsymbol{x}_2,t_2;\boldsymbol{x}_1,t_1)\psi(\boldsymbol{x}_1,t_1)d^3\boldsymbol{x}_1.$$

Man könnte erwarten, daß eine relativistische Verallgemeinerung davon so aussieht

$$\psi(\boldsymbol{x}_2,t_2)=\int \boldsymbol{K}_+(\boldsymbol{x}_2,t_2;\boldsymbol{x}_1,t_1)\gamma_t\psi(\boldsymbol{x}_1,t_1)d^3\boldsymbol{x}_1.$$

Das stellt sich jedoch als unrichtig heraus. Im relativistischen Fall genügt es nicht, die Wellenfunktion nur zu einem früheren Zeitpunkt zu kennen, da $K_+(2,1)$ nicht Null ist für $t_2<t_1$. Ist der Kern in dieser Weise (Vorlesung 15) definiert, so ist die Wellenfunktion an der Stelle $\boldsymbol{x}_2,t_2$ (siehe Fig. 16.2) gegeben durch

$$\begin{aligned}\psi(\boldsymbol{x}_2,t_2) = &\int \boldsymbol{K}_+(\boldsymbol{x}_2,t_2;\boldsymbol{x}_1,t_1)\gamma_t\psi(\boldsymbol{x}_1,t_1)d^3\boldsymbol{x}_1\\ &-\int \boldsymbol{K}_+(\boldsymbol{x}_2,t_2;\boldsymbol{x}_1,t_1')\gamma_t\psi(\boldsymbol{x}_1,t_1')d^3\boldsymbol{x}_1 \qquad t_1<t_2<t_1'.\end{aligned} \tag{16.1}$$

Der erste Term ist der Beitrag von Zuständen positiver Energie zu früherer Zeit, und der zweite Term ist der Beitrag von Zuständen negativer Energie zu späterer Zeit. Man kann diesen Ausdruck verallgemeinern und sagen, daß es notwendig ist, $\psi(\boldsymbol{x}_1,t_1)$ auf einer vierdimensionalen Oberfläche, die den Punkt $\boldsymbol{x}_2,t_2$ umgibt (siehe Fig. 16.3), zu kennen:

$$\psi(\boldsymbol{x}_2,t_2)=\int \boldsymbol{K}_+(2,1)\not{N}(1)\psi(1)d^4x_1, \tag{16.2}$$

dabei ist $\not{N}$ der vierdimensionale Normalenvektor auf der Oberfläche, die $\boldsymbol{x}_2,t_2$ umschließt.

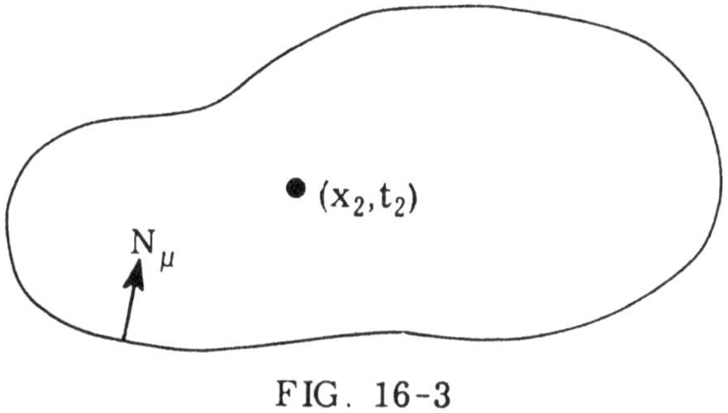

FIG. 16-3

Übergangswahrscheinlichkeit

Die Amplitude für den Übergang von einem Zustand f zu einem Zustand g beim Vorhandensein eines Potentials $\not{A}$ ist durch einen ähnlichen Ausdruck wie in der nichtrelativistischen Theorie gegeben

$$a_{21}=\int\int \tilde{g}(2)\beta\,\boldsymbol{K}_+^A(2,1)\beta f(1)d^3\boldsymbol{x}_1d^3\boldsymbol{x}_2. \tag{16.3}$$

Benützt man die Entwicklung von $K_+^A(2,1)$ in der Form von $K_+(2,1)$, Gl. (15.11) und nimmt man an, daß die Übergangsamplitude vom Zustand f zum Zustand g für ein freies Teilchen Null ist (f und g sind orthogonale Zustände), so ist die Übergangsamplitude erster Ordnung (Born-Näherung)

$$a_{21} = -i\int \tilde{g}(2)\beta \int \boldsymbol{K}_+(2,3) e \not{A}(3)\, \boldsymbol{K}_+(3,1)\beta f(1) d\tau_3 d^3\boldsymbol{x}_1 d^3\boldsymbol{x}_2.$$

Es ist praktisch zu schreiben

$$f(3) = \int \boldsymbol{K}_+(3,1)\beta f(1) d^3\boldsymbol{x}_1 \quad \tilde{g}(3) = \int \tilde{g}(2)\beta\, \boldsymbol{K}_+(2,3) d^3\boldsymbol{x}_2.$$

Das besagt, daß das Teilchen die Wellenfunktion f für freie Teilchen vor der Streuung und die Wellenfunktion g für freie Teilchen nach der Streuung hat. Dies schließt die Berechnung der Bewegung in Form von freien Teilchen aus. Die Übergangsamplitude erster Ordnung kann man schreiben

$$-i\int \tilde{g}(3) e \not{A}(3) f(3) d\tau_3 \tag{16.4}$$

($d\tau_3$ bedeutet eine Integration sowohl über die Zeit wie über den Raum). Der Term zweiter Ordnung würde lauten

$$-\int\int \tilde{g}(4) e \not{A}(4)\, \boldsymbol{K}_+(4,3) e \not{A}(3) f(3) d\tau_3 d\tau_4.$$

Ist $f(3)$ ein Zustand negativer Energie, so stellt es ein Positron der Zukunft anstelle eines Elektrons der Vergangenheit dar, und der durch diese Amplitude beschriebene Prozeß ist eine Paarerzeugung.

Streuung eines Elektrons an einem Coulomb-Potential

Wir werden von der eben angegebenen Theorie Gebrauch machen, um die Streuung eines Elektrons an einem unendlich schweren Kern der Ladung Ze zu berechnen. Wir nehmen an, das einlaufende Elektron habe einen Impuls in der x-Richtung und das gestreute Elektron einen Impuls in der xy-Ebene (siehe Fig. 16.4):

$$\not{p}_1 = \gamma_t E_1 - \gamma_x p_{1x}, \quad \not{p}_2 = \gamma_t E_2 - \gamma_x p_{2x} - \gamma_y p_{2y}.$$

Das Potential ist das einer stationären Ladung Ze

$$\phi = Ze/r, \quad A = 0, \quad \not{A} = \gamma_t (Ze/r).$$

Die Wellenfunktionen des Anfangs- und Endzustandes sind ebene Wellen:

$f(1) = u_1 e^{-ip_1 \cdot x}$ $\quad g(2) = u_2 e^{-ip_2 \cdot x}$ (vierdimensionale Wellenfunktion)

Wegen Gl. (16.4) ist also die Amplitude erster Ordnung für den Übergang vom Zustand f zum Zustand g (vom Impuls p_1 zum Impuls p_2)

$$M = -i \int \tilde{u}_2 e^{i p_2 \cdot x} (Z e^2/r) \gamma_t u_1 e^{-i p_1 \cdot x} d^3 \mathbf{x}\, dt .$$

Separiert man die Raum- und Zeitabhängigkeit in den Wellenfunktionen, so wird daraus

$$M = -i(\tilde{u}_2 \gamma_t u_1) \left[\int e^{-i \mathbf{p}_2 \cdot \mathbf{x}} (Z e^2/r) e^{i \mathbf{p}_1 \cdot \mathbf{x}} d^3 \mathbf{x} \right] \left[\int_0^T e^{i E_2 t} e^{-i E_1 t} dt \right].$$

Das erste Integral ist gerade $V(Q)$, eine dreidimensionale Fourier-Transformation des Potentials, das in der nicht-relativistischen Theorie der Streuung berechnet wurde:

$$M = -i(\tilde{u}_2 \gamma_t u_1)[V(Q)] \left\{ \frac{\exp[i(E_2 - E_1)T] - 1}{i(E_2 - E_1)} \right\},$$
$$V(Q) = 4\pi Z e^2/Q^2, \quad Q = \mathbf{p}_1 - \mathbf{p}_2. \tag{16.5}$$

Die Übergangswahrscheinlichkeit pro Sekunde ist gegeben durch

$$\text{Überg.Wahrsch./sec.} = 2\pi(\Pi N)^{-1} |M|^2 \times (\text{Dichte der Endzustände}) \tag{16.6}$$

Das ist ein Resultat aus der zeitabhängigen Störungstheorie, der einzige neue Faktor ist ein Normierungsfaktor $(\Pi N)^{-1}$, der der Tatsache Rechnung trägt, daß die Wellenfunktionen nicht auf Eins pro Volumeneinheit

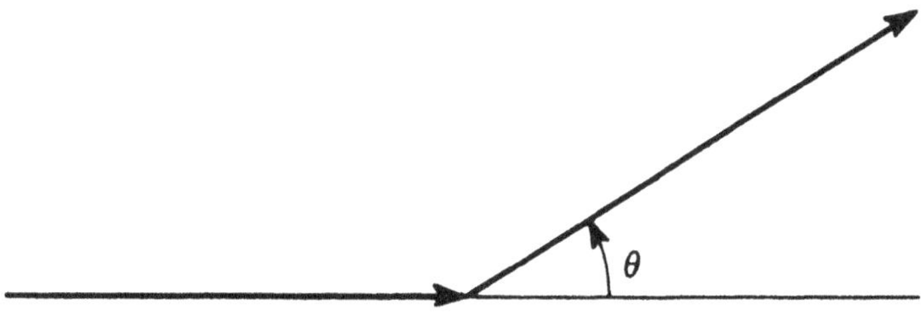

FIG. 16-4

normiert sind. Das ΠN ist ein Produkt von Faktoren N, einen für jede Wellenfunktion oder jedes Teilchen im Anfangszustand und einen für jede Wellenfunktion des Endzustandes,

$$N = (\tilde{u} \gamma_t u) \tag{16.7}$$

für jedes in Frage kommende Teilchen. In unserer Normierung ist dann $N = 2E$.

Der Grund für diesen Faktor ist der, daß die Wellenfunktionen auf

$$(\tilde{u}u)=2m \quad \text{oder} \quad (\tilde{u}\gamma_t u)=2E$$

normiert sind, wogegen sie wie bei der Berechnung der Übergangswahrscheinlichkeit in der konventionellen nicht-relativistischen Art so normiert sein sollten: $\psi^*\psi=1$ oder $(\tilde{u}\gamma_t u)=1$ (also wäre in diesem Fall $N=1$).

Das Matrixelement M ist, so wie es hier berechnet wurde, relativistisch invariant, und in Zukunft wird sich das Hauptinteresse auf M richten. Kennt man M, so kann man die Ubergangswahrscheinlichkeit aus Gl. (16.6) berechnen.

Zustandsdichte, Wirkungsquerschnitt

Für das Problem der Elektron-Streuung ist mit

$$M=-i(\tilde{u}_2\gamma_t u_1)(4\pi Ze^2/Q^2)$$

die Übergangswahrscheinlichkeit

$$\text{Überg.Wahrsch./sec} = \frac{2\pi}{(2E_1)(2E_2)}|(\tilde{u}_2\gamma_t u_1)|^2 \left|\frac{4\pi Ze^2}{Q^2}\right|^2 \frac{E_2 p_2 d\Omega}{(2\pi)^3}, \qquad (16.8)$$

wobei man die Dichte der Endzustände folgendermaßen erhielt:

$$\text{Zustandsdichte} = \frac{d^3\mathbf{p}_2}{(2\pi)^3 dE_2} = \frac{p_2^2 dp_2 d\Omega}{(2\pi)^3 dE_2} \qquad \hbar=1$$

es ist aber $E_2^2=p_2^2+m^2$, also $dp_2/dE_2=E_2/p_2$ und

$$\text{Zustandsdichte} = E_2 p_2 d\Omega/(2\pi)^3.$$

Ist die einfallende ebene Welle auf ein Teilchen pro Kubikzentimeter normiert, so ist der Wirkungsquerschnitt, ausgedrückt durch die Übergangswahrscheinlichkeit pro Sekunde[1]

$$\text{Überg.Wahrsch./sec} = \sigma v_1=\sigma(p_1/E_1)$$

oder

$$\sigma=(E_1/p_1)\times(\text{Überg.Wahrsch./sec})$$

Der wesentliche Unterschied in der relativistischen Behandlung der Streuung und der nicht-relativistischen Behandlung liegt im Matrix-Element $(\tilde{u}_2\gamma_t u_1)$. Aus Tabelle (13.1) ergibt sich für ein Teilchen, das sich in der xy-Ebene bewegt und für $s_1=+1$, $s_2=+1$,

$$|(\tilde{u}_2\gamma_t u_1)|^2=(1/F_1F_2)|F_2F_1+p_{1+}p_{2-}|^2,$$

[1] $p_1=\dfrac{mv_1}{(1-v_1^2)^{1/2}} \to p_1^2=\dfrac{m^2v_1^2}{1-v_1^2} \to p_1^2=(m^2+p_1^2)v_1^2=E_1^2v_1^2$. Daraus folgt $v_1=p_1/E_1$.

wobei

$$F_1 = F_2 = E + m$$

[Die Energieerhaltung bedeutet $E_1 = E_2$. Dies folgt aus der Form des Zeitintegrals in Gl. (16.5)] und wobei

$$p_{1+} = p \quad p_{2-} = pe^{-i\theta}$$

(Daß Anfangs- und Endimpuls dem Betrag nach gleich sind, folgt aus $E_1 = E_2$).

Daraus folgt

$$\begin{aligned} |(\tilde{u}_2 \gamma_t u_1)|^2 &= (E+m)^{-2} |(E+m)^2 + p^2 e^{-i\theta}|^2 \\ &= (E+m)^{-2} \{4E^2(E+m)^2 [1 - (p^2/E^2) \sin^2(\theta/2)]\} \\ &= (2E)^2 [1 - v^2 \sin^2(\theta/2)] . \end{aligned}$$

Wenn $s_1 = +1$, $s_2 = -1$ oder $s_1 = -1$, $s_2 = +1$ ist, dann ist das Matrixelement von γ_t Null. Wenn $s_1 = -1$, $s_2 = -1$ ist, dann ist der Absolutbetrag des Matrixelementes derselbe wie für $s_1 = +1$, $s_2 = +1$. Folglich ändert sich der Spin bei der Streuung nicht (in Born-Approximation), und der Wirkungsquerschnitt ist unabhängig vom Spin,

$$\sigma = (4Z^2 e^4 E^2 / Q^4) d\Omega [1 - v^2 \sin^2(\theta/2)] \quad Q = 2p \sin(\theta/2) .$$

Das Kriterium für die Gültigkeit der Born-Approximation, die wir benutzt haben, um dieses Resultat zu erhalten, ist $Ze^2/\hbar v \ll 1$. Im extrem relativistischen Grenzfall ist $v \approx c$. Damit wird $Z \ll 137$. Genau wie im nichtrelativistischen Fall kann die Streuung aber für das Coulomb-Potential exakt berechnet werden (korrekt bis zu beliebiger Ordnung im Potential). Diese exakte Lösung der Dirac-Gleichung enthält hypergeometrische Funktionen. Sie wurde zuerst von Mott ausgearbeitet und heißt Mott-Streuung. Für mäßige Energien (200 keV) ändert sich mit einiger Wahrscheinlichkeit der Spin. Auf diese Weise könnten polarisierte Elektronen produziert werden.

Aufgaben: (1) Berechne das Rutherfordsche Streugesetz für die Klein-Gordon-Gleichung (Teilchen ohne Spin). Ergebnis: Dieselbe eben angegebene Formel, in der $1 - v^2 \sin^2(\theta/2)$ durch 1 zu ersetzen ist.

(2) Zeige, daß diese Streuformel auch für Positronen richtig ist (benutze Positronzustände zur Berechnung des Matrixelementes).

Siebzehnte Vorlesung

Berechnung des Ausbreitungskerns für ein freies Teilchen

Wie in einer früheren Vorlesung gezeigt, lautet der Ausbreitungskern, wenn kein Störpotential vorhanden ist und der Hamilton-Operator des Systems zeitlich konstant ist,

$$K_+(2,1)=\sum_{+n}\phi_n(x_2)\tilde{\phi}_n(x_1)\exp[-iE_n(t_2-t_1)] \qquad t_2>t_1$$
$$=-\sum_{-n}\phi_n(x_2)\tilde{\phi}_n(x_1)\exp[-iE_n(t_2-t_1)] \quad t_2<t_1\,.$$

Für ein freies Teilchen sind die Eigenfunktionen ϕ_n

$$u_p\exp(i\boldsymbol{p}\cdot\boldsymbol{x})\,,$$

und die Summe über n wird ein Integral über $\boldsymbol{p}$. Das u_p ist der Spinor zum Impuls $\boldsymbol{p}$ und, je nachdem, zu positiver oder negativer Energie und Spin nach oben oder unten. Dann ist der Ausbreitungskern für ein freies Teilchen für $t_2>t_1$

$$K_+(2,1)=\sum_{\text{Spins}}\int\frac{d^3p}{(2\pi)^3}\,\frac{1}{2E_p}\,u_p\tilde{u}_p\exp[i\boldsymbol{p}\cdot(\boldsymbol{x}_2-\boldsymbol{x}_1)]\;\exp[-iE_p(t_2-t_1)]$$

mit $E_p=+(\boldsymbol{p}^2+m^2)^{1/2}$. Der Faktor $1/(2\pi)^3$ ist die Dichte der Zustände pro Einheitsvolumen im Impulsraum pro Kubikzentimeter. Der Faktor $1/2E_p$ stammt von der Normierung $\tilde{u}u=2m$ oder $\tilde{u}\gamma_t u=2E_p$, die wir hier benutzt haben. Die u_p sind die Spinoren zu positiver Energie. Für negative Energie $E_p=-(\boldsymbol{p}^2+m^2)^{1/2}$ werden die u_p entsprechend abgeändert, und $K_+(2,1)$ wird, für $t_2<t_1$,

$$K_+(2,1)=-\sum_{\text{Spins}}\int\frac{d^3p}{(2\pi)^3}\,\frac{1}{2E_p}\,u_p\tilde{u}_p\exp[i\boldsymbol{p}\;(\boldsymbol{x}_2-\boldsymbol{x}_1)]\exp[-iE_p(t_2-t_1)].$$

Die Rechnung wird zuerst für den Fall $t_2>t_1$ ausgeführt. Wir berechnen zuerst $u_p\tilde{u}_p$ für positive Energie und $\boldsymbol{p}$ in der xy-Ebene und nach oben zeigenden Spin. Unter diesen Bedingungen ist

$$u_p=\begin{pmatrix}E+m\\0\\0\\p_x+ip_y\end{pmatrix}\frac{1}{(E+m)^{1/2}}$$

$$\tilde{u}_p=\overbrace{E+m\quad 0\quad 0\quad -p_x+ip_y}\,\frac{1}{(E+m)^{1/2}}\,.$$

Man beachte, daß die Reihenfolge $u_p \tilde{u}_p$ entgegengesetzt zur gewohnten ist, so daß das Produkt eine Matrix und kein Skalar ist. Diese Matrix ist

$$u_p \tilde{u}_p = \begin{pmatrix} (E+m)^2 & 0 & 0 & (E+m)(-p_x+ip_y) \\ 0 & 0 & 0 & 0 \\ 0 & 0 & 0 & 0 \\ (E+m)(p_x+ip_y) & 0 & 0 & (p_x+ip_y)(-p_x+ip_y) \end{pmatrix} 1/(E+m)$$

nach den üblichen Regeln der Matrixmultiplikation. Aber

$$(p_x+ip_y)(-p_x+ip_y) = -\boldsymbol{p}^2 = -E^2+m^2,$$

und die Matrix wird

$$u_p \tilde{u}_p = \begin{pmatrix} E+m & 0 & 0 & -p_x+ip_y \\ 0 & 0 & 0 & 0 \\ 0 & 0 & 0 & 0 \\ p_x+ip_y & 0 & 0 & -E+m \end{pmatrix} \quad \text{(Spin nach oben).}$$

Auf dieselbe Weise erhalten wir das Ergebnis für nach unten zeigenden Spin

$$u_p = \begin{pmatrix} 0 \\ E+m \\ p_x-ip_y \\ 0 \end{pmatrix} \frac{1}{(E+m)^{1/2}}$$

$$\tilde{u}_p = \widetilde{0 \quad E-m \quad -p_x-ip_y \quad 0} \, \frac{1}{(E+m)^{1/2}}$$

$$u_p \tilde{u}_p = \begin{pmatrix} 0 & 0 & 0 & 0 \\ 0 & E+m & -p_x-ip_y & 0 \\ 0 & p_x-ip_y & -E+m & 0 \\ 0 & 0 & 0 & 0 \end{pmatrix} \quad \text{(Spin nach unten).}$$

Man verifiziert leicht, daß die Summe dieser Matrizen für Spin nach oben und Spin nach unten durch

$$E\gamma_t - p_x\gamma_x - p_y\gamma_y + m$$

dargestellt wird. Im allgemeinen Fall, wenn p in beliebige Richtung zeigt, ist natürlich die einzige Änderung ein zusätzlicher Term $-p_z\gamma_z$. Also ist ganz allgemein

$$(u_p\tilde{u}_p)_{\text{Spin nach unten}} + (u_p\tilde{u}_p)_{\text{Spin nach oben}} = E\gamma_t - \boldsymbol{p}\cdot\boldsymbol{\gamma} + m = \not{p} + m.$$

Das Vorzeichen der Energie ging in die Herleitung dieses Ergebnisses nicht ein, und deshalb erhalten wir denselben Ausdruck für beiderlei Vorzeichen.

Jetzt setze man $t_2 - t_1 = t$ und $\boldsymbol{x}_2 - \boldsymbol{x}_1 = \boldsymbol{x}$. Für $t > 0$ wird der Ausbreitungskern

$$K_+(2,1) = \int (E_p\gamma_t - \boldsymbol{p}\cdot\boldsymbol{\gamma} + m)\,[d^3\boldsymbol{p}/(2\pi)^3]\,(1/2E_p)\,\exp[-i(E_p t - \boldsymbol{p}\cdot\boldsymbol{x})].$$

Wegen des Auftretens von $\boldsymbol{p}$ in der Form $E_p = (\boldsymbol{p}^2 + m^2)^{1/2}$ im zeitlichen Teil des Exponenten ist das ein schwieriges Integral. Man beachte, daß es auch in der Form

$$\begin{aligned} K_+(2,1) &= \left(i\gamma_t\frac{\partial}{\partial t} + i\gamma_x\frac{\partial}{\partial x} + i\gamma_y\frac{\partial}{\partial y} + i\gamma_z\frac{\partial}{\partial z} + m\right) \\ &\quad \times \int \frac{d^3\boldsymbol{p}}{(2\pi)^3 2E_p} \exp[-i(E_p t - \boldsymbol{p}\cdot\boldsymbol{x})] \\ &= i(i\not{\nabla} + m)\,I_+(t,\boldsymbol{x}) \end{aligned}$$

geschrieben werden kann, wobei

$$I_+(t,\boldsymbol{x}) = -i\int \frac{d^3\boldsymbol{p}}{(2\pi)^3 2E_p} \exp[-i(E_p t - \boldsymbol{p}\cdot\boldsymbol{x})].$$

In dieser Form braucht nur ein Integral anstatt vieren ausgeführt zu werden. Als Übung verifiziere man, daß das Resultat für $t < 0$ dasselbe ist bis auf das geänderte Vorzeichen von t, so daß die Formel für $I_+(t,\boldsymbol{x})$ für alle t gilt, wenn man $|t|$ anstatt t schreibt.

Wenn man dieses Integral ausführt, erhält man

$$I_+(t,\boldsymbol{x}) = -(4\pi)^{-1}\delta(s^2) + (m/8\pi s)H_1^{(2)}(ms),$$

wobei $s = +(t^2 - \boldsymbol{x}^2)^{1/2}$ für $t > |\boldsymbol{x}|$ ist und $-i(\boldsymbol{x}^2 - t^2)^{1/2}$ für $t < |\boldsymbol{x}|$. $\delta(s^2)$ ist eine Deltafunktion und $H_1^{(2)}(ms)$ ist eine Hankel-Funktion[1]. Anders ausgedrückt ist

[1] Siehe Phys. Rev. **76**, 749 (1949);

$$I_+(t,\boldsymbol{x}) = -(1/8\pi^2)\int_0^\infty d\alpha \exp\{-(i/2)[(m^2/\alpha)+\alpha(t^2-\boldsymbol{x}^2)]\}.$$

Beide Formen sind zu kompliziert, um von großem praktischen Nutzen zu sein. Wir werden gleich zeigen, daß die Transformation in die Impulsdarstellung eine gewaltige Vereinfachung bringt.

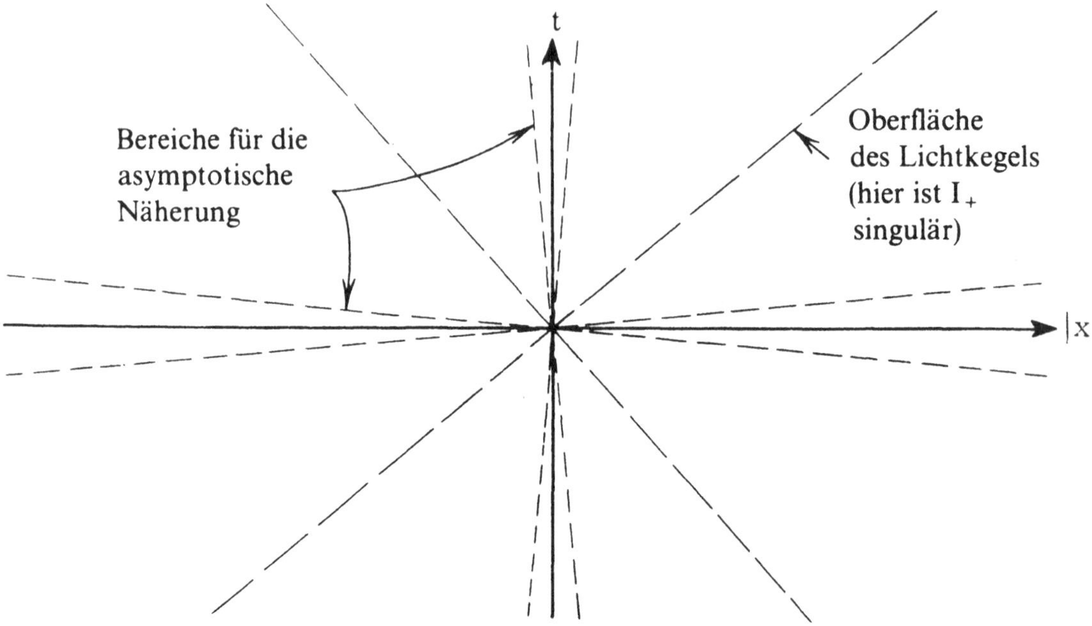

FIG. 17-1

Man beachte, daß $I_+(t,\boldsymbol{x})$ nur von $|\boldsymbol{x}|$ abhängt und nicht von der Richtung. In dem Raum-Zeit-Diagramm Fig. (17.1) stellt die Raumachse $|\boldsymbol{x}|$ dar und die Diagonalen stellen die Oberfläche eines Lichtkegels dar, der die t-Achse einschließt, d.h. den zugänglichen Bereich des $t-|\boldsymbol{x}|$-Raumes im gewöhnlichen Sinn. Man kann zeigen, daß die asymptotische Form von $I_+(t,\boldsymbol{x})$ für große s proportional zu e^{-ims} ist. Wenn der zugängliche Bereich auf das Innere des Lichtkegels beschränkt ist, bedeutet großes s: $t^2 \gg |\boldsymbol{x}|^2$, so daß der Bereich der asymptotischen Approximation etwa innerhalb des gestrichelten Kegels um die t-Achse liegt und

$$I_+(t,\boldsymbol{x}) \to e^{-ims} \approx \exp\{-im[t-(\boldsymbol{x}^2/2t)]\} \approx e^{-imt}$$

gilt. Die erste Form stimmt offenbar im wesentlichen mit dem Ausbreitungskern für ein freies Teilchen überein, der in der nichtrelativistischen Theorie benutzt wird. Wenn, wie in der neuen Theorie, mögliche „Trajektorien“ nicht auf Bereiche innerhalb des Lichtkegels beschränkt sind, dann ist ein anderer Bereich, der in dieser asymptotischen Approximation enthalten ist, das Innere des gestrichelten Kegels entlang der $|\boldsymbol{x}|$-Achse, wo $|\boldsymbol{x}|^2 \gg t^2$ ist für großes s. Hieraus folgt

$$I_+(t,\boldsymbol{x}) \to e^{-ims} = \exp[-im(\boldsymbol{x}^2-t^2)^{1/2}] \approx e^{-m|\boldsymbol{x}|}\,.$$

Man sieht, daß die Distanz in $|\boldsymbol{x}|$, innerhalb der dieser Ausdruck klein wird, ungefähr die Compton-Wellenlänge ist (man erinnere sich daran, daß m durch $mc/\hbar$ zu ersetzen ist, wenn es wie hier eine Länge^{-1} darstellt), so daß in Wirklichkeit nicht viel vom $t-|\boldsymbol{x}|$-Raum außerhalb des Lichtkegels zugänglich ist.

Wir führen jetzt die Transformation in die Impulsdarstellung aus. Das wird durch die Integralformel

$$\lim_{\varepsilon\to 0}\int_{-\infty}^{\infty} dp_4 \frac{\exp(-ip_4 t)}{p_4^2-E_p^2+i\varepsilon} = -\frac{\pi i}{E_p}\exp(-iE_p|t|)$$

erleichtert. Der $i\varepsilon$-Term im Nenner ist nur dazu eingeführt, daß die Singularitäten bei $p_4^2 = E_p^2$ entlang des Integrationsweges auf der richtigen Seite umlaufen werden. Wenn sie auf der falschen Seite umlaufen werden, kehrt sich rechts das Vorzeichen im Exponenten um.

> *Aufgabe:* Werte das obenstehende Integral aus, entweder durch Integration entlang eines geschlossenen Weges oder auf andere Weise.

Mit Hilfe der obenstehenden Integralformel wird $I_+(t,\boldsymbol{x})$

$$I_+(t,\boldsymbol{x}) = \int \frac{d^3\boldsymbol{p}}{(2\pi)^4}\,dp_4 \frac{\exp(-ip_4 t)\exp(+i\boldsymbol{p}\cdot\boldsymbol{x})}{p_4^2-E_p^2+i\varepsilon}\,.$$

Aber $E_p^2 = \boldsymbol{p}^2 + m^2$; also ist

$$I_+(t,\boldsymbol{x}) = \int \frac{d^4p}{(2\pi)^4}\,\frac{\exp[-i(p\cdot x)]}{p^2-m^2+i\varepsilon}\,,$$

wo p jetzt ein Vierervektor ist, so daß $d^4p = dp_4\,dp_1\,dp_2\,dp_3$ und $p^2 = p_\mu p_\mu$. In Zukunft wird der $i\varepsilon$-Term weggelassen. Seine Wirkung kann einfach dadurch berücksichtigt werden, daß man sich m mit einem infinitesimalen negativen Imaginärteil versehen denkt. In dieser Form kann die Transformation in die Impulsdarstellung einfach folgendermaßen vollzogen werden (in Wirklichkeit nehmen wir die Fourier-Transformierte bezüglich Raum und Zeit, so daß das eigentlich eine Impuls-Energie-Darstellung ist):

$$i_+(p) = \int I_+(t,\boldsymbol{x})\exp[+i(p\cdot x)]\,d^4x$$
$$= \int \frac{d^4\xi\, d^4x}{(2\pi)^4}\,\frac{\exp[-i(\xi-p)\cdot x]}{\xi^2-m^2},$$

wo die stumme Variable ξ für p im p-Integral substituiert ist. Aber

$$\int_{-\infty}^{\infty} \exp[-i(\xi-p)\cdot x]\,d^4x = (2\pi)^4\,\delta(\xi-p)\,.$$

Deshalb ergibt die ξ-Integration

$$i_+(p) = 1/(p^2-m^2)\,.$$

Schließlich liefert die Anwendung des Operators $i(i\nabla\!\!\!/ + m)$ auf $I_+(t,\boldsymbol{x})$ den Ausbreitungskern (hier ist $\boldsymbol{x} = \boldsymbol{x}_2 - \boldsymbol{x}_1$)

$$K_+(2,1) = i(i\nabla\!\!\!/ + m)\,I_+(t,\boldsymbol{x}) = i\int \frac{d^4p}{(2\pi)^4}\,(i\nabla\!\!\!/ + m)\,\frac{\exp[-i(p\cdot x)]}{p^2-m^2}$$
$$= i\int \frac{d^4p}{(2\pi)^4}\,\frac{p\!\!\!/ + m}{p^2-m^2}\exp[-i(p\cdot x)]$$

(wir erinnern daran, daß die Anwendung von $i\nabla\!\!\!/$ auf $\exp[-i(p\cdot x)]$ dasselbe liefert wie die Multiplikation mit $p\!\!\!/$). Wegen der Identität

$$\frac{1}{p\!\!\!/ - m} = \frac{1}{p\!\!\!/ - m}\,\frac{p\!\!\!/ + m}{p\!\!\!/ + m} = \frac{p\!\!\!/ + m}{p^2-m^2}$$

kann der Kern auch in der Form

$$K_+(2,1) = i\int \frac{d^4p}{(2\pi)^4}\,\frac{\exp[-i(p\cdot x)]}{p\!\!\!/ - m}$$

geschrieben werden. Dieselbe Technik, die wir für $I_+(t,\boldsymbol{x})$ benutzt haben, liefert die Transformierte von $K_+(2,1)$ in der Impulsdarstellung:

$$k(p) = \int K_+(2,1)\exp[+i(p\cdot x)]\,d^4x = i[1/(p\!\!\!/ - m)]\,.$$

Das ist das gesuchte Ergebnis.

Tatsächlich hätte man diese Transformation auf elegante Weise erhalten können. Denn $K(2,1)$ ist die Greensche Funktion von $(i\nabla\!\!\!/ - m)$, d.h.

$$(i\nabla\!\!\!/ - m)\,K(2,1) = i\delta(2,1)\,, \qquad (17.1)$$

und $i\nabla\!\!\!/$ ist $p\!\!\!/$ in der Impulsdarstellung, und $\delta(2,1)$ ist Eins. Deshalb kann die Transformierte dieser Gleichung sofort angeschrieben werden:

$$(p\!\!\!/ - m)\,k(p) = i$$

oder

$$k(p) = i/(p\!\!\!/ - m) \qquad (17.2)$$

wie vorher.

Die Tatsache, daß Gl. (17.1) für $K(2,1)$ mehr als eine Lösung hat, spiegelt sich in Gl. (17.2) in der Tatsache wider, daß $(\not{p}-m)^{-1}$ singulär ist, wenn $p^2=m^2$ Wir müssen noch sagen, wie wir Pole in Integralen zu behandeln haben, die von dieser Quelle herstammen. Die Regel, nach der die spezielle gewünschte Form ausgewählt wird, ist, daß wir uns m mit einem infinitesimalen negativen Imaginärteil versehen denken.

Achtzehnte Vorlesung

Impuls-Darstellung

Weil der Ausbreitungskern für ein freies Teilchen sich in der Impulsdarstellung so einfach ausdrücken läßt,

$$k(p)=i/(\not{p}-m),$$

wird es zweckmäßig sein, alle unsere Gleichungen in diese Darstellung zu übertragen. Sie ist besonders nützlich für Probleme mit freien, schnell bewegten Teilchen. Das erfordert vierdimensionale Fourier-Transformation. Um das Potential zu übertragen, definieren wir

$$\not{a}(q)=\int \not{A}(x)\exp(iq\cdot x)d^4x\,. \tag{18.1}$$

Dann ist die inverse Transformation

$$\not{A}(x)=(1/2\pi)^4\int \not{a}(q)\exp(-iq\cdot x)d^4q\,. \tag{18.2}$$

Die Funktion $a(q)$ wird interpretiert als die Amplitude dafür, daß das Potential den Impuls (q) enthält. Wir betrachten z.B. das Coulomb-Potential, das durch $\boldsymbol{A}=0, \varphi=Ze/r$ gegeben ist.

Wenn wir das in Gl. (18.1) einsetzen, finden wir

$$\not{a}(q)=[4\pi Ze/(\boldsymbol{Q}\cdot\boldsymbol{Q})]\,\delta(q_4)\gamma_t\,.$$

Hier ist der Vektor $\boldsymbol{Q}$ der räumliche Anteil des Impulses. Die Deltafunktion $\delta(q_4)$ stammt daher, daß $\not{A}(x)$ von der Zeit nicht abhängt.

Matrixelemente

Ein Vorteil der Impulsdarstellung ist die einfache Berechnung von Matrixelementen. Wir erinnern daran, daß in der Ortsraumdarstellung das Matrixelement in erster Ordnung Störungsrechnung durch das Integral

$$M=-i\int \tilde{g}(2)e\not{A}(2)f(2)d\tau_2$$

gegeben ist. Für ein freies Teilchen wird das

$$M = -i\int \tilde{u}_2 \exp(ip_2 \cdot x_2) e \not{A}(2) u_1 \exp(-ip_1 \cdot x_2) d\tau_2 . \tag{18.3}$$

In der Impulsdarstellung ist das einfach

$$M = -i(\tilde{u}_2 e \not{a}(q) u_1) , \tag{18.3'}$$

wo $\not{q}$ analog zum Dreiervektor $\boldsymbol{q}$ definiert ist,

$$\not{q} = \not{p}_2 - \not{p}_1 .$$

Das Matrixelement in zweiter Ordnung in der Ortsraumdarstellung ist

$$-\int\int \tilde{g}(2) e \not{A}(2) \boldsymbol{K}_+(2,1) e \not{A}(1) f(1) d\tau_1 d\tau_2 .$$

Wenn wir die entsprechenden Funktionen für ein freies Teilchen einsetzen und auch die Potentialfunktionen durch ihre Fourier-Transformierten mit Hilfe von Gl. (18.2) ausdrücken, wird das

$$\begin{aligned} &-\int\int\int\int \tilde{u}_2 \exp(ip_2 \cdot x_2) e \not{a}(q_2) \exp(-iq_2 \cdot x_2) K_+(2,1) e \not{a}(q_1) \\ &\times \exp(-iq_1 \cdot x_1) u_1 \exp(-ip_1 \cdot x_1) d\tau_1 d\tau_2 \cdot d^4 q_1/(2\pi)^4 \\ &\times d^4 q_2/(2\pi)^4 . \end{aligned} \tag{18.4}$$

Wenn Gl. (17.2) für K_+ (2,1) benutzt wird, kann dieser Kern in der Form

$$\boldsymbol{K}_+(2,1) = \int i/(\not{p} - m) \exp[-ip \cdot (x_2 - x_1)] d^4 p/(2\pi)^4$$

geschrieben werden. Wenn wir die Faktoren zusammenschreiben, die von τ_1 abhängen, dann ist dieser Teil des Integrals

$$\begin{aligned} &\int \exp(ip \cdot x_1) \exp(-iq_1 \cdot x_1) \exp(-ip_1 \cdot x_1) d\tau_1 \\ &= (2\pi)^4 \delta^4(p - q_1 - p_1) , \end{aligned} \tag{18.5}$$

wobei die Funktion $\delta^4(x)$ als $\delta(t)\delta(x)\delta(y)\delta(z)$ zu interpretieren ist. Dann ist das Integral über τ_1 Null für alle $\not{p}$, außer $\not{p} = \not{p}_1 + \not{q}_1$. Somit reduziert das Integral über p die Gl. (18.4) zu

$$\begin{aligned} &-\int\int\int\int \tilde{u}_2 \exp(ip_2 \cdot x_2) e \not{a}(q_2) \exp(-ip_2 \cdot x_2) \exp[-i(p_1 + q_1) \cdot x_2] \\ &\times i(\not{p}_1 + \not{q}_1 - m)^{-1} e \not{a}(q_1) u_1 d\tau_2 d^4 q_1/(2\pi)^4 d^4 q_2/(2\pi)^4 . \end{aligned}$$

Die Integration über τ_2 liefert eine weitere δ-Funktion [ähnlich wie in Gl. (18.5)], die nur dann von Null verschieden ist, wenn

$$\not{p}_2 - \not{q}_2 = \not{p}_1 + \not{q}_1 .$$

Dann ergibt schließlich die Integration über $d^4 q_2$

$$(-i^2)i \int \tilde{u}_2 e \not{a}(q_2)(\not{p}_1 + \not{q}_1 - m)^{-1} e \not{a}(q_1) u_1 \, d^4 q_1/(2\pi)^4 \,. \tag{18.6}$$

Diese Resultate kann man sofort anschreiben, wenn man sich ein Diagramm der Wechselwirkung ansieht (siehe Fig. 18.1). Das Elektron erscheint bei 1 mit der Wellenfunktion u_1 und läuft von1 bis 3 als ein freies Teilchen mit dem Impuls $\not{p}_1$. Am Punkt 3 wird es an einem Photon mit dem Impuls $\not{q}_1$ gestreut [unter der Wirkung eines Potentials $-ie\not{a}(q_1)$]. Nachdem es den Impuls des Photons absorbiert hat, läuft es als freies Teilchen mit dem Impuls $\not{p}_1 + \not{q}_1$ (wegen der Impulserhaltung) von 3 bis 4. Am Punkt 4 wird es an einem zweiten Photon mit dem Impuls $\not{q}_2$ gestreut [unter der Wirkung eines Potentials $-ie\not{a}(q_2)$, wobei es den zusätzlichen Impuls $\not{q}_2$ absorbiert]. Schließlich läuft es von 4 bis 2 als freies Teilchen mit der Wellenfunktion u_2 und dem Impuls $\not{p}_2 = \not{p}_1 + \not{q}_1 + \not{q}_2$. Nach dem Diagramm ist auch klar, daß das Integral nur über q_1 zu

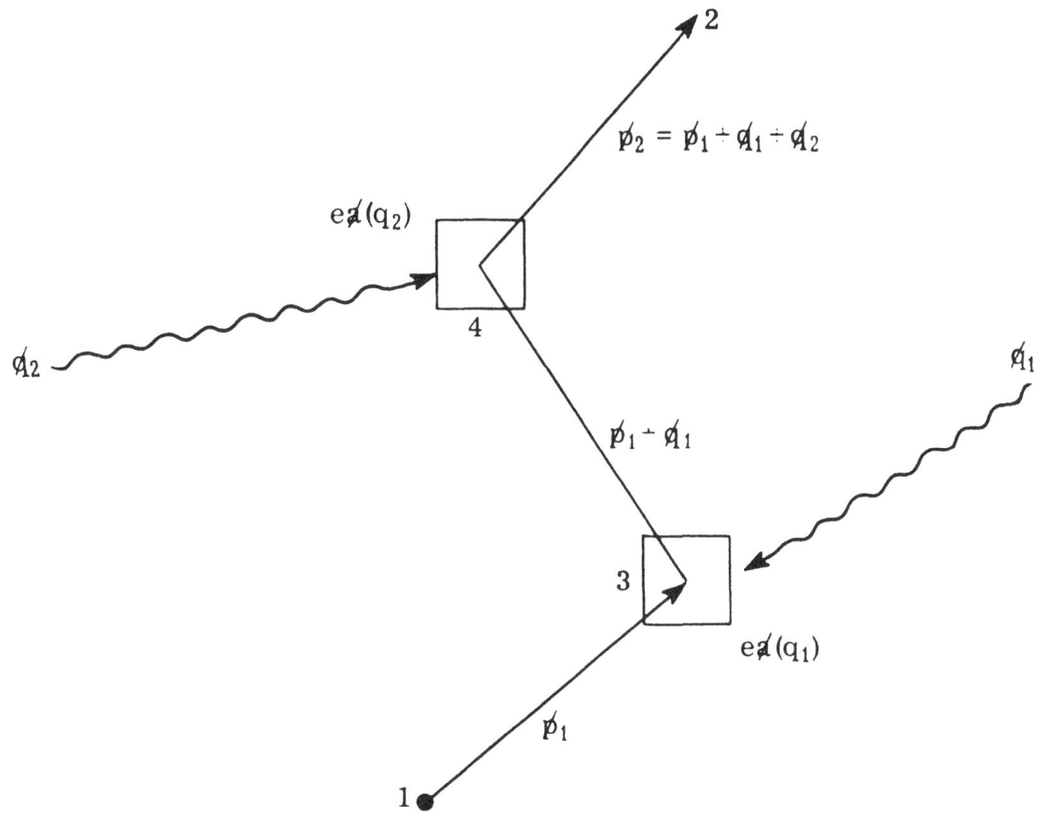

FIG. 18-1

nehmen ist, weil, wenn $\not{p}_1$ und $\not{p}_2$ gegeben sind, $\not{q}_2$ durch $\not{q}_2 = \not{p}_2 - \not{p}_1 - \not{q}_1$ bestimmt ist. Das Gesetz der Energieerhaltung erfordert $p_1^2 = m^2, p_2^2 = m^2$; aber, da der Zwischenzustand ein virtueller Zustand ist, muß nicht notwendig $(\not{p}_1 + \not{q}_1)^2 = m^2$ erfüllt sein. Weil der Operator $1/(\not{p}_1 + \not{q}_1 - m)$ umgewandelt werden kann in $(\not{p}_1 + \not{q}_1 + m)/(\not{p}_1 + \not{q}_1)^2 - m^2$, ist das Gewicht eines virtuellen Zustands umgekehrt proportional zur Abweichung vom Erhaltungssatz.

Das Resultat, das wir in den Gl. (18.3′) und (18.6) angegeben haben, kann durch die folgende Liste von handlichen Regeln[1] zur Berechnung des Matrixelementes $M = (\tilde{u}_2 N u_1)$ zusammengefaßt werden:

1. Ein Elektron in einem virtuellen Zustand vom Impuls $\not{p}$ trägt zu N die Amplitude $i/(\not{p} - m)$ bei.
2. Ein Potential, das den Impuls q enthält, trägt zu N die Amplitude $-ie\not{a}(q)$ bei.
3. Über alle nicht festgelegten Impulse q_i wird mit $d^4 q_i/(2\pi)^4$ summiert.

Wir erinnern daran, daß bei der Berechnung des Integrals derjenige Wert gewünscht ist, den man erhält, wenn der Integrationsweg auf bestimmte Weise die Singularitäten passiert. Folglich ersetze man m durch $m - i\varepsilon$ im Integranden und gehe in der Lösung zur Grenze $\varepsilon \to 0$ über.

Für eine relativistische Rechnung sind nur einige wenige Terme in der Störungsreihe notwendig. Die Annahme, daß schnelle Elektronen und Positronen mit einem Potential nur einmal wechselwirken (Born-Approximation) liefert oft hinreichend genaue Resultate.

Nachdem das Matrixelement bestimmt ist, ist die Übergangswahrscheinlichkeit pro Sekunde durch

$$P = [2\pi/(\Pi N)]|M|^2 \times (\text{Dichte der Endzustände})$$

gegeben, wobei ΠN der in Vorlesung 16 definierte Normierungsfaktor ist.

[1] Siehe die Zusammenfassung von numerischen Faktoren für Übergangswahrscheinlichkeiten, R. P. FEYNMAN, Ein Operatorkalkül, Phys. Rev. **84**, 123 (1951).

RELATIVISTISCHE BEHANDLUNG DER WECHSELWIRKUNG VON TEILCHEN MIT LICHT

Neunzehnte Vorlesung

In Vorlesung 2 wurden die Regeln angegeben, die die nichtrelativistische Wechselwirkung von Teilchen mit Licht bestimmen. Die Regeln sagten aus, welche Potentiale bei der Berechnung von Übergangswahrscheinlichkeiten in Störungstheorie zu verwenden waren. Diese Potentiale können auch in der relativistischen Theorie verwendet werden, wenn die Matrixelemente auf die in Vorlesung 18 beschriebene Art berechnet werden. Das für die Absorption eines Photons in der nichtrelativistischen Theorie benutzte Potential war

$$A_\mu = (4\pi e^2)^{1/2}(2\omega)^{-1/2} e_\mu \exp(ik\cdot x) \qquad \begin{cases} K_4 = \omega \\ k\cdot k = 0 \\ \hbar = c = 1\,. \end{cases} \tag{19.1}$$

Für die Emission eines Photons wird das komplex Konjugierte dieses Ausdrucks benutzt. Diese Potentiale sind auf ein Photon pro Kubikzentimeter normiert, und deshalb ist die Normierung nicht invariant unter Lorentz-Transformationen. Auf ähnliche Weise wie bei der Normierung von Elektronwellenfunktionen werden die Photonpotentiale in Zukunft auf 2ω Photonen pro Kubikzentimeter normiert, indem der Faktor $(2\omega)^{-1/2}$ in Gl. (19.1) fortgelassen wird,

$$A_\mu = (4\pi e^2)^{1/2} e_\mu \exp(ik\cdot x)\,. \tag{19.1'}$$

Damit ist jedes Matrixelement, das mit diesen Potentialen berechnet wird, invariant, aber die richtige Übergangswahrscheinlichkeit in einem gegebenen Koordinatensystem erhält man erst, wenn man einen Faktor $(2\omega)^{-1}$ für jedes Photon im Anfangs- und im Endzustand wieder einsetzt. Das wird ein Teil des Normierungsfaktors ΠN, der einen ähnlichen Faktor für jedes Elektron im Anfangs- und Endzustand enthält.

In der Impulsdarstellung ist die Amplitude für die Absorption (Emission) eines Photons der Polarisation e_μ: $-i(4\pi e^2)^{1/2} \not{e}$. Der Polarisationsvektor e_μ ist ein Einheitsvektor, der auf dem Ausbreitungsvektor senkrecht steht. Also ist $e\cdot e = -1$ und $e\cdot k = 0$.

Strahlung, die von Atomen ausgesandt wird

Die Übergangswahrscheinlichkeit pro Sekunde ist

$$\text{Überg. Wahrsch./sec} = 2\pi|H|^2 \times (\text{Dichte der Endzustände}),$$

wobei H das Matrixelement des relativistischen Hamilton-Operators

$$H = \boldsymbol{\alpha}\cdot(-i\nabla - e\boldsymbol{A}) \qquad \text{S.D.}$$

zwischen Anfangs- und Endzustand ist, d.h.

$$\langle f|H|i\rangle = (4\pi e^2)^{1/2} \int \psi_f{}^* [\boldsymbol{\alpha}\cdot\boldsymbol{e} \exp(i\boldsymbol{k}\cdot\boldsymbol{x})] \psi_i d\text{vol}. \tag{19.2}$$

Aufgabe: Zeige, daß die Gl. (19.2) im nichtrelativistischen Grenzfall in

$$1/2\text{m} \int \psi_f^* [\boldsymbol{e}\cdot\boldsymbol{p} \exp(i\boldsymbol{k}\cdot\boldsymbol{x}) + \exp(i\boldsymbol{k}\cdot\boldsymbol{x})\boldsymbol{p}\cdot\boldsymbol{e} + \boldsymbol{e}\cdot(\boldsymbol{\sigma}\times\boldsymbol{k}) \times \exp(i\boldsymbol{k}\cdot\boldsymbol{x})] \psi_i \, d\text{vol}$$

übergeht. Dasselbe Resultat erhielten wir aus der Pauli-Gleichung.

Streuung von Gamma-Strahlen an Atomelektronen

Wir bringen jetzt eine relativistische Behandlung der Streuung von Photonen an Elektronen. Wir machen die Näherung, daß wir die Elektronen als freie Teilchen auffassen (Energien, bei denen eine relativistische Behandlung notwendig ist, sind im allgemeinen viel größer als die

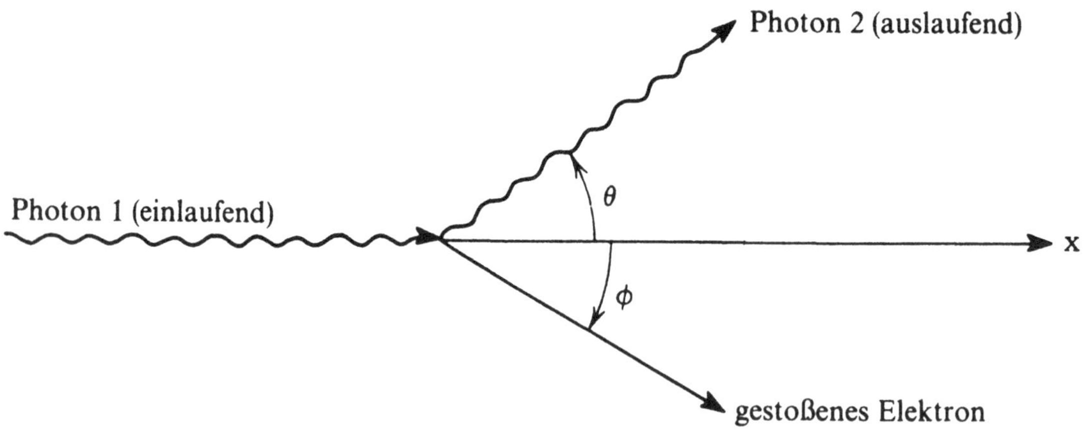

FIG. 19-1

atomaren Bindungsenergien). Das wird uns auf die Klein-Nishina-Formel für den Wirkungsquerschnitt des Compton-Effektes führen.

Für das einlaufende Photon nehmen wir als Potential $A_{1\mu}=e_{1\mu}\exp(-iq_1\cdot x)$, und für das auslaufende Photon nehmen wir $A_{2\mu}=e_{2\mu}\exp(-iq_2\cdot x)$. Das Licht ist senkrecht zur Ausbreitungsrichtung polarisiert (siehe Fig. 19.1). Also ist

$$e_1\cdot q_1=0 \quad e_2\cdot q_2=0,$$

ferner

$$q_1\cdot q_1=q_1^2=0 \quad \text{und} \quad q_2\cdot q_2=q_2^2=0. \tag{19.3}$$

Als Elektronwellenfunktionen für den Anfangs- und Endzustand wählen wir

$$\psi_1=u_1\exp(-ip_1\cdot x) \quad \psi_2=u_2\exp(-ip_2\cdot x),$$

wobei u_1, u_2, p_1 und p_2 den Relationen

$$\not{p}_1 u_1=mu_1 \quad \not{p}_2 u_2=mu_2 \quad p_1\cdot p_1=m^2 \quad p_2\cdot p_2=m^2 \tag{19.4}$$

genügen. Die Erhaltung von Energie und Impuls (vier Gleichungen) besagt

$$\not{p}_1+\not{q}_1=\not{p}_2+\not{q}_2. \tag{19.5}$$

Wenn das Koordinatensystem so gewählt wird, daß das Elektron Nummer 1 in Ruhe ist, gilt

$$\not{p}_1=m\gamma_t \tag{19.6a}$$

$$\not{p}_2=E_2\gamma_t-p_2\cos\phi\,\gamma_x-p_2\sin\phi\,\gamma_y \tag{19.6b}$$

$$\not{q}_1=\omega_1(\gamma_t-\gamma_x) \tag{19.6c}$$

$$\not{q}_2=\omega_2(\gamma_t-\gamma_x\cos\theta-\gamma_y\sin\theta). \tag{19.6d}$$

Die letzten beiden Gleichungen folgen aus der Tatsache, daß für ein Photon die Energie und der Impuls beide gleich der Frequenz sind (in Einheiten $c=1$). Der Impuls ist in Komponenten zerlegt worden. Der einlaufende Photonenstrahl kann in zwei Typen von Polarisationen zerlegt werden, die wir mit Typ A und Typ B bezeichnen werden:

$$(A)\not{e}_1=\gamma_z \quad (B)\not{e}_1=\gamma_y.$$

Bei Typ A zeigt der elektrische Vektor in die z-Richtung und bei Typ B in die y-Richtung. Ähnlich kann der Strahl der auslaufenden Photonen in zwei Polarisationstypen zerlegt werden:

$$(A')\not{e}_2=\gamma_z \quad (B')\not{e}_2=\gamma_y\cos\theta-\gamma_x\sin\theta.$$

Die Erhaltung von Energie und Impuls schreibt vor, daß entweder der Winkel ϕ des zurückprallenden Elektrons oder der Winkel θ, unter dem das gestreute Photon ausläuft, die übrigen Größen vollständig bestimmt. Wenn die Richtung des Elektrons unwesentlich ist, kann sein Impuls eliminiert werden, indem die Gl. (19.5) nach $\not{p}_2$ aufgelöst und die resultierende Gleichung quadriert wird:

$$\begin{aligned}
\not{p}_2 &= \not{p}_1 + \not{q}_1 - \not{q}_2 \\
p_2^2 = m^2 &= (\not{p}_1 + \not{q}_1 - \not{q}_2)(\not{p}_1 + \not{q}_1 - \not{q}_2) \\
&= p_1^2 + q_1^2 + q_2^2 + 2p_1 \cdot q_1 - 2p_1 \cdot q_2 - 2q_1 \cdot q_2 \\
&= m^2 + 0 + 0 + 2m\omega_1 - 2m\omega_2 - 2\omega_1\omega_2(1-\cos\theta),
\end{aligned}$$

wobei die letzte Zeile aus der vorhergehenden mit Hilfe der Gln. (19.3), (19.4) und (19.6a,c,d) abgeleitet ist. Das kann in der Form

$$m(\omega_1 - \omega_2) = \omega_1\omega_2(1-\cos\theta)$$

oder

$$(m/\omega_2) - (m/\omega_1) = 1 - \cos\theta \tag{19.7}$$

geschrieben werden. Das ist die wohlbekannte Formel für die Compton-Verschiebung in der Wellenlänge (oder Frequenz).

Anmerkung zur Dichte der Endzustände

Nach der im früheren Teil dieses Kurses diskutierten Methode kann man die folgenden Endzustandsdichten (pro Einheitsenergieintervall) erhalten: Wenn ein System mit der Gesamtenergie E und dem Gesamtimpuls $\boldsymbol{p}$ in einen *Zweiteilchenendzustand* zerfällt, dann ist

$$\text{Zustandsdichte} = (2\pi)^{-3} E_1 E_2 \frac{p_1^3 \, d\Omega_1}{E p_1^2 - E_1(\boldsymbol{p} \cdot \boldsymbol{p}_1)}, \tag{D.1}$$

wobei E_1 = Energie des Teilchens 1; E_2 = Energie des Teilchens 2; $\boldsymbol{p}_1$ = Impuls des Teilchens 1; $d\Omega_1$ = Raumwinkel, unter dem das Teilchen 1 ausläuft; m_1 = Masse des Teilchens 1; m_2 = Masse des Teilchens 2 und $E_1 + E_2 = E, \boldsymbol{p}_1 + \boldsymbol{p}_2 = \boldsymbol{p}$.

In einer anderen nützlichen Formel wird die Dichte durch die Endenergie des Teilchens 1 und seinen Azimut ϕ_1 (anstatt θ_1, ϕ_1) ausgedrückt. Sie lautet

$$\text{Zustandsdichte} = (2\pi)^{-3}(E_1 E_2/|\boldsymbol{p}|)\, dE_1 \, d\phi_1 . \tag{D.2}$$

Spezialfälle: (a) Wenn $m_2 = \infty (E_2 = \infty, E = \infty)$:

$$\text{Zustandsdichte} = (2\pi)^{-3} E_1 |p_1| d\Omega_1 \tag{D.3}$$

(b) im Schwerpunktsystem $\boldsymbol{p} = 0$:

$$\text{Zustandsdichte} = (2\pi)^{-3} [E_1 E_2 p_1 d\Omega_1 / (E_1 + E_2)]. \tag{D.4}$$

Wenn ein System in einen Dreiteilchenendzustand zerfällt,

$$\text{Zustandsdichte} = (2\pi)^{-6} E_3 E_2 \frac{p_2^3 p_1^2 dp_1 d\Omega_1 d\Omega_2}{p_2^2(E - E_1) - E_2 \boldsymbol{p}_2 \cdot (\boldsymbol{p} - \boldsymbol{p}_1)}. \tag{D.5}$$

Spezialfall: Wenn $m_3 = \infty$:

$$\text{Zustandsdichte} = (2\pi)^{-6} E_2 |\boldsymbol{p}_2| d\Omega_2 p_1^2 dp_1 d\Omega_1. \tag{D.6}$$

Der Compton-Effekt hat einen Zweiteilchenendzustand: wenn wir annehmen, daß das Teilchen 1 das Photon 2 ist und das Teilchen 2 das Elektron 2, dann erhalten wir aus Gl. (D.1)

$$\text{Zustandsdichte} = (2\pi)^{-3} \omega_2 E_2 \frac{\omega_2^3 d\Omega_\omega}{(m + \omega_1)\omega_2^2 - \omega_2(\omega_1 \omega_2 \cos\theta)}.$$

Compton-Strahlung

Berechnung von $|M|^2$

Mit Hilfe der Compton-Relation (19.7) eliminieren wir θ und erhalten

$$\text{Zustandsdichte} = (2\pi)^{-3} (E_2 \omega_2^3 d\Omega_\omega / m\omega_1).$$

Die Übergangswahrscheinlichkeit pro Sekunde ist

$$\text{Überg.Wahrsch./sec} = \sigma c = (2\pi / 2E_1 2E_2 2\omega_1 2\omega_2) |M|^2 \times (2\pi)^{-3} (E_2 \omega_2^3 d\Omega_\omega / m\omega_1)$$

oder

$$\sigma = [\omega_2^2 d\Omega_\omega / (2\pi)^2 16 m^2 \omega_1^2] |M|^2.$$

Für die Berechnung des Matrixelementes ist wesentlich, daß die Streuung auf zwei verschiedene Arten ablaufen kann: (R) das einlaufende Photon wird vom Elektron absorbiert, und dann emittiert das Elektron das auslaufende Photon; (S) das Elektron emittiert ein Photon und absorbiert anschließend das einlaufende Photon. Diese beiden Prozesse sind im Diagramm der Fig. 19.2 gezeigt.

In der Impulsdarstellung ist das Matrixelement M für den ersten Prozeß R

$$i[-i(4\pi e^2)^{1/2}]^2 \{\tilde{u}_2 \not{e}_2 [1/(\not{p}_1 + \not{q}_1 - m)] \not{e}_1 u_1\}.$$

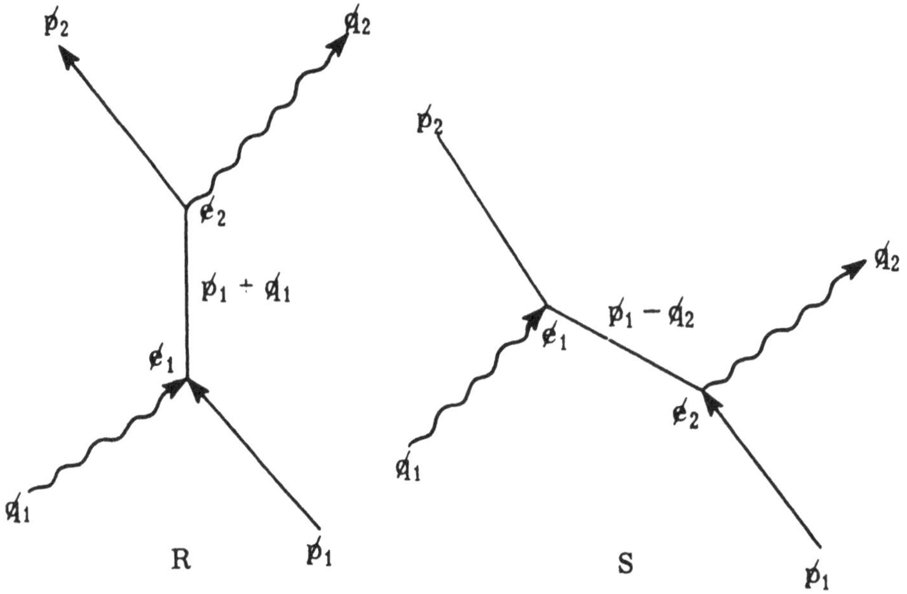

FIG. 19-2

Die Faktoren in dem Matrixelement, von rechts nach links gelesen, werden folgendermaßen interpretiert: (a) Das einlaufende Elektron erscheint mit der Amplitude u_1; (b) das Elektron wird zuerst an einem Potential gestreut (d.h. es absorbiert ein Photon); (c) nachdem das Elektron vom Potential den Impuls $\not q_1$ erhalten hat, läuft es als freies Teilchen mit dem Impuls $\not p_1 + \not q_1$; (d) das Elektron emittiert ein Photon mit der Polarisation $\not e_2$, und (e) fragen wir jetzt nach der Amplitude, daß das Elektron in einem Zustand u_2 ist.

> *Übung:* Gib das Matrixelement für den zweiten Prozeß S an. Das gesamte Matrixelement ist die Summe dieser beiden. Rationalisiere diese Matrixelemente und werte $|M|^2$ aus mit Hilfe der Tabelle von Matrixelementen (Tabelle 13.1).

Zwanzigste Vorlesung

Im Falle des R-Diagramms fanden wir für M

$$-i4\pi e^2\{\tilde{u}_2 \not e_2[1/(\not p_1 + \not q_1 - m)]\not e_1 u_1\} = -i4\pi e^2(\tilde{u}_2 R u_1),$$

und in der Übung ergibt sich als Matrixelement für das S-Diagramm der Ausdruck

$$-i4\pi e^2\{\tilde{u}_2 \not e_1[1/(\not p_1 - \not q_2 - m)]\not e_2 u_1\} = -i4\pi e^2(\tilde{u}_2 S u_1).$$

Das vollständige Matrixelement ist die Summe dieser beiden, so daß wir als Wirkungsquerschnitt den Ausdruck

$$\sigma=(e^4/4m)(\omega_2^2/\omega_1^2)d\Omega_2|\tilde{u}_2(R+S)u_1|^2$$

erhalten. Die Aufgabe ist nun, die Matrixelemente R und S wirklich zu berechnen. Mit Hilfe der Identität

$$1/(\not{p}-m)=(\not{p}+m)/(p^2-m^2)$$

können die Matrizen im Nenner von R beseitigt werden; das ergibt

$$R=\frac{\not{e}_2(\not{p}_1+\not{q}_1+m)\not{e}_1}{(\not{p}_1+\not{q}_1)^2-m^2}=\frac{\not{e}_2(\not{p}_1+\not{q}_1+m)\not{e}_1}{2m\omega_1}.$$

Die folgenden Relationen zeigen, daß der Nenner gleich $2m\omega_1$ ist:

$$(\not{p}_1+\not{q}_1)^2-m^2=p_1^2+2p_1\cdot q_1+q_1^2-m^2$$

$$p_1^2=m^2$$

$$q_1^2=0$$

$$2p_1\cdot q_1=2m\omega_1.$$

Die Matrixelemente für die verschiedenen Spin- und Polarisationskombinationen können jetzt ohne weiteres Nachdenken berechnet werden. Aber einige vorausgehende Umformungen verringern den Arbeitsaufwand. Mit Hilfe der Identität

$$\not{a}\not{b}=2a\cdot b-\not{b}\not{a}$$

ist offenbar

$$\not{e}_2\not{p}_1\not{e}_1=\not{e}_2(2p_1\cdot e_1)-\not{e}_2\not{e}_1\not{p}_1\,.$$

Aber p_1 hat nur eine Zeitkomponente und e_1 nur eine Raumkomponente, so daß $p_1\cdot e_1=0$. Wegen $\not{p}_1 u_1=mu_1$ ist offenbar

$$\tilde{u}_2\not{e}_2\not{p}_1\not{e}_1u_1=-\tilde{u}_2\not{e}_2\not{e}_1\not{p}_1u_1=-(\tilde{u}_2\not{e}_2\not{e}_1u_1)m\,,$$

und dieser Ausdruck ist das Matrixelement des ersten Termes von R. Es ist auch das Negative des Matrixelementes des letzten Termes von R, so daß R durch den äquivalenten Ausdruck

$$R=\not{e}_2\not{q}_1\not{e}_1/2m\omega_1$$

ersetzt werden kann. Durch eine ganz ähnliche Umformung finden wir, daß das Matrixelement von S äquivalent ist zu

$$S=\not{e}_1\not{q}_2\not{e}_2/2m\omega_2\,.$$

Wenn wir $\not{q}_1 = \omega_1(\gamma_t - \gamma_x)$ und $\not{q}_2 = \omega_2(\gamma_t - \gamma_x \cos\theta - \gamma_y \sin\theta)$ substituieren und den Faktor $2m$ auf die andere Seite bringen, können wir das vollständige Matrixelement in der Form

$$2m(R+S) = \not{e}_2(\gamma_t - \gamma_x)\not{e}_1 + \not{e}_1(\gamma_t - \gamma_x \cos\theta - \gamma_y \sin\theta)\not{e}_2$$

schreiben. Eine noch nützlichere Form erhalten wir, wenn wir berücksichtigen, daß $\not{e}_1$ mit q_1 antikommutiert $(e_1 \cdot q_1 = 0)$ und $\not{e}_2$ mit q_2 und daß $\not{e}_2\not{e}_1 = 2e_2 \cdot e_1 - \not{e}_1\not{e}_2$. Damit ist

$$\begin{aligned} 2m(R+S) &= -\not{e}_2\not{e}_1(\gamma_t - \gamma_x) - \not{e}_1\not{e}_2(\gamma_t - \gamma_x + \gamma_x - \gamma_x \cos\theta - \gamma_y \sin\theta) \\ &= -2(e_2 \cdot e_1)(\gamma_t - \gamma_x) - \not{e}_1\not{e}_2[\gamma_x(1-\cos\theta) - \gamma_y \sin\theta]\,. \end{aligned}$$

Wenn wir diese Form der Matrix benutzen, dann können wir die Matrixelemente leicht berechnen. Wir betrachten z. B. den folgenden Spezialfall der Polarisationen: $\not{e}_1 = \gamma_z, \not{e}_2 = \gamma_y \cos - \gamma_x \sin\theta$. Das entspricht den Fällen (A) und (B') in Vorlesung 19 und wird mit (AB') bezeichnet. Die Matrix ist

$$2m(R+S) = -\gamma_z(\gamma_y \cos\theta - \gamma_x \sin\theta)[\gamma_x(1-\cos\theta) - \gamma_y \sin\theta]\,,$$

weil $e_2 \cdot e_1 = 0$. Wir multiplizieren aus und erhalten

$$\begin{aligned} 2m(R+S) &= -\gamma_z[\gamma_y\gamma_x \cos\theta(1\cos\theta) + \cos\theta \sin\theta + \sin\theta(1-\cos\theta) \\ &\quad + \gamma_x\gamma_y \sin^2\theta] \\ &= -\gamma_z(\gamma_x\gamma_y - \gamma_x\gamma_y \cos\theta + \sin\theta) = -\gamma_x\gamma_y\gamma_z(1-\cos\theta) \\ &\quad - \gamma_z \sin\theta, \end{aligned}$$

wobei wir benutzt haben, daß die γ's antikommutieren. Falls der Spin des einlaufenden Teilchens nach oben steht und der des auslaufenden Teilchens nach unten $(s_1 = +1,\ s_2 = -1)$, findet man in Tabelle 13.1 die Matrixelemente

$$-2m(F_1F_2)^{1/2}(\tilde{u}_2\gamma_x\gamma_y\gamma_z u_1) = -iF_2 p_{1+} - iF_1 p_{2+}$$

$$-2m(F_1F_2)^{1/2}(\tilde{u}_2\gamma_z u_1) = +p_{1+}F_2 - p_{2+}F_1\,.$$

Aber man beachte, daß in diesem Problem $p_{1+} = p_{x1} + ip_{y1} = 0$ ist, weil das Teilchen 1 in Ruhe ist. Folglich ist das endgültige Matrixelement für den Fall der Polarisation (AB') und der Spins $s_1 = +1, s_2 = -1$

$$2m(F_1F_2)^{1/2}(\tilde{u}_2(R+S)u_1) = -(1-\cos\theta)iF_1 p_{2+} - \sin\theta\, p_{2+}F_1\,.$$

Die Resultate für die anderen Kombinationen von Polarisation und Spin werden auf die gleiche Weise berechnet und sind in Tabellenform angegeben (Tabelle 20.1). Sie können zur Übung verifiziert werden.

Tabelle 20.1.

Polarisation		AA'	AB'	BA'	BB'
$\not{e}_1$		γ_z	γ_z	γ_y	γ_y
$\not{e}_2$		γ_z	$\gamma_y \cos\theta - \gamma_x \sin\theta$	γ_z	$\gamma_y \cos\theta - \gamma_x \sin\theta$
Matrix $2m(R+S)$		$2\gamma_t - \gamma_x(1+\cos\theta)$ $-\gamma_y \sin\theta$	$-\gamma_x\gamma_y\gamma_z(1-\cos\theta)$ $-\gamma_z \sin\theta$	$-\gamma_x\gamma_y\gamma_z(1-\cos\theta)$ $+\gamma_z \sin\theta$	$2\cos\theta\gamma_t - \gamma_x(1+\cos\theta)$ $-\gamma_y \sin\theta$
Matrixelemente $2m\sqrt{F_1 F_2}(\tilde{u}_2(R+S)u_1)$	$s_1 = +1$ $s_2 = +1$	$+2F_2F_1 - (1+\cos\theta)F_1 p_{2-}$ $-i\sin\theta F_1 p_{2-}$	0 0	0 0	$2\cos F_2 F_1 - (1+\cos\theta)F_1 p_{2-}$ $-i\sin\theta F_1 p_{2-}$
	$s_1 = +1$ $s_2 = -1$	0 0	$-i(1-\cos\theta)F_1 p_{2+}$ $-\sin\theta F_1 p_{2+}$	$-i(1-\cos\theta)F_1 p_{2+}$ $+\sin\theta F_1 p_{2+}$	0 0

Anmerkung: Die Matrixelemente für $\begin{pmatrix} s_1 = -1 \\ s_2 = -1 \end{pmatrix}$ sind zu den oben angegebenen für $\begin{pmatrix} s_1 = +1 \\ s_2 = +1 \end{pmatrix}$ komplex konjugiert und die für $\begin{pmatrix} s_1 = -1 \\ s_2 = +1 \end{pmatrix}$ sind zu den oben angegebenen für $\begin{pmatrix} s_1 = +1 \\ s_2 = -1 \end{pmatrix}$ komplex konjugiert.

Für jede der aufgeführten Polarisationen ist $|M|^2$ die Quadratsumme der Matrixelemente für die auslaufenden Spinzustände, gemittelt über die einlaufenden Spinzustände. Aber das ist offenbar einfach gleich dem Quadrat des Betrages des nichtverschwindenden Matrixelementes, das für die entsprechende Polarisation angegeben ist. Z. B. im Fall $(A\,A')$,

$$|M|^2 = |\tilde{u}_2(R+S)u_1|^2 = (1/4m^2 F_1 F_2)|2F_2 F_1 - (1+\cos\theta)F_1 p_{2-} - i\sin\theta F_1 p_{2+}| .$$

Mit Hilfe der Relationen

$$p_{2-} = p_{1-} + q_{1-} - q_{2-} = q_{1-} - q_{2-} = \omega_1 - \omega_2\cos\theta + i\omega_2\sin\theta$$

und

$$(m/\omega_2) - (m/\omega_1) = 1 - \cos\theta$$

und einem beträchtlichen Aufwand an Algebra lassen sich die Quadrate der Beträge der Matrixelemente für die verschiedenen Fälle auf die in Tabelle 20.2 angegebenen Ausdrücke zurückführen.

Tabelle 20.2

Polarisation	$\|M\|^2$
$A\,A'$	$[(\omega_1-\omega_2)^2/\omega_1\omega_2]+4$
$A\,B'$	$[(\omega_1-\omega_2)^2/\omega_1\omega_2]$
$B\,A'$	$[(\omega_1-\omega_2)^2/\omega_1\omega_2]$
$B\,B'$	$[(\omega_1-\omega_2)^2/\omega_1\omega_2]+4\cos^2\theta$

Es ist klar, daß alle vier Formeln gleichzeitig in der Form

$$|M|^2 = [(\omega_1-\omega_2)^2/\omega_1\omega_2] + 4(e_1\cdot e_2)^2$$

geschrieben werden können. Man beachte, daß diese Formeln nicht für zirkulare Polarisation geeignet sind. Das heißt z. B. im Fall $\not{e}_1 = (1/\sqrt{2}) \times (i\gamma_z + \gamma_y)$, daß offenbar wegen der Phasenbeziehung, die durch den Imaginärteil von $\not{e}_1$ dargestellt wird, alle Rechnungen *vor* dem Quadrieren der Matrixelemente ausgeführt werden müssen, um die richtige Interferenz zu bekommen.

Schließlich ist der Wirkungsquerschnitt für die Streuung mit vorgeschriebener linearer Polarisation des einlaufenden und auslaufenden Photons

$$\sigma = (e^4/4m^2)(\omega_2^2/\omega_1^2)d\Omega_{\omega_2}\ [(\omega_2/\omega_1)+(\omega_1/\omega_2)-2+4(e_1\cdot e_2)^2] .$$

Das ist die Klein-Nishina-Formel für polarisiertes Licht. Für unpolarisiertes Licht muß dieser Wirkungsquerschnitt über alle Polarisationen gemittelt werden.

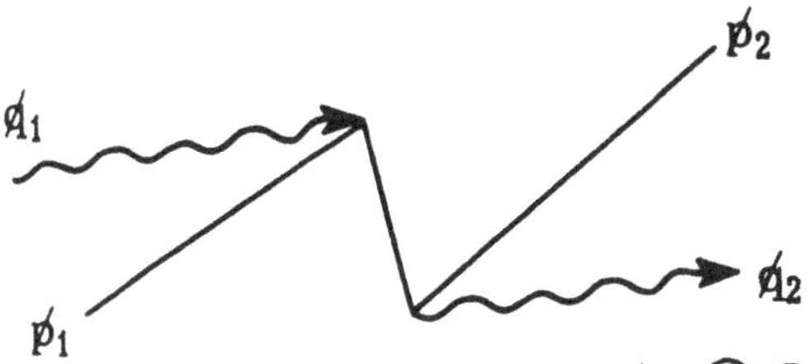

FIG. 20-1

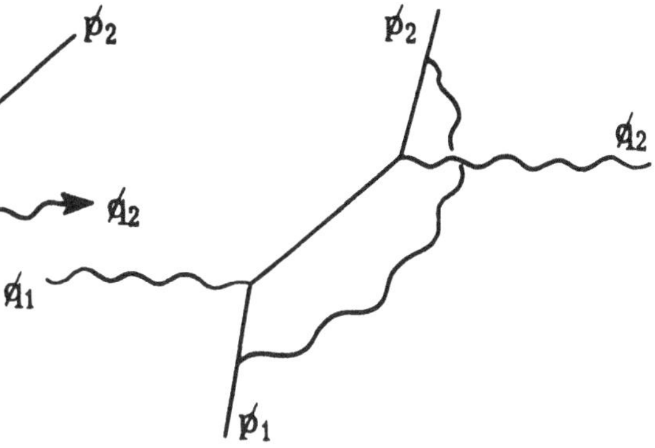

FIG. 20-2

Es sei angemerkt, daß solche Diagramme wie Fig. 20.1 in der obigen Herleitung enthalten sind, und zwar als Folge der Allgemeinheit der Transformation von $K_+(2,1)$ in die Impulsdarstellung. Tatsächlich sind alle Diagramme enthalten außer solchen von höherer Ordnung, die später diskutiert werden. (Sie entsprechen der Emission und Reabsorption eines dritten Photons durch das Elektron, wie etwa in Fig. 20.2.)

Einundzwanzigste Vorlesung

Diskussion der Klein-Nishina-Formel

Im „Thompson-Grenzfall" ist $\omega_1 \ll m$. Hierbei nimmt das Elektron beim Stoß sehr wenig Energie auf, und $\omega_1 \approx \omega_2$. Das zeigt die Relation

$$m\omega_1 - m\omega_2 = \omega_1 \omega_2 (1 - \cos\theta). \tag{21.1}$$

In diesem Grenzfall gibt die Klein-Nishina-Formel

$$\sigma = (e^4/m^2)(e_1 \cdot e_2)^2 \, d\Omega_\omega. \tag{21.2}$$

Das ist der Wirkungsquerschnitt für die Rayleigh-Thompson-Streuung. Man beachte, daß ω immer noch sehr groß ist im Vergleich zu den Eigenwerten eines Atoms, gemäß unseren ursprünglichen Annahmen für die Compton-Streuung.

Dasselbe Ergebnis folgt aus einem klassischen Bild. Unter der Wirkung des elektrischen Feldes des Photons $\boldsymbol{E}=E_0\boldsymbol{e}_1\exp(i\omega t)$ erhält das Photon die Beschleunigung

$$\boldsymbol{a}=(e/m)E_0\boldsymbol{e}_1\exp(i\omega t).$$

Klassisch strahlt eine beschleunigte Ladung derart, daß die gestreute Strahlung durch

$$\boldsymbol{E}_s=-\frac{e}{R}\quad \begin{array}{l}\text{(Verzögerung auf die Ebene senkrecht}\\ \text{zur Blickrichtung projiziert).}\end{array}$$

gegeben ist.

Die gestreute Strahlung, die in der $\boldsymbol{e}_2$-Richtung polarisiert ist, ist durch die Komponente der Beschleunigung in dieser Richtung bestimmt. Die Intensität der gestreuten Strahlung mit der Polarisation $\boldsymbol{e}_2$ ist dann (multipliziert mit R^2 pro Einheitsraumwinkel und pro Einheit der einfallenden Intensität)

$$I=(e^4/m^2)(\boldsymbol{e}_1\cdot\boldsymbol{e}_2)^2. \qquad (21.2')$$

Die üblichen $\hbar$'s und c's können folgendermaßen in Gl. (21.1) eingesetzt werden (σ ist eine Fläche oder das Quadrat einer Länge):

$$e^4=(e^2)^2=(e^2/\hbar c)^2$$

$$m^2=(mc/\hbar)^2=\text{Quadratlänge}$$

$$e^4/m^2=(e^2/mc^2)^2=r_0^2\approx 8\times 10^{-26}\,cm^2.$$

Mittelung über die Polarisationen

Oftmals wünscht man, den Streuquerschnitt für einen Strahl unabhängig von der ein- und auslaufenden Polarisation zu haben. Man erhält ihn, indem man über die Wahrscheinlichkeiten für die Polarisationen des auslaufenden Strahls summiert und über den einlaufenden Strahl mittelt. Wir nehmen z.B. an, der einlaufende Strahl habe eine Polarisation vom Typ A. Die Wahrscheinlichkeiten (oder Wirkungsquerschnitte) für die beiden möglichen Typen der auslaufenden Polarisation, A' und B', können durch AA' und AB' symbolisiert werden. Die Gesamtwahrscheinlichkeit für die Streuung eines Photons mit beliebiger Polarisation ist $AA'+AB'$. Als nächstes nehmen wir an, daß der einlaufende Strahl gleich wahrscheinlich in Typ A und Typ B polarisiert ist. Die resultierende Wahrscheinlichkeit erhält man als die Summe 1/2 (Wahrscheinlichkeit für Typ A) + 1/2 (Wahrscheinlichkeit für Typ B). Das trifft für einen unpolarisierten einlaufenden Strahl zu und liefert

σ (über die Polarisationen $= (1/2)(AA'+AB')+(1/2)(BA'+BB')$
gemittelt)

$$= \frac{e^4}{2m^2}\left(\frac{\omega_2}{\omega_1}\right)^2 d\Omega_{\omega_2}\left(\frac{\omega_2}{\omega_1}+\frac{\omega_1}{\omega_2}-\sin^2\theta\right). \tag{21.3}$$

Wenn andererseits die Polarisation des auslaufenden Strahls gemessen wird (noch im Fall eines unpolarisierten einlaufenden Strahles), ist ihre Abhängigkeit von Frequenz und Streuwinkel durch das Verhältnis

$$\frac{\text{Wahrscheinlichkeit für die Polarisation vom Typ } A'}{\text{Wahrscheinlichkeit für die Polarisation vom Typ } B'} = \frac{(1/2)[AA'+BA']}{(1/2)[AB'+BB']}$$

$$= \frac{(\omega_2/\omega_1)+(\omega_1/\omega_2)}{(\omega_2/\omega_1)+(\omega_1/\omega_2)-2\sin^2\theta}$$

gegeben.

Die Vorwärtsstrahlung ($\theta=0$) bleibt unpolarisiert, aber das Licht, das unter einem von Null verschiedenen Winkel gestreut wird, ist bis zu einem bestimmten Grad polarisiert. Im Grenzfall niedriger Frequenzen ($\omega_1 \approx \omega_2$) ist die Polarisation bei $\theta=\pi/2$ vollständig. Folglich wird ein unpolarisierter Strahl linear polarisiert, wenn er unter 90° gestreut wird.[1]

Totaler Streuquerschnitt

Wenn man den (über die Polarisationen gemittelten) Wirkungsquerschnitt aus Gl. (21.3) über den Raumwinkel

$$d\Omega = 2\pi d(\cos\theta) = (2\pi m/\omega_2^2)\,d\omega_2$$

integriert, erhält man den totalen Wirkungsquerschnitt für die Streuung unter beliebigen Winkeln. Aus Gl. (21.1) folgt

$$\cos\theta = 1 - m/\omega_2 + m/\omega_1, \tag{21.1'}$$

und die Variable ω_2 läuft zwischen den Grenzen $m\omega_1/(2\omega_1+m)$ und ω_1, wenn $\cos\theta$ von -1 bis $+1$ läuft. Die Gl. (21.3) kann in der Form

$$d\sigma_T = (e^4/2m^2)(2\pi/\omega_1^2)\,m\,d\omega_2(\omega_2/\omega_1+\omega_1/\omega_2-2m/\omega_2+2m/\omega_1$$
$$+m^2/\omega_1^2+m^2/\omega_2^2-2m^2/\omega_1\omega_2)$$

geschrieben werden, wobei die letzten fünf Terme auf Grund der Gl. (21.1')

[1] Vgl. Walter Heitler, „Quantum Theory of Radiation", 3. Aufl., Oxford 1954 und B. Rossi und K. Greissen, Phys. Rev., **61**, 121 (1942).

für $-\sin^2\theta=\cos^2\theta-1$ stehen. Einfache Integration ergibt[1]

$$\sigma_T=\pi e^4/m^2[(m/\omega_1-2m^2/\omega_1^2-2m^3/\omega_1^3)\log(2\omega_1/m+1)$$
$$+m/2\omega_1+4m^2/\omega_1^2-m^3/2\omega_1(2\omega_1+m)^2].$$

Im Grenzfall hoher Frequenz ($\omega_1\to\infty$) ist

$$\sigma_T\sim(1/\omega_1)\log\omega_1\to 0.$$

Folglich kann die Compton-Streuung bei hohen Frequenzen vernachlässigt werden, bei denen die Paarerzeugung der wesentliche Effekt wird.

Zweiphoton-Paarvernichtung

Vom Standpunkt der Quantenelektrodynamik ist die Zweiphoton-Paarvernichtung vollkommen analog zur Compton-Streuung. Wegen der Erhaltung von Impuls und Energie sind zwei Photonen (in der auslaufenden Strahlung) notwendig, wenn die Paarvernichtung ohne An-

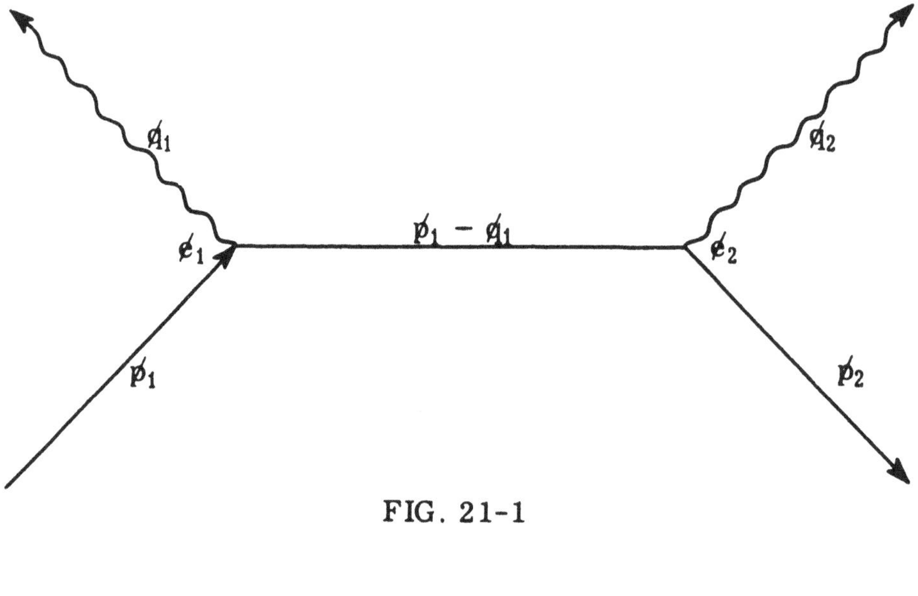

FIG. 21-1

wesenheit eines äußeren Potentials stattfindet. Ein mögliches Diagramm für die Wechselwirkung ist in Fig. 21.1 gezeigt. Diese Abbildung ist mit der für Compton-Streuung zu vergleichen (Vorlesung 20). Die einzigen Unterschiede bestehen darin, daß die Richtung des Photons $\not{q}_1$ umgekehrt

[1] Vgl. HEITLER, op. cit., S. 53.

ist, und, weil das Teilchen 2 ein Positron ist, $\not{p}_2 = -$(Impuls des Positrons). Wir schreiben also

$$\not{p}_1 = (E_- \gamma_t - \mathbf{p}_- \cdot \boldsymbol{\gamma}) \quad \not{p}_2 = -(E_+ \gamma_t - \mathbf{p}_+ \cdot \boldsymbol{\gamma}),$$

wobei die Energien E_- und E_+ des Elektrons und Positrons beides positive Zahlen sind. Der Erhaltungssatz gibt

$$\not{p}_2 = \not{p}_1 - \not{q}_1 - \not{q}_2 \tag{21.4}$$

(genau wie für Compton-Streuung, aber mit umgekehrter Richtung von $\not{q}_1$). Hiernach ist das Matrixelement für diese Reaktion

$$M_1 = -i4\pi e^2 (\tilde{u}_2 \not{e}_2 (\not{p}_1 - \not{q}_1 - m)^{-1} \not{e}_1 u_1).$$

Die zweite Möglichkeit, die von der ersten durch keine Messung unterschieden werden kann, erhält man aus der ersten durch Vertauschen der beiden Photonen (siehe Fig. 21.2); wieder stellt man die Ähnlichkeit mit der Compton-Streuung fest.

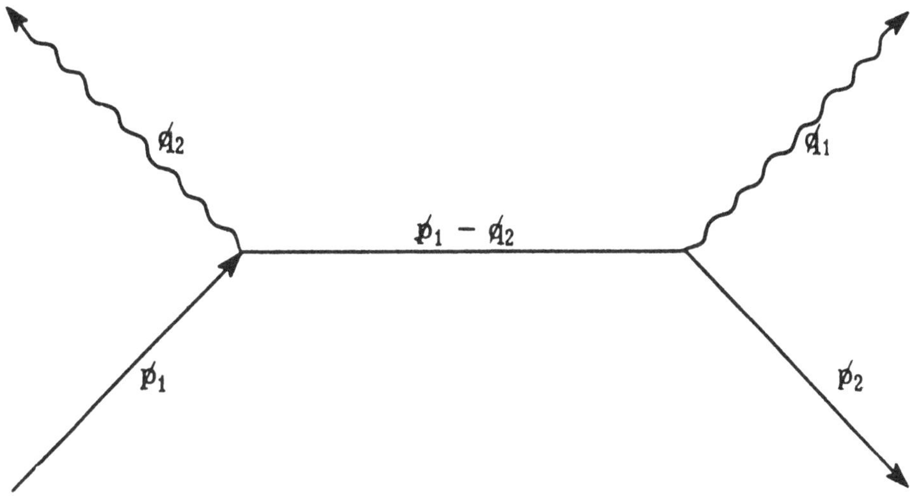

FIG. 21-2

Das Matrixelement kann sofort angeschrieben werden; es ist

$$M_2 = -i4\pi e^2 (\tilde{u}_2 \not{e}_1 (\not{p}_1 - \not{q}_2 - m)^{-1} \not{e}_2 u_1).$$

Die Summe der beiden Matrixelemente und die Dichte der Endzustände ergeben den Wirkungsquerschnitt

$$\sigma \cdot (\text{Geschwindigkeit des Positrons}) = 2\pi/(2E_- \cdot 2E_+ \cdot 2\omega_1 \cdot 2\omega_2) \times |M_1 + M_2|^2 \cdot (\text{Zustandsdichte})$$

in einem System, in dem das Elektron ruht und das Positron sich bewegt. Die Dichte der Endzustände ist.

$$(\omega_1 \omega_2/(2\pi)^3)\omega_1^2 d\Omega_1/(\omega_2\omega_1 - \boldsymbol{Q}_2 \cdot \boldsymbol{Q}_1).$$

Weil das Teilchen 2 ein Positron ist, $\not{p}_2 = -\not{p}_+$, liefert der Erhaltungssatz aus Gl. (21.4)

$$\not{p}_1 + \not{p}_+ = \not{q}_1 + \not{q}_2 .$$

Hieraus folgt

$$m^2 + 2(p_1 \cdot p_+) + m^2 = 0 + 2q_1 \cdot q_2 + 0 .$$

Das vereinfacht sich zu

$$2m^2 + 2mE_+ = 2\omega_1\omega_2 - 2\boldsymbol{Q}_1 \cdot \boldsymbol{Q}_2 .$$

Wenn man für die Geschwindigkeit des Positrons $|\boldsymbol{p}_+|/E_+$ einsetzt, ist der Wirkungsquerschnitt

$$\begin{aligned}\sigma &= (2\pi)\omega_1^2 d\Omega_1/[2E_- \cdot 2|\boldsymbol{p}_+|4(2\pi)^3 \cdot m(E_+ + m)] \cdot |M_1 + M_2|^2 \\ &= \frac{\omega_1^2 d\Omega_1 |M_1 + M_2|^2}{64\pi^2 m^2 |\boldsymbol{p}_+|(m + E_+)} .\end{aligned}$$

Aus einem Vergleich der Diagramme folgt, daß die Matrixelemente für Paarvernichtung mit denen des Compton-Effektes übereinstimmen, wenn das Vorzeichen von $\not{q}_1$ geändert wird. Im Wirkungsquerschnitt läuft das auf eine Änderung des Vorzeichens von ω_1 hinaus. Dann ist der Wirkungsquerschnitt

$$\sigma = \{e^4 \omega_1^2 d\Omega_1/[4m^2(E_+ + m)|\boldsymbol{p}_+|]\}\,[(\omega_2/\omega_1) + (\omega_1/\omega_2) + 2 - 4(\boldsymbol{e} \cdot \boldsymbol{e}_2)^2]$$

in Analogie zur Klein-Nishina-Formel.

Zweiundzwanzigste Vorlesung

Positronvernichtung in Ruhe

Die Formel für Positron-Elektron-Vernichtung, die wir in Vorlesung 21 hergeleitet haben, divergiert, wenn die Geschwindigkeit des Positrons gegen Null geht ($\sigma \sim 1/v$; das gilt auch für andere Wirkungsquerschnitte, wenn bei dem Prozeß das einlaufende Teilchen absorbiert wird, und ist das wohlbekannte $1/v$-Gesetz). Um die Lebensdauer des Positrons in einer Elektronendichte ρ zu berechnen (wir erinnern daran, daß der frühere Wirkungsquerschnitt für eine Elektronendichte Eins pro Kubikzentimeter galt), wenn $v_+ \to 0$ geht, benutzen wir

$$\text{Überg. Wahrsch./sec} = \sigma v_+ \rho$$

und die Tatsache, daß für $v_+ \to 0$ folgendes gilt: $E_+ \to m$ und $\omega_1 \to \omega_2 \to m$ (wenn sowohl das Elektron wie das Positron näherungsweise in Ruhe sind, können Impuls und Energie beide nur erhalten werden, wenn die beiden Photonen Impulse haben, die dem Betrag nach gleich aber entgegengesetzt gerichtet sind). Damit ist

$$\text{Überg. Wahrsch./sec} = \sigma v_+ \rho = (e^4/2m^2)\rho\, d\Omega(\sin^2\theta), \tag{22.1}$$

wobei θ = Winkel zwischen den Polarisationsrichtungen der beiden Photonen ($\cos\theta = \boldsymbol{e}_1 \cdot \boldsymbol{e}_2$). Die Abhängigkeit von $\sin^2\theta$ zeigt, daß die beiden Photonen senkrecht zueinander polarisiert sind. Um die Übergangswahrscheinlichkeit pro Sekunde bei beliebiger Richtung und Polarisation der Photonen zu erhalten, müssen wir über den Raumwinkel summieren ($\int d\Omega = 4\pi$) und über die Polarisationen mitteln ($\sin^2\theta = 1/2$) und erhalten

$$\text{Totale Überg. Wahrsch./sec} = 1/\tau = (\pi e^4/m^2)\rho = \pi(e^2/mc^2)^2 c\rho = \pi r_0^2 c\rho \tag{22.2}$$

(wo nötig, sind Faktoren c und $\hbar$ einzufügen), wobei r_0 = klassischer Elektronenradius und τ = mittlere Lebensdauer.

Aufgaben: (1) Leite das obenstehende Resultat direkt her mit Hilfe von Matrixelementen für ein Elektron und Positron in Ruhe. Zeige, daß nur der Singlettzustand (Spins antiparallel) in zwei Photonen zerfallen kann. Der Triplettzustand zerfällt in drei Photonen und hat eine längere Lebensdauer (siehe nächste Aufgabe).
(2) Berechne die Zeit, die ein Proton und ein Elektron im Mittel braucht, um in drei Photonen zu zerfallen (die Spins müssen parallel sein). Wir schlagen vor, folgendermaßen zu verfahren: (1) stelle die Formel für die Zerfallsrate auf; (2) schreibe M in der einfachst möglichen Form; (3) stelle eine Tabelle von Matrixelementen zusammen (wie Tabelle 13.1, aber mit $\not{p}_1 = m\gamma_t$, $\not{p}_2 = -m\gamma_t$); (4) berechne das Matrixelement von M für die acht verschiedenen Polarisationsfälle; (5) berechne die Zerfallsrate für jeden Fall; (6) summiere die Zerfallsrate über die Polarisationen; (7) bestimme das Photon-Spektrum; (8) berechne die totale Zerfallsrate durch Integration über das Photon-Spektrum und den Winkel und (9) vergleiche mit ORE und POWELL[1].
(3) Bekanntlich sollten die Matrixelemente von einer Eichtransformation $\not{e}' = \not{e} + \alpha\not{q}$ unabhängig sein, wobei α eine beliebige

[1] A. ORE und J. L. POWELL, Phys. Rev. **75**, 1696 (1949).

Konstante ist und $\not{q}$ der Impuls eines Photons, dessen Polarisation $\not{e}$ oder $\not{e}'$ ist. Zeige, daß die Matrixelemente für den Compton-Effekt Null sind, wenn $\not{q}$ für $\not{e}$ substituiert wird.

Bremsstrahlung

Wenn ein Elektron durch das Coulomb-Feld eines Kernes läuft, wird es abgelenkt. Mit dieser Ablenkung ist eine Beschleunigung verbunden, die nach der klassischen Theorie eine Strahlung bewirkt. Nach der Quantenelektrodynamik geht das einlaufende Elektron mit einer bestimmten Wahrscheinlichkeit in einen anderen Elektronzustand über und emittiert dabei ein Photon, während es sich im Feld des Kerns befindet. Die Wechselwirkung mit dem Feld des Kernes ist notwendig, damit Energie und Impuls erhalten sind. Das heißt, daß das Elektron nicht ein Photon emittieren und in einen anderen Elektronenzustand übergehen kann, wenn es sich im Vakuum bewegt. Die Fig. 22.1 zeigt den Prozeß und definiert die Winkel, die später auftreten werden.

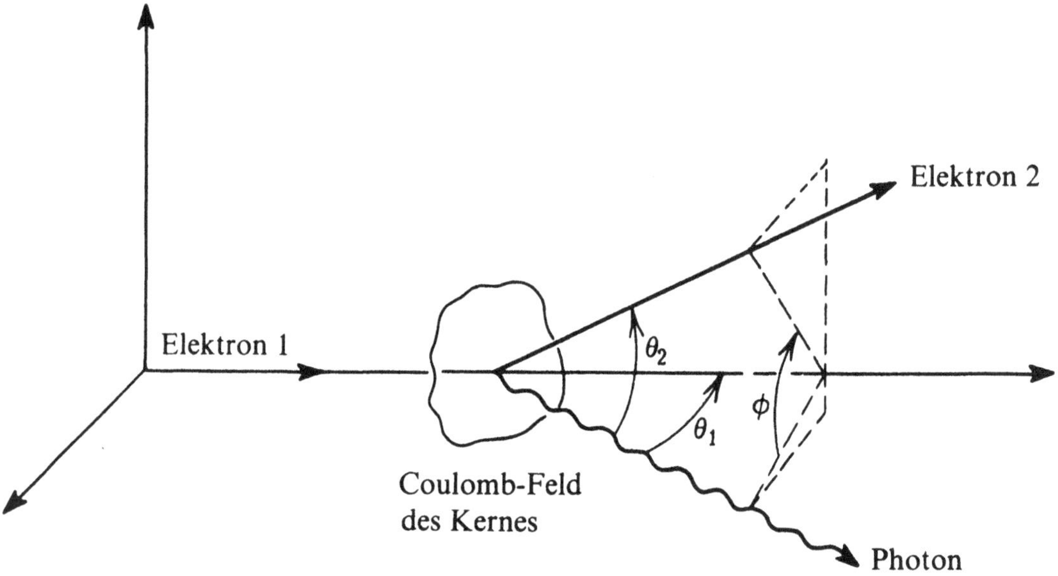

FIG. 22-1

Wir nehmen an, daß das Coulomb-Potential des Kernes nur einmal wechselwirkt (Born-Approximation). Die Gültigkeit dieser Approximation wurde in Vorlesung 16 diskutiert. Es gibt zwei (ununterscheidbare)

Arten der Reihenfolge, in der der Prozeß der Bremsstrahlung ablaufen kann: (a) das Elektron wechselwirkt mit dem Coulomb-Feld und emittiert anschließend ein Photon oder (b) das Elektron emittiert zuerst ein Photon und wechselwirkt dann mit dem Coulomb-Feld. Die Diagramme für diese Prozesse sind in Fig. 22.2 gezeigt. Die Wechselwirkung mit dem Kern überträgt den Impuls $\not{Q}$ auf das Elektron. Die Erhaltung von Impuls und Energie erfordert

$$\not{p}_1 + \not{Q} = \not{p}_2 + \not{q} \quad \text{oder} \quad \not{Q} = \not{p}_2 - \not{p}_1 + q.$$

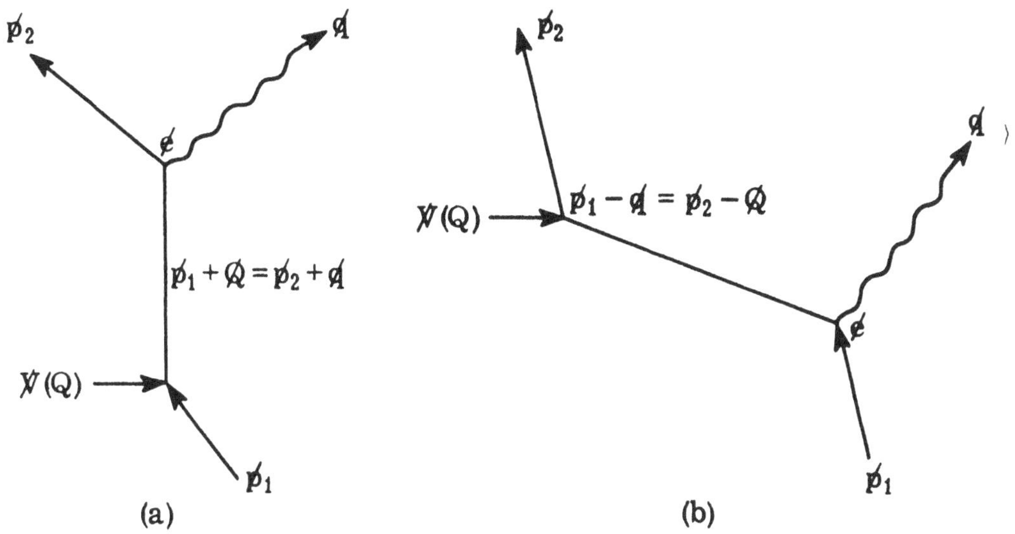

FIG. 22-2

In Vorlesung 18 wurde gezeigt, daß die Fourier-Transformierte des Coulomb-Potentials proportional zu $\delta(Q_4)$ ist, weil das Potential von der Zeit unabhängig ist. Das bedeutet, daß nur Übergänge mit $Q_4 = 0$ auftreten oder daß die Energie des einlaufenden Elektrons von den auslaufenden Teilchen, Elektron und Photon, aufgenommen werden muß. Also ist $E_1 = E_2 + \omega$. Die Übergangswahrscheinlichkeit ist durch

$$\text{Überg. Wahrsch./sec} = \sigma v_1 = (2\pi/2E_1 2E_2 2\omega)|\mathfrak{M}|^2 \times D$$

gegeben. Weil wir annehmen, daß der Kern unendlich schwer ist, gilt

$$D = (2\pi)^{-6} E_2 p_2 d\Omega_2 \omega^2 d\omega d\Omega_\omega.$$

Man beachte, daß es hier ein Photon-Spektrum gibt; d.h. die Energie des Photons ist nicht festgelegt (wie das z.B. beim Compton-Effekt war).

Mit $\mathfrak{M} = (\tilde{u}_2 M u_1)$ erhalten wir

$$M = (-i)(4\pi e^2)^{1/2} \left[\not{e} \frac{1}{\not{p}_1 + \not{Q} - m} \not{V}(Q) + \not{V}(Q) \frac{1}{\not{p}_2 - \not{Q} - m} \not{e} \right], \tag{22.3}$$

wobei der erste Term von Fig. 22.2a und der zweite Term von Fig. 22.2b stammt. Z.B. ist die Erklärung der Faktoren im ersten Term, von rechts nach links gelesen, daß ein Elektron, das am Anfang im Zustand u_1 ist, vom Coulomb-Potential gestreut wird und einen zusätzlichen Impuls $\not{Q}$ erhält und dann als freies Teilchen mit dem Impuls $\not{p}_1 + \not{Q}$ läuft, bis es ein Photon mit der Polarisation $\not{e}$ emittiert. Wir fragen dann: Ist das Elektron im Zustand u_2? Für das Coulomb-Potential gilt

$$\not{V}(Q) = (4\pi Z e^2/Q^2)\delta(Q_4)\gamma_t = v(Q)\delta(Q_4)\gamma_t$$

(siehe Impulsdarstellung, Vorlesung 18) in einem Koordinatensystem, in dem der Kern ruht. [Für andere Potentiale als das Coulomb-Potential setze ein passendes $v(Q)$ für die Fourier-Transformierte der räumlichen Abhängigkeit des Potentials ein.] Wenn wir den Nenner der Matrix vereinfachen,[1] erhalten wir

$$M = (-i)(4\pi e^2)^{1/2} v(Q) \left[\not{e} \frac{\not{p}_1 + \not{Q} + m}{-2p_1 \cdot Q - Q^2} \gamma_t + \gamma_t \frac{\not{p}_2 - \not{Q} + m}{2p_2 \cdot Q - Q^2} \not{e} \right]. \tag{22.4}$$

Das auslaufende Photon kann in zwei verschiedenen Richtungen polarisiert sein, und das ein- und auslaufende Elektron kann zwei mögliche Spinzustände haben. Die verschiedenen Matrixelemente können genau wie bei der Herleitung des Klein-Nishina-Wirkungsquerschnitts in Vorlesung 20 mit Hilfe der Tabelle 13.1 berechnet werden. Weil nichts Neues auftritt, lassen wir die Einzelheiten weg. Nach (1) der Summation über die Polarisationen des Photons und (2) der Summation über die Spinzustände des auslaufenden Elektrons und (3) der Mittelung über die Spinzustände des einlaufenden Elektrons erhalten wir den folgenden differentiellen Wirkungsquerschnitt:

$$\begin{aligned} d\sigma = {} & \frac{1}{2\pi}\left(\frac{Ze^2}{Q^2}\right)^2 e^2 \frac{d\omega}{\omega} \frac{p_2}{p_1} \sin\theta_2 \, d\theta_2 \sin\theta_1 \, d\theta_1 \, d\phi \\ & \times \left\{ \frac{p_2^2 \sin^2\theta_2 (4E_1^2 - Q^2)}{(E_2 - p_2\cos\theta_2)^2} + \frac{p_1^2 \sin^2\theta_1 (4E_2^2 - Q^2)}{(E_1 - p_1\cos\theta_1)^2} \right. \\ & \left. - \frac{2p_1 p_2 \sin\theta_1 \sin\theta_2 \cos\phi (4E_1E_2 - Q^2 + 2\omega^2) - 2\omega^2 (p_2^2 \sin^2\theta_2 + p_1^2 \sin^2\theta_1)}{(E_2 - p_2\cos\theta_2)(E_1 - p_1\cos\theta_1)} \right\}. \end{aligned} \tag{22.5}$$

[1] $(\not{p}_1 + \not{Q} - m)(\not{p}_1 + \not{Q} + m) = p_1^2 + 2p_1 \cdot Q + Q^2 - m^2 = 2p_1 \cdot Q + Q^2 = -2\mathbf{p}_1 \cdot \mathbf{Q} + Q^2 = -2\mathbf{p}_1 \cdot \mathbf{Q} - \mathbf{Q}^2$; $Q_4 = 0$.

Wir können einen angenähert gültigen Ausdruck angeben, der eine einfache Interpretation durch die elastische Coulomb-Streuung erlaubt, wenn die Energie des Photons klein ist (klein gegen die Ruhmasse des Elektrons aber groß gegen die Bindungsenergie des Elektrons). Wenn wir die Matrix (22.3) durch $\not{q}$ anstatt $\not{Q}$ ausdrücken,

$$M=(-i)(4\pi e^2)^{1/2}\left[\not{e}\frac{1}{\not{p}_2+\not{q}-m}\not{V}(Q)+\not{V}(Q)\frac{1}{\not{p}_1-\not{q}-m}\not{e}\right]$$
$$=(-i)(4\pi e^2)^{1/2}\left[\not{e}\frac{\not{p}_2+\not{q}+m}{+2p_2\cdot q}\not{V}(Q)+\not{V}(Q)\frac{\not{p}_1-\not{q}+m}{-2p_1\cdot q}\not{e}\right],$$

die Relationen $\not{e}\not{p}_2=-\not{p}_2\not{e}+2e\cdot p_2$, $\not{p}_1\not{e}=-\not{e}\not{p}_1+2e\cdot p_1$ benutzen und $\not{q}$ im Zähler vernachlässigen, weil es klein ist, erhalten wir

$$M\approx(-i)(4\pi e^2)^{1/2}v(Q)\left[\frac{-\not{p}_2\not{e}\gamma_t+2e\cdot p_2\gamma_t+m\not{e}\gamma_t}{2p_2\cdot q}\right.$$
$$\left.+\frac{-\gamma_t\not{e}\not{p}_1+2p_1\cdot e\gamma_t+m\not{e}\gamma_t}{-2p_1\cdot q}\right]\delta(Q_4)$$
$$=(-i)(4\pi e^2)^{1/2}v(Q)\left[\frac{e\cdot p_1}{q\cdot p_1}-\frac{e\cdot p_2}{q\cdot p_2}\right]\gamma_t\delta(Q_4),$$

wobei wir die Tatsache benutzt haben, daß das Matrixelement von M zwischen Zuständen u_2 und u_1 zu berechnen und $\tilde{u}_2\not{p}_2=\tilde{u}_2m$, $\not{p}_1u_1=mu_1$ ist.

Der Wirkungsquerschnitt für die Emission des Photons kann dann in der Form

$$d\sigma=\frac{1}{v}\left[\frac{2\pi}{2E_1 2E_2}|v(Q)|^2\frac{E_2p_2d\Omega_2}{(2\pi)^3}\right]\left[\frac{e^2d\omega\cdot d\Omega_\omega}{\pi\omega}\left(\frac{p_2\cdot e}{p_2\cdot\frac{q}{\omega}}-\frac{p_1\cdot e}{p_1\cdot\frac{q}{\omega}}\right)^2\right]$$

geschrieben werden. Die erste Klammer ist die Übergangswahrscheinlichkeit für elastische Streuung (siehe Vorlesung 16), und deshalb kann die letzte Klammer interpretiert werden als die Emissionswahrscheinlichkeit für das Photon im Frequenzintervall $d\omega$ und Raumwinkel $d\Omega_\omega$, wenn die Streuung von Impuls p_1 zu Impuls p_2 elastisch ist.

Aufgabe: Berechne nach der obigen Methode die Amplitude für die Emission zweier niederenergetischer Photonen. Vernachlässige die q's im Zähler, aber nicht im Nenner.

Antwort: Für die Emission des zweiten Photons erhält man einen weiteren Faktor ähnlich dem in der vorhergehenden Gleichung.

Paarerzeugung

Man kann leicht zeigen, daß ein einzelnes Photon mit einer Energie größer als $2m$ ein Elektron-Positron-Paar nicht erzeugen kann, wenn nicht dafür gesorgt wird, daß auf irgendeine Weise Impulse und Energie erhalten werden. Zwei Photonen könnten zusammenkommen und ein Paar erzeugen, aber die Photondichte ist so niedrig, daß dieser Prozeß äußerst unwahrscheinlich ist. Ein Photon kann jedoch mit Hilfe eines Feldes ein Paar erzeugen, etwa mit Hilfe des Kernfeldes, an das es einen Teil seines Impulses übertragen kann. Wie bei der Bremsstrahlung gibt es hier zwei ununterscheidbare Arten, auf die das geschehen kann: (a) Das einlaufende Photon erzeugt ein Paar, und anschließend wechselwirkt das Elektron mit dem Feld des Kernes oder (b) das Photon erzeugt ein Paar, und das Positron wechselwirkt mit dem Kernfeld. Die Diagramme für diese Alternativen sind in Fig. 22.3 gezeigt. Die Pfeile im Diagramm deuten an, daß $\not{p}_1$ der Impuls des Positrons und $\not{p}_2$ der des Elektrons ist.

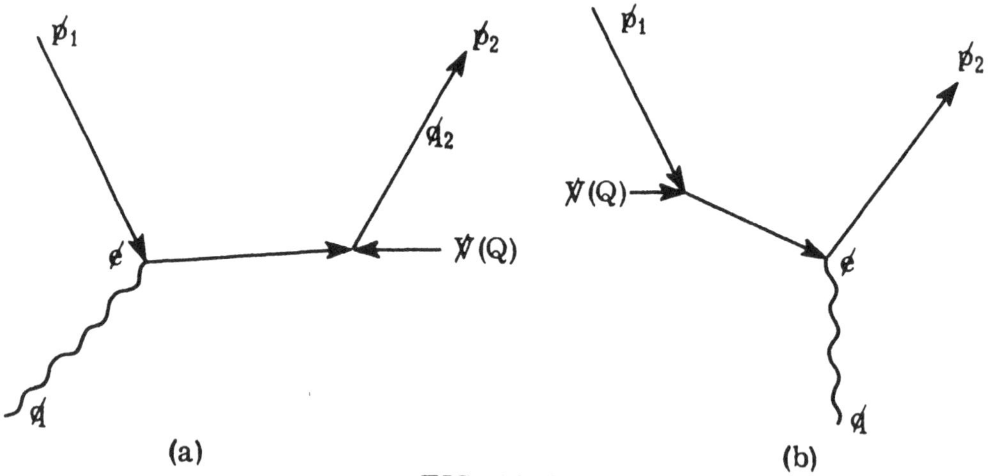

FIG. 22-3

Man beachte, daß diese Diagramme hinsichtlich der Pfeilrichtungen (und ohne Rücksicht auf die Zeitrichtung) genau wie die für den Prozeß der Bremsstrahlung aussehen: Angefangen mit $\not{p}_1$ im Fall (b), wird das Teilchen zuerst am Coulomb-Potential gestreut und dann am Photon; im Fall (a) ist die Reihenfolge der Wechselwirkungen umgekehrt. Der Unterschied zwischen Paarerzeugung und Bremsstrahlung, wenn man die Zeitrichtung in Betracht zieht, besteht darin, daß (1) $\not{p}_1$ ein Positronzustand ist (ein Elektron, das in der Zeit rückwärts läuft) und (2) das Photon $\not{q}$ ab-absorbiert anstatt emittiert wird. Die Folge ist, daß die Matrixelemente der Bremsstrahlung für diesen Prozeß benutzt werden können, wenn $\not{p}_1$

durch $-\not{p}_+$ und $\not{q}$ durch $-\not{q}$ ersetzt werden. Das $\not{p}_+$ ist dann der Impuls des Positrons und $\not{q}$ ist der Impuls des absorbierten Photons. Die Dichte der Endzustände ist natürlich verschieden, weil die Teilchen im Endzustand jetzt ein Positron und ein Elektron sind. Also ist

$$d\sigma = (1/2\pi)(Ze^2/Q^2)^2 e^2 (p_+ p_- \sin\theta_+ d\theta_+ \sin\theta_- d\theta_- d\phi/\omega^3) \cdot \{ \quad \}, \qquad (22.6)$$

wobei die Klammern dieselben sind wie die für Bremsstrahlung, Gl. (22.5), bis auf die folgenden Substitutionen

p_- für p_2	$-\theta_-$ für θ_2	E_- für E_2
$-p_+$ für p_1	$-\theta_+$ für θ_-	$-E_+$ für E_1
		$-\omega$ für ω.

Die Fig. 22.4 definiert die Winkel (ϕ = Winkel zwischen der Elektron-Photon-Ebene und der Positron-Photon-Ebene).

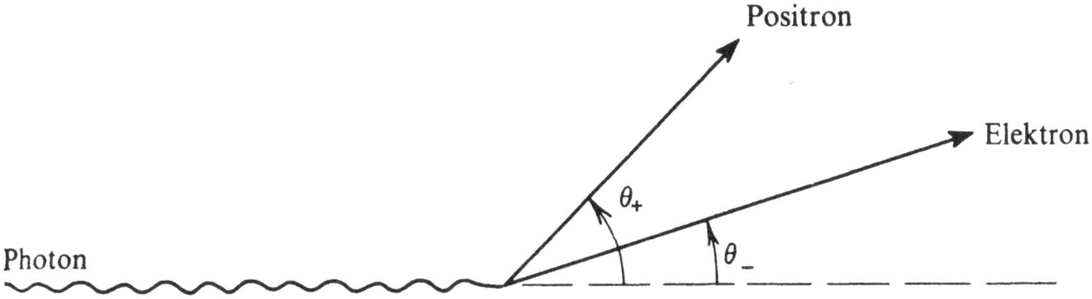

FIG. 22-4

Dreiundzwanzigste Vorlesung

Eine Methode zur Summation von Matrixelementen über Spinzustände

Mit Hilfe der gebräuchlichen Methoden zur Berechnung von Wirkungsquerschnitten erhält man zuerst einen Wirkungsquerschnitt für „polarisierte" Elektronen, d.h. für definierte Spinzustände der ein- und auslaufenden Elektronen. In der Praxis ist der einlaufende Strahl im allgemeinen „unpolarisiert" und die Spins der auslaufenden Teilchen werden oft nicht beobachtet. In diesem Fall braucht man einen Wirkungsquerschnitt, den man aus dem für „polarisierte" Elektronen durch Summation über die Wahrscheinlichkeiten für auslaufende Spinzustände und Mittelung dieser Summe über die einlaufenden Spinzustände erhält. Dieses Vorgehen ist deshalb richtig, weil die auslaufenden Spinzustände nicht interferieren und die Wahrscheinlichkeiten für die Spinrichtungen der einlaufenden Teilchen gleich sind. Formal braucht man, wenn

$$\sigma \sim |(\tilde{u}_2 M u_1)|^2$$

ist, den Ausdruck

$$\sigma \sim \tfrac{1}{2} \sum_{\text{Spins 1}} \sum_{\text{Spins 2}} |(\tilde{u}_2 M u_1)|^2, \tag{23.1}$$

wobei $\sum\limits_{\text{Spins 2}}$ die Summe über die auslaufenden Spinzustände für nur ein Vorzeichen der Energie bedeutet, d.h. über nur zwei der vier möglichen Eigenzustände. Ähnlich ist $\sum\limits_{\text{Spins 1}}$ die Summe über die einlaufenden Spins für ein Vorzeichen der Energie. Unser Ziel ist jetzt, eine einfache Methode zur Berechnung dieser Summen zu entwickeln.

Nach der üblichen Regel für die Matrixmultiplikation gilt das folgende:

$$\sum_{\text{alle } u_1} (\tilde{u}_2 A u_1)(\tilde{u}_1 B u_2) = 2m(\tilde{u}_2 A B u_2), \tag{23.2}$$

wobei A und B beliebige Operatoren oder Matrizen sind, der Faktor $2m$ auf der rechten Seite von der Normierung $\tilde{u}u = 2m$ stammt und die Summe über *alle* Eigenzustände geht, die durch u_1 repräsentiert werden. Aber die in Gl. (23.1) gewünschten Zustände u sind nicht alle Zustände, sondern gerade diejenigen, für die $\not{p}_1 u_1 = m u_1$ erfüllt ist. Das heißt, daß sie zum Eigenwert $+m$ des Operators $\not{p}_1$ gehören. Weil $\not{p}_1^2 = m^2$ ist, hat $\not{p}_1$ auch den Eigenwert $-m$, d.h. es gibt zwei weitere Lösungen von $\not{p}_1 u = -mu$, die, zusammen mit den beiden in Gl. (23.1) gewünschten, insgesamt vier ergeben. Wir nennen die letzteren Zustände zu „negativem Eigenwert".

Wenn jetzt in Gl. (23.2) die Matrixelemente von B in Zuständen mit negativem Eigenwert Null wären, dann wäre das dasselbe wie $\sum\limits_{\text{Spins 1}}$, d.h. gerade die Summe über Zustände zu positivem Eigenwert. Wir betrachten deshalb

$$\sum_{\text{alle } u_1} (\tilde{u}_2 A u_1)(\tilde{u}_1 (\not{p}_1 + m) B u_2) = (\tilde{u}_2 A (\not{p}_1 + m) B u_2)\, 2m.$$

Es gilt aber

$$\begin{aligned} \tilde{u}_1(\not{p}_1 + m) &= 0 && \text{für Zustände mit negativem Eigenwert} \\ &= \tilde{u}_1(2m) && \text{für Zustände mit positivem Eigenwert}. \end{aligned}$$

Deshalb ist die obige Summe gleich

$$\sum_{\text{Spins 1}} (\tilde{u}_2 A u_1)\, 2m (\tilde{u}_1 B u_2).$$

Wir lassen die Faktoren $2m$ fort und erhalten

$$\sum_{\text{Spins 1}} (\tilde{u}_2 A u_1)(\tilde{u}_1 B u_2) = (\tilde{u}_2 A(\not{p}_1 + m) B u_2).$$

$(\not{p}_1 + m)$ wird ein Projektionsoperator genannt. Auf ähnliche Weise folgt

$$\sum_{\text{Spins 2}} (\tilde{u}_2 X u_2) = \sum_{\text{alle } u_2} (1/2m)(\tilde{u}_2(\not{p}_2 + m) X u_2),$$

wobei X wieder eine beliebige Matrix ist. Wenn wir die Normierung $\tilde{u}_2 u_2 = 2m$ berücksichtigen, sehen wir, daß die letzte Summe gerade die Spur der Matrix $(\not{p}_2 + m)X$ ist. Man beachte, daß die Reihenfolge von X und $\not{p}_2 + m$ unwesentlich ist.

Wenn man schließlich die Summe

$$1/2 \sum_{\text{Spins 1}} \sum_{\text{Spins 2}} |(\tilde{u}_2 M u_1)|^2$$

berechnen will, zieht man die obigen Resultate heran, spezialisiert sie und erhält offenbar

$$\begin{aligned} 1/2 \sum_{\text{Spins 1}} \sum_{\text{Spins 2}} |\tilde{u}_2 M u_1|^2 &= 1/2 \sum_{\text{Spins 1}} \sum_{\text{Spins 2}} (\tilde{u}_2 M u_1)(\tilde{u}_1 \tilde{M} u_2) \\ &= 1/2\, Sp[(\not{p}_2 + m) M (\not{p}_1 + m)\tilde{M}], \qquad (23.3) \end{aligned}$$

wobei die letzte Schreibweise die Spur der Matrix in den Klammern bedeutet. Diese Gleichung gilt unabhängig davon, ob $\not{p}_1$, $\not{p}_2$ Elektronen oder Positronen repräsentieren.

Die folgende Liste von Spuren verschiedener häufig auftretender Matrizen kann leicht verifiziert werden:

$$Sp[1] = 4 \quad Sp[\gamma_\mu] = 0 \quad Sp[xy] = Sp[yx]$$

$$Sp[x + y] = Sp[x] + Sp[y]$$

$$\begin{aligned} Sp[\gamma_\nu \gamma_\mu] &= 0 && \text{wenn} \quad \mu \neq \nu \\ &= +4 && \text{wenn} \quad \mu = \nu = 4 \\ &= -4 && \text{wenn} \quad \mu = \nu = 1, 2, 3 \end{aligned}$$

$$Sp[\not{a}\not{b}] = 1/2\, Sp[\not{a}\not{b} + \not{b}\not{a}] = Sp[a \cdot b] = 4 a \cdot b$$

$$Sp[\not{a}\not{b}\not{c}] = 0.$$

Ferner gilt, daß die Spur des Produktes einer beliebigen *ungeraden* Anzahl durchstrichener Operatoren Null ist.

$$\begin{aligned} Sp[(\not{p}_1 + m_1)(\not{p}_2 - m_2)] &= Sp[\not{p}_1 \not{p}_2] + Sp[m_1 \not{p}_2 - \not{p}_1 m_2 - m_1 m_2] \\ &= 4(p_1 \cdot p_2 - m_1 m_2) \qquad (23.4) \end{aligned}$$

$$Sp[(\not{p}_1+m_1)(\not{p}_2-m_2)(\not{p}_3+m_3)(\not{p}_4-m_4)]$$
$$=4(p_1\cdot p_2-m_1m_2)(p_3\cdot p_4-m_3m_4)-4(p_1\cdot p_3-m_1m_3)$$
$$\times(p_2\cdot p_4-m_2m_4)+4(p_1\cdot p_4-m_1m_4)(p_2\cdot p_3-m_2m_3)\,. \quad (23.5)$$

Wir behandeln z.B. die Coulomb-Streuung nach dieser Technik. Früher fanden wir, daß der Wirkungsquerschnitt für polarisierte Elektronen durch

$$\sigma=(Z^2e^4/Q^4)|(\tilde{u}_2\gamma_t u_1)|^2$$

gegeben ist. Deshalb ist nach Gl. (23.3) der Wirkungsquerschnitt für unpolarisierte Elektronen gleich

$$\sigma_{\text{unpol}}=1/2(Z^2e^4/Q^4)Sp[(\not{p}_2+m)\gamma_t(\not{p}_1+m)\gamma_t]\,,$$

weil $\tilde{\gamma}_t=\gamma_t$. Die Spur kann sofort nach Gl. (23.5) ausgewertet werden mit $m_2=m_4=0$ und $\not{p}_2=\not{p}_4=\gamma_t$. Eine andere Möglichkeit ist: Weil $\gamma_t\not{p}_1=2E_1-\not{p}_1\gamma_t$, gilt offenbar

$$(\not{p}_2+m)\gamma_t(\not{p}_1+m)\gamma_t=(\not{p}_2+m)\,(2E_1\gamma_t-\not{p}_1+m)\,.$$

Mit Hilfe einiger früher erwähnter Formeln erhalten wir für die Spur dieser Matrix

$$-4p_1\cdot p_2+8E_1E_2+4m^2\,.$$

Aber mit $p_1\cdot p_2=E_1E_2-\boldsymbol{p}_1\cdot\boldsymbol{p}_2$, $\boldsymbol{p}_1\cdot\boldsymbol{p}_2=p^2\cos\theta$ und $E_1=E_2$ finden wir hierfür

$$4E^2+4m^2+4p^2\cos\theta\,.$$

Ferner ist $m^2=E^2-\boldsymbol{p}^2$, so daß schließlich der Wirkungsquerschnitt durch

$$\sigma_{\text{unpol}}=1/2(Z^2e^4/Q^4)\,[8E^2+4p^2(\cos\theta-1)]$$
$$=(4Z^2e^4/Q^4)E^2[1-v^2\sin^2(\theta/2)]$$

gegeben ist, wobei $v^2=\boldsymbol{p}^2/E^2$. Dieser Wirkungsquerschnitt stimmt mit dem früher auf andere Weise berechneten überein.

Auswirkung der Abschirmung des Coulomb-Feldes in Atomen

Die Wirkungsquerschnitte für die Paarerzeugung und Bremsstrahlung enthielten den Faktor $[V(Q)]^2$, wobei $V(Q)$ die Impulsdarstellung des Potentials ist, d.h.

$$V(\boldsymbol{Q})=\int V(R)\exp(-i\boldsymbol{Q}\cdot\boldsymbol{R})d^3\boldsymbol{R}\,.$$

Im Fall eines Coulomb-Potentials erhalten wir hierfür

$$V(Q)=4\pi Z e^2/Q^2,$$

wobei $\boldsymbol{Q}=\boldsymbol{p}_1-\boldsymbol{p}_2-\boldsymbol{q}$ der Impuls ist, der auf den Kern übertragen wird.

Hier wird $V(\boldsymbol{Q})$ groß, wenn $\boldsymbol{Q}$ klein wird. Das Minimum von $\boldsymbol{Q}$ wird erreicht, wenn alle drei Impulse kollinear sind (Fig. 23.1):

$$|\boldsymbol{Q}_{\min}|=|\boldsymbol{p}_1-\boldsymbol{p}_2-\boldsymbol{q}|=|\boldsymbol{p}_1|-|\boldsymbol{p}_2|-(E_1-E_2).$$

Für sehr hohe Energien $E \gg m$ ist

$$E-p\approx m^2/2E,$$

so daß in diesem Fall

$$Q_{\min}=(m^2/2)\,[(1/E_2)-(1/E_1)]\approx m^2 q/2E_1 E_2\,.$$

Hieraus sieht man, daß $Q_{\min}\to 0$ für $E_1\to\infty$. Das erklärt, warum die Wirkungsquerschnitte für Paarerzeugung und Bremsstrahlung mit der Energie ansteigen.

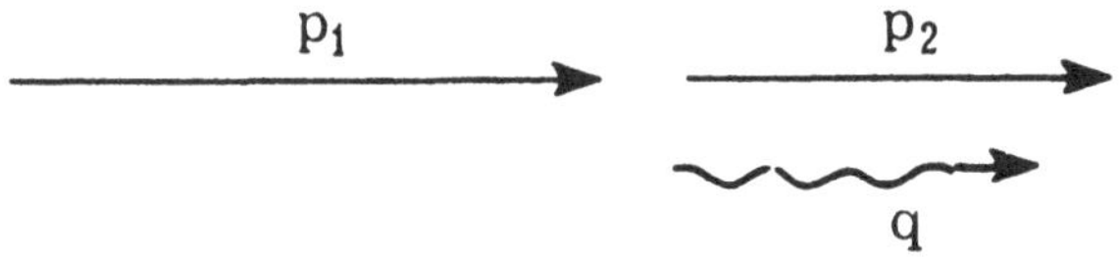

FIG. 23-1

Aus der Integraldarstellung für $V(Q)$ sieht man, daß der Hauptbeitrag zum Integral von solchen R stammt, für die $R\sim 1/Q$. Wenn Q klein wird, dann wird also der Bereich großer R wesentlich. An dieser Stelle kommt die Abschirmung des Coulomb-Feldes ins Spiel. Der Wert von $1/Q_{\min}$ für einen betrachteten Prozeß kann leicht mit der vorhergehenden Formel abgeschätzt werden. Der Radius des Atoms ist ungefähr $a_0 Z^{-1/3}$, wo a_0 der BOHRsche Radius ist. Wenn also

$$R_{\text{eff}}=1/Q_{\min}>a_0 Z^{-1/3}$$

oder, was dasselbe ist,

$$E_1 E_2/q>(1/2)\,(137)\,m Z^{-1/3}$$

gilt, dann wird die Abschirmung wesentlich und umgekehrt für entgegengesetzte Ungleichungen. Wenn die Abschirmung sich nach dieser Abschätzung als wesentlich erweisen sollte, dann sollten wir das abgeschirmte Coulomb-Potential benutzen mit

$$V(Q)=(4\pi e^2/Q^2)\,[Z-F(Q)]\,,$$

wobei $F(Q)$ der atomare Strukturfaktor ist, der durch

$$F(Q)=\int n(R)\exp(-i\boldsymbol{Q}\cdot\boldsymbol{R})d^3R$$

gegeben ist, und $n(R)$ die Elektronendichte als Funktion von R ist.

Vierundzwanzigste Vorlesung

Aufgabe: Bei der Diskussion der Bremsstrahlung fanden wir, daß der Wirkungsquerschnitt für die Emission eines niederenergetischen Photons durch

$$\sigma=\sigma_0 e^2 4\pi d\Omega(d\omega/\pi\omega)\,[p_2\cdot e/p_2\cdot(q/\omega)-p_1\cdot e/p_1\cdot(q/\omega)]^2 \qquad (24.1)$$

approximiert werden kann, wobei σ_0 der Streuquerschnitt ist (Emission ist vernachlässigt). Betrachte jetzt eine energiereiche Compton-Streuung, bei der ein drittes, weiches Photon emittiert wird. Die drei Diagramme hierfür sind in Fig. 24.1 angegeben. Zeige, daß der Wirkungsquerschnitt für diesen Effekt durch Gl. (24.1) gegeben ist, wobei σ_0 durch die Klein-Nishina-Formel zu ersetzen ist. (q werde wie früher als klein angenommen.)

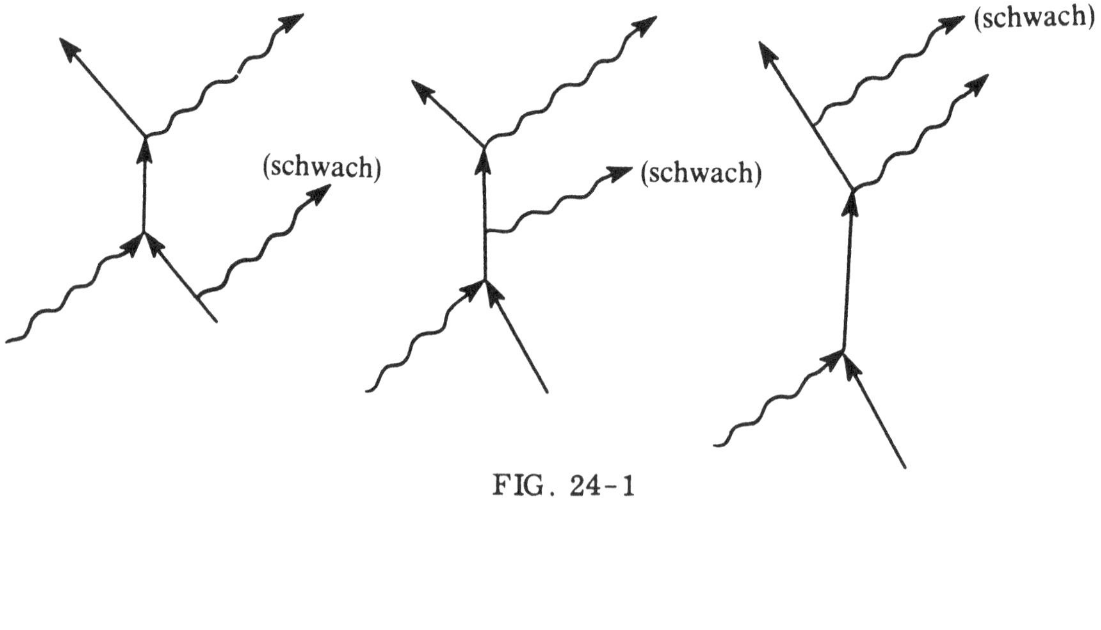

FIG. 24-1

WECHSELWIRKUNG VON MEHREREN ELEKTRONEN

Obwohl die Dirac-Gleichung die Bewegung von nur einem Teilchen beschreibt, können wir aus den Prinzipien der Quantenelektrodynamik die Amplitude für die Wechselwirkung von zwei oder mehreren Teilchen bestimmen (solange keine Kernkräfte mitspielen).

Wir betrachten zuerst zwei Elektronen, die durch ein Gebiet laufen, in dem ein Potential vorhanden ist, und nehmen an, daß sie miteinander nicht wechselwirken (siehe Fig. 24.2). Die Amplitude dafür, daß das Elektron a von $1 \rightarrow 3$ läuft, während das Elektron b von $2 \rightarrow 4$ läuft, wird mit dem Symbol $K(3,4;1,2)$ bezeichnet. Wenn wir annehmen, daß die Elektronen nicht wechselwirken, dann können wir K als das Produkt der Kerne $K_+^{(a)}(3,1)\, K_+^{(b)}(4,2)$ schreiben, wo die Indizes (a) und (b) bedeuten, daß $K_+^{(a)}$ nur auf die Variablen für das Teilchen (a) wirkt und $K_+^{(b)}$ entsprechend.

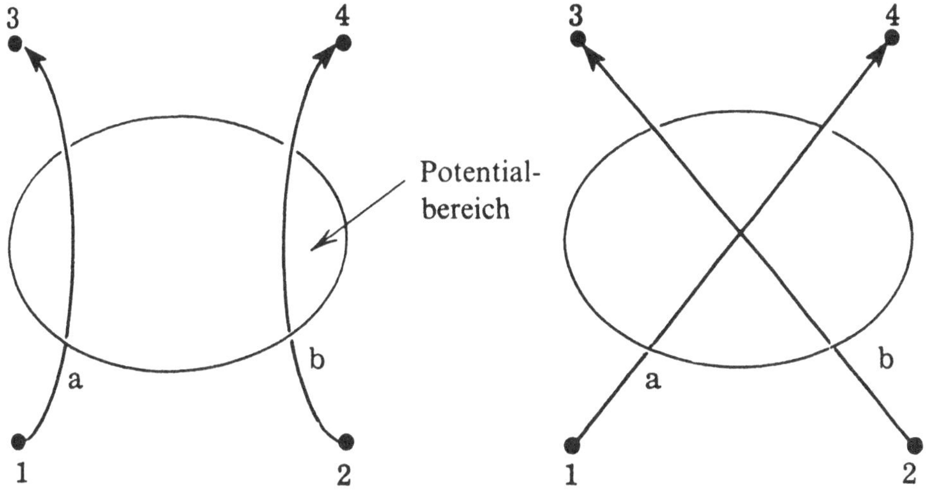

FIG. 24-2 FIG. 24-3

Ein zweiter Typ der Wechselwirkung liefert ein Ergebnis, das wegen des Pauli-Prinzips vom ersten durch keine Messung unterschieden werden kann. Dieser Typ unterscheidet sich vom ersten darin, daß die Teilchen zwischen den Positionen (3) und (4) vertauscht werden (siehe Fig. 24.3). Jetzt sagt das Pauli-Prinzip, daß die Wellenfunktion eines Systems von mehreren Elektronen so beschaffen sein muß, daß die Vertauschung der räumlichen Variablen von zwei Teilchen einen Vorzeichenwechsel für die Wellenfunktion bewirkt. Folglich ist die Amplitude (die beide Möglichkeiten einschließt) $K = K_+^{(a)}(3,1)\,K_+^{(b)}(4,2) - K_+^{(a)}(4,1)\,K_+^{(b)}(3,2)$.

Eine ähnliche Situation entsteht im folgenden Fall. Am Anfang läuft ein Elektron in ein Gebiet, in dem ein Potential vorhanden ist. Das Potential erzeugt ein Paar. Am Ende laufen ein Positron und zwei Elektronen aus dem Gebiet aus. Es gibt zwei Möglichkeiten für diesen Ablauf, wie in Fig. 24.4 gezeigt. Wieder ist die Gesamtamplitude für dieses Ereignis die Differenz der Amplituden für die beiden Möglichkeiten.

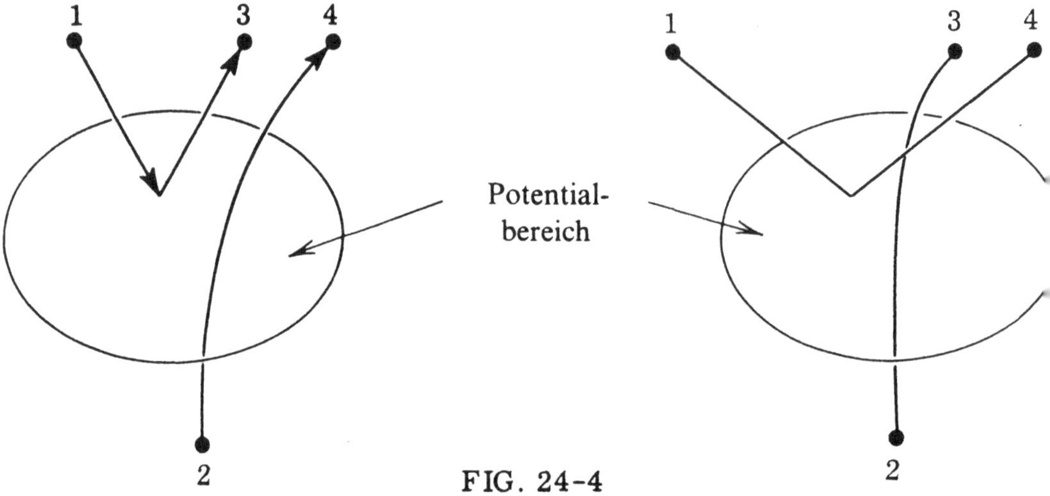

FIG. 24-4

Die Wahrscheinlichkeit für dieses Ereignis oder das vorige oder irgendein anderes ähnliches Ereignis ist durch das Quadrat des Betrages der Amplitude gegeben, multipliziert mit der Zahl P_V. Diese Zahl P_V ist eigentlich die Wahrscheinlichkeit dafür, daß das Vakuum ein Vakuum bleibt; wegen der Möglichkeit der Paarerzeugung ist sie nicht gleich 1. Die Zahl P_V kann folgendermaßen berechnet werden: man macht eine Tabelle der Wahrscheinlichkeiten für den Fall, daß man mit nichts anfängt und verschiedene Zahlen von Paaren erhält, wie in Tabelle 24.1 gezeigt.

Tabelle 24.1

Zahl der Paare am Ende	Wahrscheinlichkeit
0	$P_V\, 1^2$
1	$P_V \lvert K_+(2,1)\rvert^2$
2	$P_V \lvert K_+(3,1)\,K_+(4,2) - K_+(4,1)\,K_+(3,2)\rvert^2$
3	usw.
usw.	

Die Summe aller dieser Wahrscheinlichkeiten muß gleich Eins sein, und P_V ist durch diese Gleichung bestimmt. Die Größe von P_V hängt vom vorhandenen Potential ab. Die „Wahrscheinlichkeiten", die wir erhalten, wenn wir den Faktor P_V weglassen (und nur die Quadrate der Amplituden nehmen) sind also eigentlich relative Wahrscheinlichkeiten für verschiedene Ereignisse in einem gegebenen Potential.

Verwendung von $\delta_+(s^2)$

Für den Augenblick vernachlässigen wir die Existenz von mehr als einer Möglichkeit für ein Ereignis (das Pauli-Prinzip). Die gesamte Amplitude können wir immer aus einer herleiten, indem wir die jeweiligen Raumvariablen vertauschen und die Vorzeichen entsprechend ändern und über alle so erhaltenen Amplituden summieren.

Die nichtrelativistische Born-Approximation an die Amplitude für eine Wechselwirkung ist

$$K(3,4;1,2)=K^{(0)}+K^{(1)},$$

wobei, wie wir aus früheren Vorlesungen wissen,

$$K^{(0)}=K_0^{(a)}(3,1)\,K_0^{(b)}(4,2)$$

und

$$K^{(1)}=-i\int K^{(0)}(3,4;5,6)\,V(5,6)\,K^{(0)}(5,6;1,2)\,d^3\boldsymbol{x}_5\,d^3\boldsymbol{x}_6\,dt_5$$

ist. Man beachte, daß $t_5=t_6$, weil eine nichtrelativistische Wechselwirkung auf beide Teilchen gleichzeitig wirkt. Das Potential für die Wechselwirkung ist das Coulomb-Potential

$$V(5,6)=e^2/r_{5,6}\,.$$

Für t_5 und t_6 können getrennte Variablen benutzt werden, wenn die Funktion $\delta(t_5-t_6)$ als Faktor aufgenommen wird. Dann ist

$$K^{(1)}=-i\iint K_0(3,5)\,K_0(4,6)\,(e^2/r_{5,6})\,\delta(t_5-t_6)\,K_0(5,1)\,K_0(6,2)\,d\tau_5\,d\tau_6,$$

wobei das Differential $d\tau$ Raum- und Zeitvariablen einschließt. Es wäre denkbar, daß man den relativistischen Kern erhält, indem man K_+ für K_0 substituiert und die Vorstellung eines retardierten Potentials einführt, indem man $\delta(t_5-t_6)$ durch $\delta(t_5-t_6-r_{5,6})$ ersetzt. Aber diese δ-Funktion ist nicht ganz richtig. Ihre Fourier-Transformierte enthält positive und negative Frequenzen, wohingegen ein Photon nur positive Energie hat. Es gilt

$$\delta(X) = \int_{-\infty}^{\infty} \exp(-i\omega X)\,d\omega/2\pi\,.$$

Um das zu korrigieren, definieren wir die Funktion

$$\delta_+(X) = \int_0^{\infty} \exp(-i\omega X)\,d\omega/\pi\,,$$

die nur positive Energie enthält. Der Wert der Funktion ist durch das Integral bestimmt. Also ist

$$\delta_+(X) = \lim_{\epsilon \to 0}(1/\pi i)\,(X - i\varepsilon)^{-1} = \delta(X) + (1/\pi i)\,(\text{Hauptwert von } 1/X)\,.$$

Wenn wir $t_5 - t_6 \equiv t$ und $r_{5,6} = r$ abkürzen und die Tatsache berücksichtigen, daß sowohl $t_5 \leq t_6$ wie auch $t_5 \geq t_6$ möglich ist, erhalten wir für das retardierte Potential

$$V(5,6) = (e^2/2r)\,[\delta_+(t-r) + \delta_+(-t-r)]\,.$$

Übungen: (1) Zeige, daß

$$(1/2r)\,[\delta_+(t-r) + \delta_+(-t-r)] = \delta_+(t^2 - r^2)$$

gilt. Mit der Definition $t^2 - r^2 = s_{5,6}{}^2$ ($s_{5,6}$ ist eine relativistische Invariante) hat das Potential die Form $e^2\delta_+(s_{5,6}{}^2)$. Ein anderer Term, der berücksichtigt werden muß, ist die magnetische Wechselwirkung, die zu $-V_a \cdot V_b$ proportional ist. In der Notation, die wir

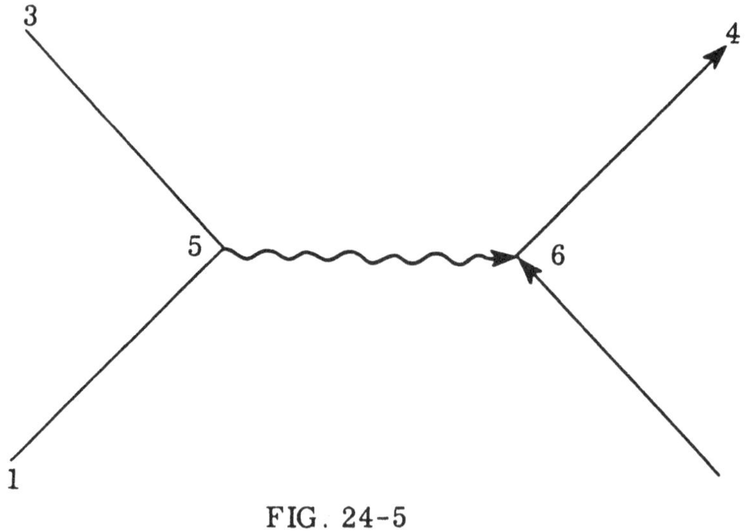

FIG. 24-5

für die Dirac-Gleichung benutzt hatten, ist dieses Produkt $-\boldsymbol{\alpha}_a \cdot \boldsymbol{\alpha}_b$. Es wird sich als zweckmäßig erweisen, dies durch die äquivalente Form $-(\beta\boldsymbol{\alpha})_a \cdot (\beta\boldsymbol{\alpha})_b$ auszudrücken, und in dieser Notation ist das retardierte Coulomb-Potential proportional zu $\beta_a \cdot \beta_b$. Diese β's ergeben sich durch die Benützung des relativistischen Kerns. Damit wird das vollständige Potential für die Wechselwirkung

$$e^2 \delta_+(s_{5,6}{}^2)[\beta_a \cdot \beta_b - (\beta \boldsymbol{a})_a \cdot (\beta \boldsymbol{a})_b] = e^2 \delta(s_{5,6}{}^2) \gamma_\mu^{(a)} \gamma_\mu^{(b)},$$

und der Kern in erster Ordnung ist

$$\begin{aligned} K^{(1)}(3,4;1,2) &= -ie^2 \iint K_+^{(a)}(3,5) K_+^{(b)}(4,6) \gamma_\mu^{(a)} \gamma_\mu^{(b)} \\ &\quad \times \delta_+(s_{5,6}{}^2) K_+^{(a)}(5,1) K_+^{(b)}(6,2) d\tau_5 d\tau_6 \qquad (24.2) \\ &= -ie^2 \iint [K_+(3,5)\gamma_\mu K_+(5,1)]_a \delta_+(s_{5,6}{}^2) \\ &\quad \times [K_+(4,6)\gamma_\mu K_+(6,2)]_b d\tau_5 d\tau_6 \,. \end{aligned}$$

Hier bezeichnet der Index an den γ_μ, auf welchen Satz von Variablen die Matrix operiert, genau wie die Indizes an K_+.

Das Ereignis, das durch diesen Kern repräsentiert wird, kann durch das Diagramm aus Fig. 24.5 dargestellt werden. Dieses Diagramm stellt den Austausch eines virtuellen Photons zwischen den Elektronen dar. Das virtuelle Photon kann in jeder der vier Richtungen t, x, y, z polarisiert sein. Die Summation über diese vier Möglichkeiten wird durch die Wiederholung des Index in $\gamma_\mu \gamma_\mu$ angedeutet. Aus der Integraldarstellung (24.2) für den Kern folgt, daß die Amplitude dafür, daß ein Photon von $5 \to 6$ läuft (oder von $6 \to 5$, je nach der Zeitrichtung), durch $\delta_+(s_{5,6}{}^2)$ gegeben ist. Die Gl. (24.2) kann als eine weitere Aussage der fundamentalen Gesetze der Quantenelektrodynamik angesehen werden.

(2) Zeige, daß

$$\delta_+(s^2) = -4\pi \int [\exp(-ik \cdot x)] d^4k/(k^2 + i\varepsilon)(2\pi)^4$$

gilt. Folglich ist im Impulsraum

$$\delta_+(s^2) \to -4\pi/k^2 \,.$$

Fünfundzwanzigste Vorlesung

Herleitung der „Regeln" der Quantenelektrodynamik

Die Resultate der letzten Vorlesung zeigen, daß die Gesetze der Elektrodynamik folgendermaßen formuliert werden können: (1) Die Amplitude für die Emission (oder Absorption) eines Photons ist $e\gamma_\mu$ und (2) die Amplitude dafür, daß ein Photon von 1 nach 2 läuft, ist $\delta_+(s_{1,2}{}^2)$ mit

$$\begin{aligned}\delta_+(s_{1,2}{}^2) &= -4\pi\int \frac{\exp[-ik\cdot(x_2-x_1)]}{k^2+i\varepsilon}\,\frac{d^4k}{(2\pi)^4} \\ &= -4\pi/(k^2+i\varepsilon)\end{aligned} \tag{25.1}$$

in der Impulsdarstellung. Interessant ist, daß $\delta_+(s_{1,2}{}^2)$ mit der Größe $I_+(s_{1,2}{}^2)$ übereinstimmt, die bei der Herleitung des Ausbreitungskernes eines freien Teilchens auftritt, wenn die Masse m des Teilchens gleich Null gesetzt ist. Der Zusammenhang mit den MAXWELLschen Gleichungen tritt deutlicher hervor, wenn wir die Wellengleichung $\Box A_\mu = -4\pi J_\mu$ in der Impulsdarstellung schreiben,

$$-k^2 a_\mu = 4\pi j_\mu \quad \text{oder} \quad a_\mu = -(4\pi/k^2) j_\mu\,. \tag{25.2}$$

Wir betrachten jetzt den Zusammenhang mit den in der zweiten Vorlesung angegebenen „Regeln" der Quantenelektrodynamik. Wir berechnen jetzt nach diesen Regeln die Amplitude dafür, daß a ein Photon

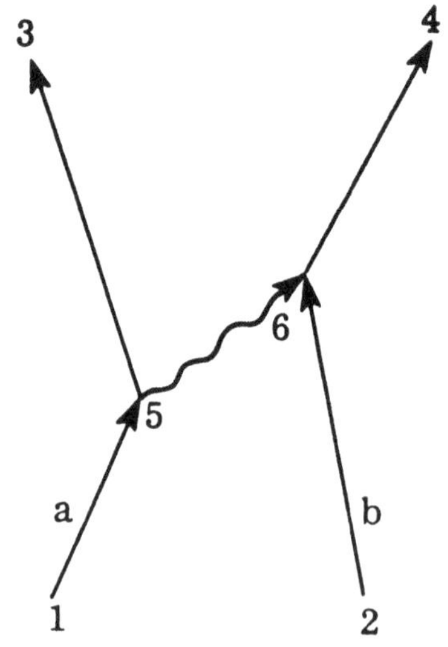

FIG. 25-1

emittiert, das von b absorbiert wird (siehe Fig. 25.1). Die Amplitude dafür, daß das Elektron a von 1 nach 5 läuft, ein Photon mit der Polarisation $\not{e}$ und der Richtung $\boldsymbol{K}$ emittiert und dann von 5 nach 3 läuft, ist durch

$$[K_+(3,5)\not{e}\sqrt{(4\pi e^2/2K)}\exp(-i\boldsymbol{K}\cdot\boldsymbol{r}_5)\exp(iKt_5)K_+(5,1)]_a$$

gegeben, während die Amplitude dafür, daß b von 2 nach 6 läuft, in 6 ein Photon mit der Polarisation $\not{e}$ und der Richtung $\boldsymbol{K}$ absorbiert und dann von 6 nach 4 läuft, durch

$$[K_+(4,6)\not{e}\sqrt{(4\pi e^2/2K)}\exp(i\boldsymbol{K}\cdot\boldsymbol{r}_6)\exp(-iKt_6)K_+(6,2)]_b$$

gegeben ist. Die Amplitude dafür, daß diese beiden Prozesse auftreten. d.h. daß b das Photon von a absorbiert, wenn $t_6 > t_5$, ist gerade das Produkt der einzelnen Amplituden. Wenn a das Photon von b absorbiert, kehren sich die Vorzeichen in allen Exponenten in den obigen Amplituden um, und t_6 muß kleiner als t_5 sein.

Um die Amplitude für den Austausch eines beliebigen Photons zwischen a und b zu erhalten, müssen wir über die Richtung des Photons integrieren, über dessen mögliche Polarisationen summieren und über t_5 und t_6 zwischen den oben erwähnten Grenzen integrieren. Bei der Summation über die Polarisationen wird $\not{e}$ durch γ_μ ersetzt und über μ summiert. Damit wird über vier Polarisationsrichtungen summiert, was wir später noch erklären werden. Wir erhalten also

$$\left\{\begin{matrix}\text{Amp. für}\\ \text{Photon}\\ a\to b\end{matrix}\right\} = 4\pi e^2\sum_\mu\int\exp[-i\boldsymbol{K}\cdot(\boldsymbol{r}_5-\boldsymbol{r}_6)]\exp[iK(t_5-t_6)]$$
$$\times[K_+(3,5)\gamma_\mu K_+(5,1)]_a[K_+(4,6)\gamma_\mu K_+(6,2)]_b$$
$$\times(1/2K)[d^3\boldsymbol{K}/(2\pi)^3]dt_5dt_6 \qquad t_6>t_5$$
$$= 4\pi e^2\sum_\mu\int\exp[i\boldsymbol{K}\cdot(\boldsymbol{r}_5-\boldsymbol{r}_6)]\exp[-iK(t_5-t_6)]$$
$$\times[K_+(3,5)\gamma_\mu K_+(5,1)]_a[K_+(4,6)\gamma_\mu K_+(6,2)]_b$$
$$\times(1/2K)[d^3\boldsymbol{K}/(2\pi)^3]dt_5dt_6 \qquad t_6<t_5. \tag{25.3}$$

Durch Vergleich mit dem Ergebnis der letzten Vorlesung finden wir

$$\delta_+(s_{5,6}{}^2) = 4\pi\int\exp[-i\boldsymbol{K}\cdot(\boldsymbol{r}_5-\boldsymbol{r}_6)]\exp[iK(t_5-t_6)(1/2K)$$
$$\times[d^3\boldsymbol{K}/(2\pi)^3] \qquad t_6>t_5$$
$$= 4\pi\int\exp[i\boldsymbol{K}\cdot(\boldsymbol{r}_5-\boldsymbol{r}_6)]\exp[-iK(t_5-t_6)](1/2K)$$
$$\times[d^3\boldsymbol{K}/(2\pi)^3] \qquad t_6<t_5.$$

Das kann mit Hilfe der Fourier-Transformation

$$\exp(-iK|t|) = \int_{-\infty}^{\infty} [2iK/(\omega^2 - K^2 + i\varepsilon)] \exp(-i\omega t) d\omega/2\pi$$

in der folgenden Form geschrieben werden, in der die Raum-Zeit-Symmetrie deutlich wird:

$$\delta_+(s_{5,6}{}^2) = -4\pi \int \frac{\exp[-ik\cdot(x_5 - x_6)]}{k_4^2 - \boldsymbol{K}\cdot\boldsymbol{K} + i\varepsilon} \frac{d^4k}{(2\pi)^4}. \tag{25.4}$$

Wenn wir dies mit dem Ergebnis der letzten Aufgabe in Vorlesung 24 vergleichen, erkennen wir, daß die in Vorlesung 2 angegebenen Regeln mit der in der letzten Vorlesung entwickelten relativistischen Elektrodynamik konsistent sind.

Elektron-Elektron-Streuung

Wir benutzen jetzt die Theorie zur Berechnung des Wirkungsquerschnittes für Elektron-Elektron-Streuung. Die Diagramme für die beiden ununterscheidbaren Prozesse sind in Fig. 25.2 gezeigt.

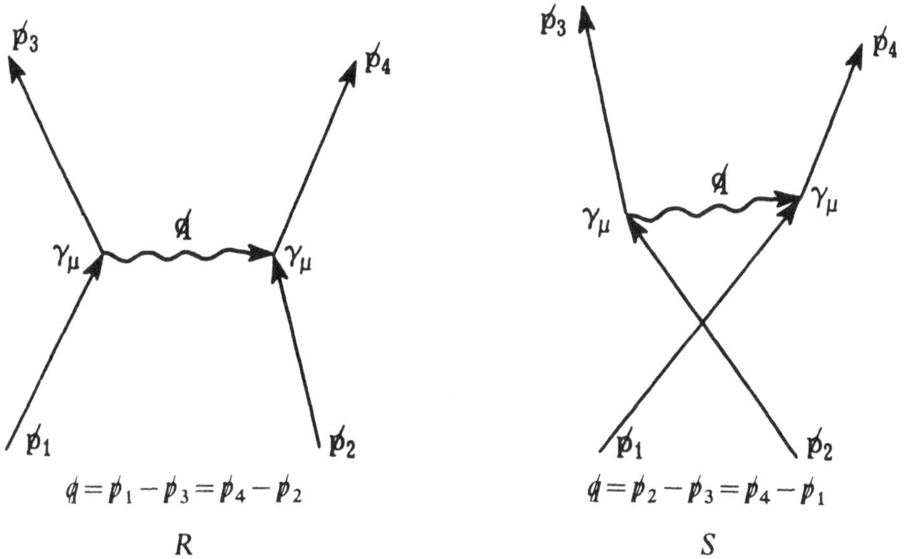

FIG. 25-2

Die Amplitude, ausgedrückt in der Impulsdarstellung, erhalten wir auf folgende Weise: Wir schreiben Gl. (24.2) mit Hilfe von Gl. (25.4) in der Form

$$-ie^2 \sum_\mu \int [K_+(3,5)\gamma_\mu K_+(5,1)]_a \frac{-4\pi}{q^2} [K_+(4,6)\gamma_\mu K_+(6,2)]_b \frac{d^4 q}{(2\pi)^4}$$

$$\times d\tau_5 d\tau_6 .$$

Weil der Elektronzustand 1 eine ebene Welle mit dem Impuls $\not{p}_1$ ist und der Elektronzustand 3 eine ebene Welle mit dem Impuls $\not{p}_3$, wird in der Impulsdarstellung der Spinorteil der ersten Klammer gleich $(\tilde{u}_3\gamma_\mu u_1)$ und der Spinorteil der zweiten Klammer $(\tilde{u}_4\gamma_\mu u_2)$. Die Integration über t_5 und t_6 liefert die Erhaltungssätze, die am Fuß der Diagramme angegeben sind. Wenn wir die Integration über q fortlassen, erhalten wir die Photon-Ausbreitung direkt in der Impulsdarstellung. Wir schreiben also für das Matrixelement

$$M = +i4\pi e^2 \left[\frac{(\tilde{u}_4\gamma_\mu u_2)(\tilde{u}_3\gamma_\mu u_1)}{(\not{p}_1-\not{p}_3)^2} - \frac{(\tilde{u}_4\gamma_\mu u_1)(\tilde{u}_3\gamma_\mu u_2)}{(\not{p}_4-\not{p}_1)^2}\right].$$

Der erste Term stammt vom Diagramm R, der zweite vom Diagramm S; die Summation über μ ist berücksichtigt. Im Schwerpunktsystem ist die Übergangswahrscheinlichkeit pro Sekunde

$$\text{Überg.Wahrsch./sec} = \sigma v_1 = \frac{2\pi}{(2E)^4}|M|^2 \frac{E^2 p^3 d\Omega}{(2\pi)^3 2Ep^2}$$

(siehe Dichte der Endzustände, Vorlesung 19). Zur Mittelung über die Anfangsspinzustände und Summation über die Endspinzustände kann die Methode aus Vorlesung 23 benutzt werden. Wir erhalten z. B. für die Summen über Spinzustände, die sich aus den Matrizen $\tilde{R}R$ und $\tilde{R}S+R\tilde{S}$ ergeben,

$$\tilde{R}R \to \frac{Sp[(\not{p}_4+m)\gamma_\mu(\not{p}_2+m)\gamma_\nu]\, Sp[(\not{p}_3+m)\gamma_\mu(\not{p}_1+m)\gamma_\nu]}{[(\not{p}_1-\not{p}_3)^2]^2}$$

$$\tilde{R}S+R\tilde{S} \to -\frac{Sp[(\not{p}_4+m)\gamma_\nu(\not{p}_1+m)\gamma_\mu(\not{p}_3+m)\gamma_\nu(\not{p}_2+m)\gamma_\mu]}{(\not{p}_1-\not{p}_3)^2(\not{p}_4-\not{p}_1)^2}.$$

Nach entsprechender Anwendung der Spurrelationen aus Vorlesung 23 finden wir den folgenden differentiellen Wirkungsquerschnitt (eine andere Möglichkeit ist, M direkt mit Hilfe der Tabelle 13.1 zu berechnen):

$$d\sigma = \frac{e^4 d\Omega}{16E^2}\left[\frac{4x^2+8x\cos\theta+6+2\cos^2\theta-4\cos\theta}{(1-\cos\theta)^2}\right.$$

$$\left.+\frac{4x^2-8x\cos\theta+6+2\cos^2\theta+4\cos\theta}{(1+\cos\theta)^2} - \frac{4(1+x)(x-3)}{(1-\cos\theta)(1+\cos\theta)}\right],$$

wobei $x = E^2/p^2$ ist. Dies wird Möller-Streuung genannt (siehe Fig. 25.3).

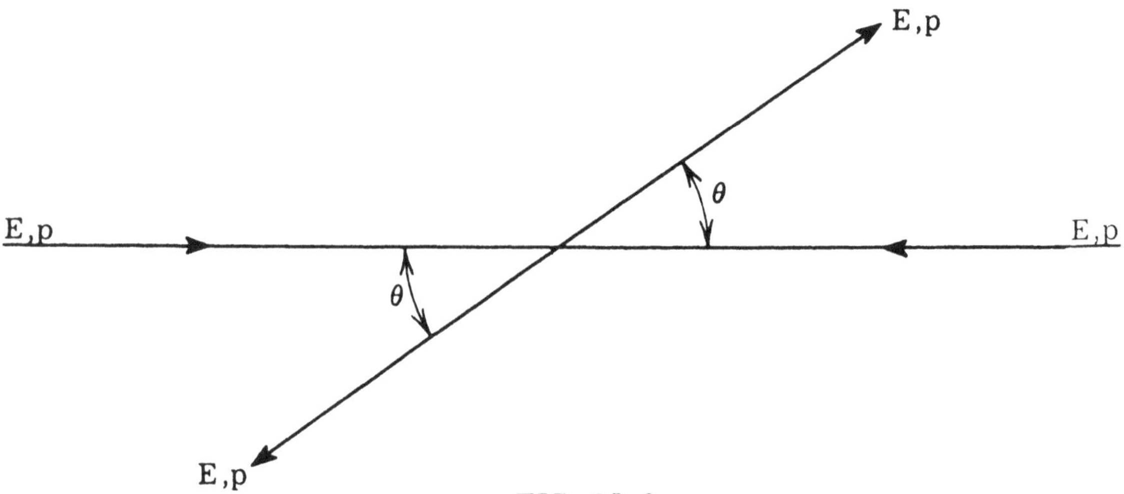

FIG. 25-3

Aufgaben: (1) Berechne nach obiger Methode die Positron-Elektron-Streuung.

(2) Berechne den Wirkungsquerschnitt für den Stoß eines μ-Mesons mit einem Elektron. Nimm an, daß das μ-Meson die Dirac-Gleichung mit $S=1/2$ und ohne anomales Moment erfüllt. Wir erinnern daran, daß die Teilchen unterscheidbar sind und daß deshalb keine Austauschterme auftreten.

(3) Berechne den zu erwartenden Elektron-Proton-Streuquerschnitt unter der Annahme, daß das Proton keine Struktur hat, aber ein anomales Moment. Die Dirac-Gleichung für ein Proton ist (siehe S. 65)

$$(i\nabla\!\!\!/ - M - eA\!\!\!/ - (\mu/4M)\gamma_\mu\gamma_\nu F_{\mu\nu})\psi = 0.$$[1]

Folglich kann das Störpotential zu (siehe Seite 65)

$$eA\!\!\!/ + (e\mu/4M)\gamma_\mu\gamma_\nu(\nabla_\mu A_\nu - \nabla_\nu A_\mu)$$

angenommen werden, und die Kopplung an ein Photon ist

$$e e\!\!\!/ + (e\mu/4M)(q\!\!\!/ e\!\!\!/ - e\!\!\!/ q\!\!\!/) \quad \text{oder} \quad e\gamma_\mu + (e\mu/4M)(q\!\!\!/\gamma_\mu - \gamma_\mu q\!\!\!/).$$

Die Summe über vier Polarisationen

In der klassischen Elektrodynamik können longitudinale Wellen immer zu Gunsten von transversalen Wellen und einer instantanen Coulomb-Wechselwirkung eliminiert werden. So ist FERMI vorgegangen,

[1] Für das Proton ist $\mu = 1{,}7896$.

und wir wollen jetzt zeigen, daß die Summe über vier Polarisationen auch äquivalent ist zu transversalen Wellen plus einer instantanen Coulomb-Wechselwirkung. Wenn wir anstatt der räumlichen Richtungen x, y, z eine Richtung parallel zu $\boldsymbol{Q}$ (Photonimpuls) und zwei Richtungen senkrecht zu $\boldsymbol{Q}$ wählen, können wir das Matrixelement in der Form

$$M/i4\pi e^2 = (\tilde{u}_4\gamma_t u_2)(1/q^2)(\tilde{u}_3\gamma_t u_1) - (\tilde{u}_4\gamma_Q u_2)(1/q^2)(\tilde{u}_3\gamma_Q u_1) - \sum_{\text{2 transv. Richt.}} (\tilde{u}_4\gamma_{tr} u_2)(1/q^2)(\tilde{u}_3\gamma_{tr} u_1)$$

schreiben, wobei γ_Q die γ-Matrix für die Q-Richtung ist und γ_{tr} die γ-Matrizen in den beiden transversalen Richtungen repräsentiert. Das Matrixelement von $\not{q} = q_4\gamma_t - Q\gamma_Q$ ist im allgemeinen Null (wegen der Eichinvarianz).[1] Folglich kann γ_Q durch $(q_4/Q)\gamma_t$ ersetzt werden mit dem Ergebnis

$$\frac{M}{i4\pi e^2} = (\tilde{u}_4\gamma_t u_2)\,\frac{1}{q^2}\left(1 - \frac{q_4^2}{Q^2}\right)(\tilde{u}_3\gamma_t u_1) - \sum_{1,2} (\tilde{u}_4\gamma_{tr} u_2)\frac{1}{q^2}(\tilde{u}_3\gamma_{tr} u_1)$$

$$= -(\tilde{u}_4\gamma_t u_2)\frac{1}{Q^2}(\tilde{u}_3\gamma_t u_1) - \sum_{1,2} (\tilde{u}_4\gamma_{tr} u_2)\frac{1}{q^2}(\tilde{u}_3\gamma_{tr} u_1).$$

Jetzt stellt $1/Q^2$ ein Coulomb-Feld im Impulsraum dar, und γ_t ist die vierte Komponente der Stromdichte oder die Ladung, so daß der erste Term eine Coulomb-Wechselwirkung repräsentiert, während der zweite Term die Wechselwirkung durch transversale Wellen enthält.

[1] In unserem Spezialfall sieht man leicht direkt, daß z. B.

$$(\tilde{u}_4\not{q}u_2) = (\tilde{u}_4(\not{p}_2 - \not{p}_4)u_2) = (\tilde{u}_4\not{p}_2 u_2) - (\tilde{u}_4\not{p}_4 u_2) = m(\tilde{u}_4 u_2) - m(\tilde{u}_4 u_2) = 0$$

gilt.

DISKUSSION UND INTERPRETATION VON VERSCHIEDENEN „KORREKTUR"-TERMEN

Sechsundzwanzigste Vorlesung

In vielen Prozessen verhalten sich die Elektronen in der Theorie der Quantenelektrodynamik genauso wie von einfacheren Theorien vorhergesagt, mit Ausnahme kleiner „Korrektur"-Terme. Der Zweck dieser Vorlesung ist, einige dieser Fälle aufzuzeigen und zu diskutieren.

Elektron-Elektron-Wechselwirkung

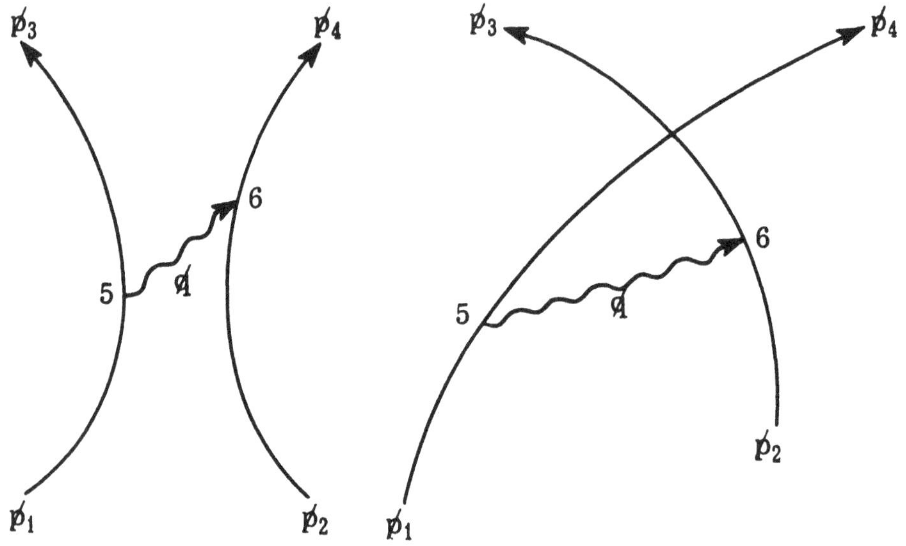

FIG. 26-1

Die einfachsten Diagramme für die Wechselwirkung sind in Fig. 26.1 gezeigt. Wir fanden, daß die Amplitude für diesen Prozeß in der Impulsdarstellung proportional zu

$$(\tilde{u}_3 \gamma_\mu u_1)(\tilde{u}_4 \gamma_\mu u_2)/q^2$$

ist wobei $q \equiv (\boldsymbol{Q}, q_4)$ und $\boldsymbol{Q}$ der zwischen den beiden Elektronen ausgetauschte Impuls ist. Weil $\not q = \not p_1 - \not p_3$ ist, folgt

$$(\tilde{u}_3 \not q u_1) = (\tilde{u}_3(\not p_1 - \not p_3) u_1) = 0.$$

Mit Hilfe dieser Identität fanden wir in der letzten Vorlesung, daß die Amplitude für den Prozeß, wie wir sie gerade angegeben haben, äquivalent ist zu

$$[-(\tilde{u}_3\gamma_t u_1)(\tilde{u}_4\gamma_t u_2)/Q^2] - \sum_{1,2} (\tilde{u}_3\gamma_{tr} u_1)(\tilde{u}_4\gamma_{tr} u_2)/q^2 .$$

Indem wir den ersten Term nach Fourier transformieren, sehen wir, daß er die Impulsdarstellung eines reinen, instantanen Coulomb-Potentials ist. Der zweite Term stellt dann eine Korrektur zur einfachen Coulomb-Wechselwirkung dar. In ihm bezeichnet γ_{tr} die γ's für zwei zu $\boldsymbol{Q}$ senkrechte Richtungen.

Für langsame Elektronen kann die Korrektur zum Coulomb-Potential vereinfacht und auf einfache Weise interpretiert werden. Man beachte, daß in diesem Fall

$$\boldsymbol{Q} = \boldsymbol{p}_1 - \boldsymbol{p}_3$$

und

$$q_4 = E_1 - E_2 \approx [m + (\boldsymbol{p}_1^2/2m)] - [m + (\boldsymbol{p}_3^2/2m)] = (\boldsymbol{p}_1^2 - \boldsymbol{p}_3^2)/2m$$
$$= [(\boldsymbol{p}_1 + \boldsymbol{p}_3)/2m](\boldsymbol{p}_1 - \boldsymbol{p}_3) \approx \boldsymbol{v}(\boldsymbol{p}_1 - \boldsymbol{p}_3)$$

gilt, so daß $q_4^2 \sim v^2 Q^2$ und q^2 im Nenner mit nur kleinem Fehler durch $-Q^2$ ersetzt werden kann. (Im Schwerpunktsystem gilt exakt $q_4 = 0$). Der Korrekturterm wird

$$+\sum_{1,2} (\tilde{u}_3\gamma_{tr} u_1)(\tilde{u}_4\gamma_{tr} u_2)/Q^2$$

mit

$$(\tilde{u}_3\gamma_{tr} u_1) \equiv u_3^* \alpha_{tr} u_1 .$$

Wir erinnern daran, daß $u \equiv \begin{pmatrix} u_a \\ u_b \end{pmatrix}$, wobei u_a der große und u_b der kleine Anteil ist, und daß in der nichtrelativistischen Näherung [vgl. Gl. (11.6)]

$$u_b \approx (1/2m)(\boldsymbol{\sigma}\cdot\boldsymbol{\pi})u_a$$

gilt. Weil ferner

$$\alpha = \begin{pmatrix} 0 & \sigma \\ \sigma & 0 \end{pmatrix}$$

ist, folgt (genommen zwischen Zuständen zu positiver Energie)

$$u_3^* \alpha_{tr} u_1 = \widehat{u_{3a}^* u_{3b}^*} \begin{pmatrix} 0 & \sigma \\ \sigma & 0 \end{pmatrix}_{tr} \begin{pmatrix} u_{1a} \\ u_{1b} \end{pmatrix} = (u_{3a}^* \sigma u_{1b} + u_{3b}^* \sigma u_{1a})_{tr}$$
$$= 1/2m[u_{3a}^* \sigma(\sigma\cdot\pi_1) + (\sigma\cdot\pi_3)\sigma u_{1a}]_{tr} .$$

Im freien Raum (ohne Potential) ist $\boldsymbol{\pi} \equiv \boldsymbol{p}$, so daß z. B. die x-Komponente der vorhergehenden Matrix

$$\sigma_x(\sigma_x p_{1x} + \sigma_y p_{1y} + \sigma_z p_{1z}) + (\sigma_x p_{3x} + \sigma_y p_{3y} + \sigma_z p_{3z})\sigma_x$$
$$= (\boldsymbol{p}_1 + \boldsymbol{p}_3)_x + i[\sigma_z(\boldsymbol{p}_1 - \boldsymbol{p}_3)_y - \sigma_y(\boldsymbol{p}_1 - \boldsymbol{p}_3)_z]$$

ist, wobei wir die Vertauschungsrelationen für die σ's benutzt haben. Hieraus sieht man leicht, daß die Amplitude für die Korrektur zum Coulomb-Potential insgesamt in der Form

$$\sum_{1,2} \frac{1}{Q^2} \left\{ u_{3a}^* \left[\frac{\boldsymbol{p}_1 + \boldsymbol{p}_3}{2m} - i \frac{\boldsymbol{\sigma} \times (\boldsymbol{p}_1 - \boldsymbol{p}_3)}{2m} \right]_{tr} u_{1a} \right\}$$
$$\times \left\{ u_{4a}^* \left[\frac{\boldsymbol{p}_4 + \boldsymbol{p}_2}{2m} - i \frac{\boldsymbol{\sigma} \times (\boldsymbol{p}_2 - \boldsymbol{p}_4)}{2m} \right]_{tr} u_{2a} \right\}$$

geschrieben werden kann. Die ersten Terme in jeder der Klammern stellen Ströme dar, die von der Bewegung des Elektrons senkrecht zu $\boldsymbol{Q}$ stammen, und die zweiten Terme stellen die Transversalkomponenten der magnetischen Dipole der beiden Elektronen dar. Also ergibt sich insgesamt, daß die Korrektur durch Strom- Strom-, Strom-Dipol- und Dipol-Dipol-Wechselwirkungen zwischen den Elektronen entsteht. Diese Wechselwirkungen erwartet man auch vom Standpunkt der klassischen Theorie, und sie wurden von Breit vor der Quantenelektrodynamik beschrieben und heißen deshalb Breit-Wechselwirkung.

Wir betrachten den Dipol-Dipol-Term des Korrekturfaktors. Weil $\boldsymbol{Q} = \boldsymbol{p}_1 - \boldsymbol{p}_3 = \boldsymbol{p}_2 - \boldsymbol{p}_4$ ist, gilt

$$\sum_{1,2} (\boldsymbol{\sigma}_1 \times \boldsymbol{Q})_{tr} (\boldsymbol{\sigma}_2 \times \boldsymbol{Q})_{tr} / Q^2 .$$

Weil aber $\boldsymbol{\sigma} \times \boldsymbol{Q}$ Null ist, wenn $\boldsymbol{\sigma}$ und $\boldsymbol{Q}$ dieselbe Richtung haben, könnte die Summe auch über alle drei Richtungen gehen und ist dann ein Skalarprodukt. D. h. dieser Korrekturterm ist

$$(\boldsymbol{\sigma}_1 \times \boldsymbol{Q}) \cdot (\boldsymbol{\sigma}_2 \times \boldsymbol{Q}) / Q^2 .$$

Durch Fourier-Transformation[1] erkennt man, daß dies, wie behauptet, die Impulsdarstellung der Wechselwirkung zwischen zwei Dipolen ist.

[1] Man beachte, daß der Ausdruck $(\boldsymbol{\sigma}_1 \times \boldsymbol{Q}) \cdot (\boldsymbol{\sigma}_2 \times \boldsymbol{Q}) \exp(-i\boldsymbol{Q} \cdot \boldsymbol{x})$, der im transformierten Integral auftritt, derselbe ist wie $-(\boldsymbol{\sigma}_1 \times \nabla) \cdot (\boldsymbol{\sigma}_2 \times \nabla) \exp(-i\boldsymbol{Q} \cdot \boldsymbol{x})$, wobei ∇ der Gradient ist. Dieser Trick ermöglicht eine partielle Integration, die die Rechnung und das Ergebnis erheblich vereinfacht. Da die Transformierte von $1/Q^2$ durch $1/r$ gegeben ist, ist also die Kopplung $-(\boldsymbol{\sigma}_1 \times \nabla) \cdot (\boldsymbol{\sigma}_2 \times \nabla) 1/r$. Klassisch ist das die Energie wechselwirkender magnetischer Dipole.

Man beachte, daß die Näherung $q_4 = -(v/c)Q$, die wir oben benutzt haben, nur zwischen Zuständen zu positiver Energie verwendet werden kann. Denn, wenn einer der Zustände ein Positron darstellt, gilt

$$\begin{aligned} q_4 &= E_1 - E_2 \neq 0 \\ &= 2m . \end{aligned}$$

Allerdings ist $2m$ so groß, daß die Korrektur noch klein ist. Es ist aber trotzdem notwendig, die Analyse von neuem durchzuführen.

Elektron-Positron-Wechselwirkung

Weil das Elektron und das Positron unterscheidbar sind, könnte man meinen, daß das Pauli-Prinzip den Austauschterm nicht fordert, so daß nur der Term von Fig. 26.2 verbleibt. Aber dieselbe phänomenologische Überlegung führt uns noch auf das Diagramm in Fig. 26.3, das eine

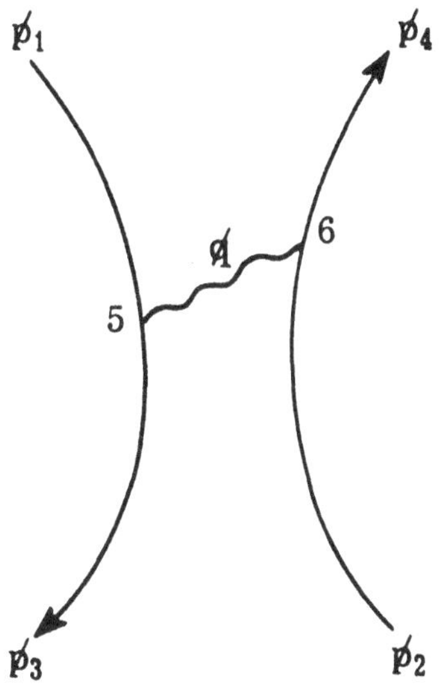

FIG. 26-2

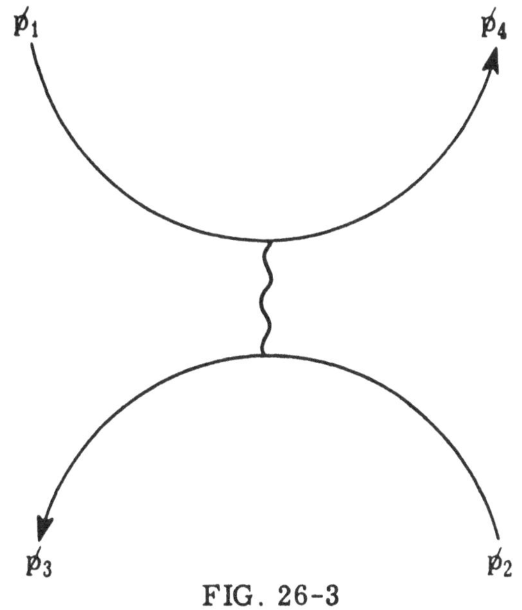

FIG. 26-3

virtuelle Annihilation des Elektrons und Positrons zeigt, wobei das Photon später ein neues Paar erzeugt. Es stellt sich heraus, daß man sich ein Elektron-Positron-Paar so vorstellen muß, daß es zeitweise in Form eines virtuellen Photons existiert, um Übereinstimmung mit dem Experiment zu erzielen.

Von dem Standpunkt aus gesehen, daß Positronen Elektronen sind, die sich rückwärts in der Zeit bewegen, unterscheidet sich die Fig. 26.3 von der Fig. 26.2 nur in einer Vertauschung der „End"-Zustände p_3, p_4. Das auf diesen Fall ausgedehnte Pauli-Prinzip bleibt also bestehen; die Amplituden der beiden Diagramme müssen subtrahiert werden, weil sie sich nur darin unterscheiden, welches auslaufende (im Sinn der Pfeile) Teilchen welches ist.

Positronium

Ein Elektron und ein Positron kann für eine kurze Zeit in einem wasserstoffähnlichen Bindungszustand existieren, der als das Atom Positronium bezeichnet wird. Der Grundzustand des Positroniums ist ein S-Zustand und kann je nach der Spinstellung ein Singlett oder Triplett sein. Wie in früheren Aufgaben festgestellt, kann der ${}^1S$-Zustand nur in zwei Photonen zerfallen, während der ${}^3S$-Zustand nur in drei Photonen zerfällt. Die mittlere Lebensdauer für den Zerfall in zwei Photonen ist $(1/8) \times 10^{-9}$ sec und für den Zerfall in drei Photonen $(1/7) \times 10^{-6}$ sec.

> *Aufgabe:* Prüfe die mittlere Lebensdauer $(1/8) \times 10^{-9}$ sec für den Zerfall in zwei Photonen nach und benütze dabei den schon berechneten Wirkungsquerschnitt und außerdem Wasserstoffwellenfunktionen mit der reduzierten Masse für das Positronium.

Die Fig. 26.2 trägt das Coulomb-Potential bei, von dem das Positronium zusammengehalten wird. Der Korrekturterm (Breit-Wechselwirkung), der von demselben Diagramm stammt, trägt eine Dipol-Dipol- oder Spin-Spin-Wechselwirkung bei, die sich im ${}^3S$- von der im ${}^1S$-Zustand unterscheidet (die Strom-Strom- und Spin-Strom-Wechselwirkungen sind für beide Zustände gleich). Folglich entsteht eine Feinstrukturaufspaltung des ${}^3S$- und ${}^1S$-Zustandes, die, wie man zeigen kann, $4{,}8 \times 10^{-4}\,eV$ beträgt.

Weil ein Photon Spin 1 und der ${}^1S$-Zustand des Positroniums Spin 0 hat, verbietet die Drehimpulserhaltung, daß der Prozeß von Fig. 26.3 im ${}^1S$-Zustand auftritt. Er tritt jedoch im ${}^3S$-Zustand auf. Der Term, der von diesem Diagramm stammt, ist klein und stellt deshalb eine weitere Feinstrukturaufspaltung des ${}^3S$- und ${}^1S$-Niveaus dar. Man kann zeigen, daß sie $3{,}7 \times 10^{-4}\,eV$ beträgt und in dieselbe Richtung wie die Spin-Spin-Aufspaltung geht. Sie wird Aufspaltung durch die „neue Annihilationskraft" genannt.

Um den Term von Fig. 26.3 zu erhalten, müssen wir

$$-(\tilde{u}_4 \gamma_\mu u_1)(\tilde{u}_3 \gamma_\mu u_2)/q^2$$

berechnen.

In diesem Fall ist $q^2 \approx 4m^2 (Q=0$ im Schwerpunktsystem), und alle Matrixelemente sind 1 oder 0 (wenn man annimmt, daß die Teilchen im Positronium im wesentlichen in Ruhe sind); also ist das Ergebnis eine reine Zahl. Das bedeutet, daß die Fourier-Transformation eine δ-Funktion in der Relativkoordinate von Elektron und Positron für die Wechselwirkung im Ortsraum liefert. Deshalb wird sie manchmal „kurzreichweitige" Wechselwirkung von Elektron und Positron genannt.

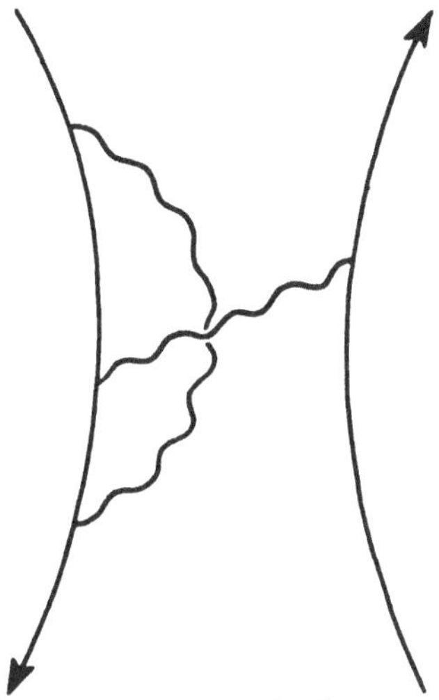

FIG. 26-4

Die aus den schon erwähnten Effekten zusammengesetzte Feinstrukturaufspaltung ergibt sich zu

$$(1/2)\alpha^2 \,\text{Rydberg}(7/3),$$

wobei α die Feinstrukturkonstante ist. Das entspricht $2{,}044 \times 10^5 \, Mc$, wo wir die Frequenz als Maß für die Energie benutzen.

Es gibt jedoch noch eine weitere Korrektur, die wir noch nicht erwähnt haben und die von Diagrammen wie Fig. 26.4 stammt, wo das Elektron oder Positron ein Photon emittiert und wieder absorbiert. Wenn wir diesen Effekt berücksichtigen, ist die Feinstrukturaufspaltung in Positronium durch

$$(1/2)\alpha^2 \,\text{Rydberg}\{(7/3) - [(32/9) + 2\ln 2](\alpha/\pi)\}$$

gegeben[1], was einem Wert von $2{,}0337 \times 10^5 \, Mc$ entspricht.

[1] Phys. Rev. **87**, 848 (1952).

Der experimentelle Wert für die Feinstruktur des Positroniums ist $(2{,}035 \pm 0{,}003) \times 10^5\, Mc$, so daß offenbar diese letzte Korrektur, obwohl eine Ordnung α kleiner als die Hauptterme, notwendig ist, um Übereinstimmung mit dem Experiment zu erhalten. Diese Korrektur, die die Ursache für die kleine Aufspaltung zwischen dem $^2S_{1/2}$- und $^2P_{1/2}$-Niveau des Wasserstoffs ist, wird wegen der experimentellen Beobachtung durch LAMB sowohl in Positronium wie in Wasserstoff LAMB-shift genannt. Allgemein gesehen, fällt sie unter den Begriff Selbstwechselwirkung des Elektrons, die wir später genauer behandeln werden.

Zwei-Photon-Austausch zwischen Elektronen und/oder Positronen

Man kann sich leicht vorstellen, daß es Prozesse gibt, in denen zwei Photonen statt einem ausgetauscht werden, wie in den Diagrammen in Fig. 26.5 dargestellt. Obwohl es nicht notwendig war, solche Prozesse höherer Ordnung zu betrachten, um Übereinstimmung mit dem Experiment zu sichern, kann das notwendig werden, wenn die experimentellen Ergebnisse genauer werden. Die Amplituden für die Prozesse können leicht aufgeschrieben werden, aber ihre Auswertung ist schwierig. Die Amplitude für Fall II ist z. B. in raum-zeitlicher Darstellung

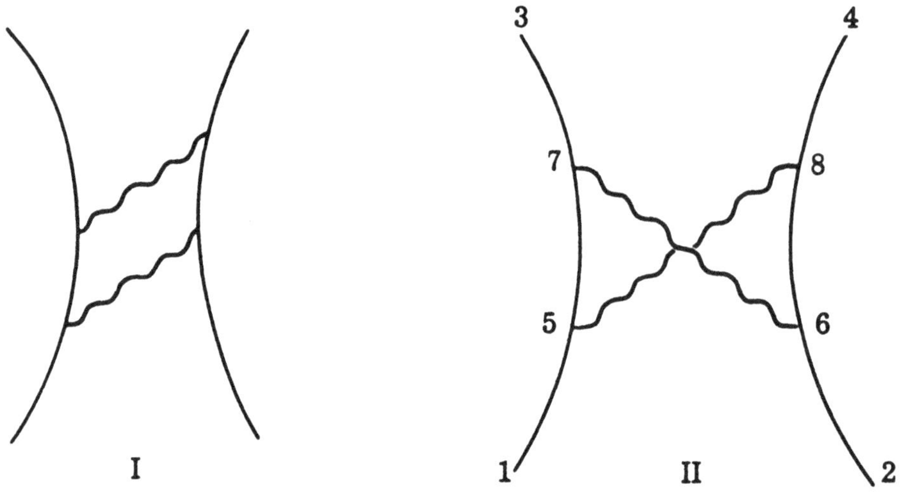

FIG. 26-5

$$-e^4 \iiiint [K_+(3,7)\gamma_\nu K_+(7,5)\gamma_\mu K_+(5,1)][K_+(4,8)\gamma_\mu K_+(8,6)\gamma_\nu \times K_+(6,2)]\delta_+(s_{7,6}^2)\delta_+(s_{5,8}^2)\,d\tau_5\, d\tau_6\, d\tau_7\, d\tau_8$$

oder in der Impulsdarstellung

$$-(4\pi)^2 e^4 \int \left(\tilde{u}_3 \gamma_\nu \frac{1}{\not{p}_1 - \not{k}_1 - m} \gamma_\mu u_1\right) \left(\tilde{u}_4 \gamma_\mu \frac{1}{\not{p}_2 - \not{k}_2 - m} \gamma_\nu u_2\right)$$

$$\times \frac{d^4 k_1}{k_1^2 k_2^2 (2\pi)^4},$$

wobei

$$\not{p}_2 - \not{k}_2 + \not{k}_1 = \not{p}_4 \quad \text{oder} \quad \not{k}_2 = \not{p}_2 + \not{k}_1 - \not{p}_4$$

(siehe Fig. 26.6). Somit ist es möglich, $\not{k}_1$ durch $\not{k}_2$ auszudrücken und umgekehrt, aber es ist nicht möglich, sie unabhängig voneinander zu bestimmen; d. h. der Impuls kann in jedem Verhältnis zwischen den beiden Photonen ausgetauscht werden. Deshalb steht in dem Ausdruck für die Amplitude das Integral über $\not{k}_1$.

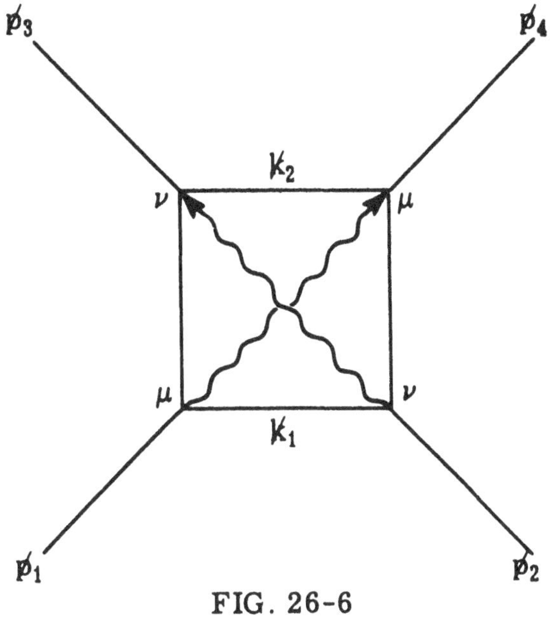

FIG. 26-6

Siebenundzwanzigste Vorlesung

Selbstenergie des Elektrons[1]

In Vorlesung 26 haben wir die folgende Vorstellung eingeführt: ein Elektron kann ein Photon emittieren und dann dasselbe Photon absorbieren, wie in Fig. 27.1. Dann sollte der Ausbreitungskern für ein

[1] R. P. FEYNMAN, Phys. Rev. **76**, 769 (1949)

freies Elektron, das vom Punkt 1 zu Punkt 2 läuft, Terme enthalten, die dieser Möglichkeit Rechnung tragen. Wenn wir nur einen Term erster Ordnung berücksichtigen (nur ein Photon wird emittiert und absorbiert), ist der resultierende Kern

$$K(2,1)=K_+(2,1)-ie^2\iint K_+(2,4)\gamma_\mu K_+(4,3)\gamma_\mu K_+(3,1)\delta_+(s_{4,3}{}^2) \times d\tau_4 d\tau_3 . \tag{27.1}$$

Den Korrekturterm in dieser Gleichung haben wir in Anlehnung an das Diagramm und nach dem üblichen Vorgehen bei einem Streuprozeß angeschrieben. Im vorliegenden Fall sind Anfangs- und Endimpuls gleich. Deshalb sind die Nichtdiagonalelemente der Störungsmatrix alle Null.

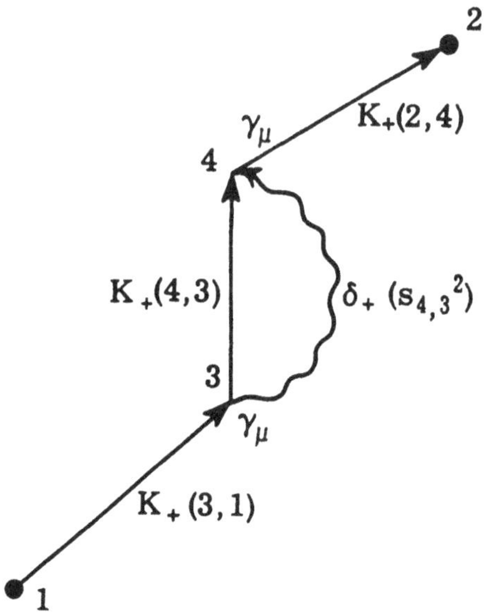

FIG. 27-1

Ein Diagonalelement ist eines, in dem die resultierende Wellenfunktion eines Teilchens im selben Eigenzustand bleibt. In der Entwicklung der Störungstheorie ist für zeitunabhängige Störungen gezeigt worden, daß die einzige Wirkung auf eine solche Wellenfunktion in einer Änderung der Phase besteht, die proportional ist zum Zeitintervall T, in dem die Störung stattfindet. Die resultierende Wellenfunktion ist

$$\exp(-iE_n T)\exp[-i(\Delta E)T] \tag{27.2}$$

Weil der Effekt $(\Delta E)T$ der Störung klein ist, kann der zweite Exponent in der Form $1-i(\Delta E)T+\cdots$ entwickelt und Terme höherer Ordnung können vernachlässigt werden. Der zweite Term dieser Entwicklung wird durch das Integral auf der rechten Seite von Gl. (27.1) dargestellt. Die Darstellung ist noch keine Gleichheit, weil bestimmte Normierungsfaktoren in den beiden Ausdrücken verschieden sind.

Um die richtige Gleichung zu erhalten, gehen wir folgendermaßen vor: Erstens ist klar, daß die Wahrscheinlichkeit für das Ereignis nur von dem Raum-Zeit-Intervall zwischen den Punkten 3 und 4 abhängt und überhaupt nicht von den absoluten Werten der Raum- und Zeitvariablen. Wir denken uns deshalb einen Wechsel in den Variablen ausgeführt, so daß dt_4 das Intervallelement (in Raum und Zeit) zwischen 3 und 4 darstellt. Dann schreiben wir das Integral in Gl. (27.1) in der Form

$$\int\int \tilde{f}(4)\gamma_\mu K_+(4,3)\gamma_\mu \delta_+(s_{4,3}{}^2) f(3) d\tau_4 d^3\boldsymbol{x}_3 dt_3, \qquad (27.3)$$

wobei die Operatoren K_+ und δ_+ nur vom Intervall 3–4 abhängen.

Zweitens enthält der Ausdruck (27.2) den zeitabhängigen Teil der Wellenfunktion, $\exp(-iE_n t)$, weil wir angenommen hatten, daß die benutzten Wellenfunktionen keine Zeitfaktoren enthalten. In Gl. (27.3) enthalten $f(3)$, $f(4)$ schon den zeitabhängigen Anteil, so daß er in Gl. (27.2) fortgelassen werden muß.

Drittens ist die Normierung der Wellenfunktionen für die beiden Ansätze verschieden. Für die Herleitung von Gl. (27.2) wurde die Normierung

$$\int \psi^* \psi \, dv = 1$$

benutzt. Für die jetzige Ableitung ist die Normierung ($V =$ Volumen)

$$\int u^* u \, dv = (2E/\text{cm}^3) \cdot V. \qquad (27.4)$$

Folglich müssen wir den Ausdruck (17.3) durch das Normierungsintegral von Gl. (27.4) dividieren, um Gleichheit zu erhalten.

Der resultierende Ausdruck ist

$$-i\Delta E T = \frac{-ie^2 \int\int \tilde{f}(4)\gamma_\mu K_+(4,3)\gamma_\mu \delta_+(s_{4,3}{}^2) f(3) d\tau_4 d^3\boldsymbol{x}_3 dt_3}{2E \cdot V}.$$

Das Integral über $d^3\boldsymbol{x}_3$ liefert ein V, das sich gegen das des Nenners weghebt, und das Integral über dt_3 liefert ein T, das sich gegen das der linken Seite weghebt, so daß wir schließlich erhalten

$$2E\Delta E = +e^2 \int \tilde{u}\gamma_\mu K_+(4,3)\gamma_\mu \delta_+(s_{4,3}{}^2) u \, d\tau_4. \qquad (27.5)$$

Man beachte, daß das Integral relativistisch invariant ist. Ferner kann die Änderung von E als eine Änderung der Masse des Elektrons aufgefaßt werden, weil p vor und nach der Störung dasselbe ist und $E^2 = m^2 + \boldsymbol{p}^2$; damit ist

$$2E\Delta E = 2m\Delta m.$$

Wenn wir diese Relation benutzen und in den Impulsraum transformieren, erhalten wir

$$\Delta m = \frac{4\pi e^2}{2mi} \int \tilde{u} \left(\gamma_\mu \frac{1}{\not{p} - \not{k} - m} \gamma_\mu \right) u \frac{d^4 k}{(2\pi)^4} \frac{1}{k^2}. \tag{27.6}$$

Der Integrand kann mit Hilfe von

$$\gamma_\mu \frac{1}{\not{p} - \not{k} - m} \gamma_\mu = \frac{\gamma_\mu(\not{p} - \not{k} + m)\gamma_\mu}{\not{p}^2 - 2p\cdot k + k^2 - m^2} = \frac{2m + 2\not{k}}{k^2 - 2p\cdot k}$$

und von $\not{p}u = mu$ und den Relationen aus Vorlesung 10 umgeschrieben werden. Damit wird Gl. (27.6)

$$\Delta m = \frac{4\pi e^2}{2mi} \int \frac{\tilde{u}(2m + 2\not{k})u}{k^2 - 2p\cdot k} \frac{d^4 k}{(2\pi)^4} \frac{1}{k^2}. \tag{27.6'}$$

Dieses Integral divergiert, und diese Tatsache stellte sich der Quantenelektrodynamik 20 Jahre lang als ein Haupthindernis entgegen. Die

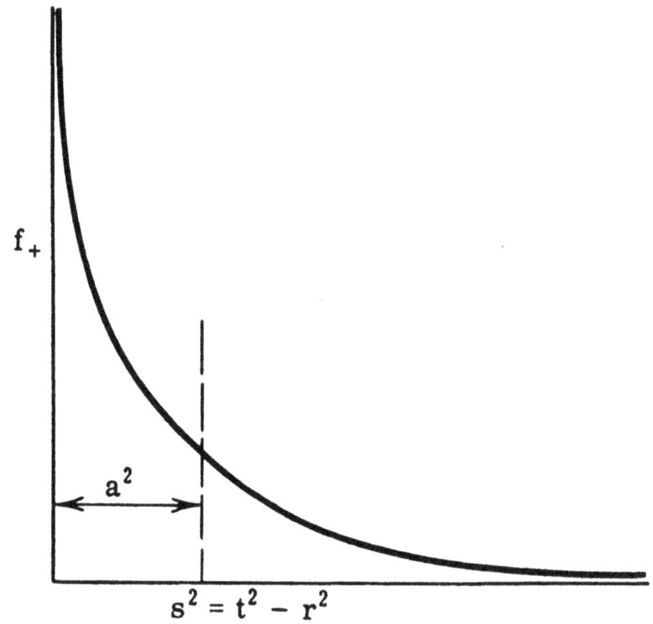

FIG. 27-2

Lösung erforderte eine Änderung der fundamentalen Gesetze. Nehmen wir also an, daß der Ausbreitungskern für ein Photon $(1/k^2)c(k^2)$ anstatt einfach $(1/k^2)$ ist, wobei $c(k^2)$ so gewählt ist, daß $c(0)=1$ und $c(k^2)\to 0$ für $k^2\to\infty$. Im Ortsraum hat diese Änderung die Form

$$\delta_+(s_{1,2}{}^2)\to f_+(s_{1,2}{}^2)=\int(1/k^2)c(k^2)\exp(-ik\cdot x)d^4k/(2\pi)^4. \tag{27.7}$$

Die neue Funktion f_+ unterscheidet sich merklich von δ_+ nur für kleine Intervalle. Denn wenn die Komponenten zu hoher Frequenz aus der Fourier-Entwicklung einer Funktion entfernt werden, werden nur die Einzelheiten bei kleinen Abständen modifiziert. Im vorliegenden Fall kann die Größe des Intervalls, über das die Funktion modifiziert wird, folgendermaßen abgeschätzt werden: Wir betrachten eine große Zahl λ^2 und nehmen an, daß $c(k^2)\approx 1$, solange $k^2\ll\lambda^2$. Dann werden (durch den Exponentialterm) Abweichungen auftreten, wenn das Intervall gleich $s^2\approx 1/\lambda^2$ ist. Wir nennen diesen Wert a^2 und stellen das Verhalten von f_+ im Groben wie in Fig. 27.2 dar. Hiernach ist a^2 eine Art „mittlere Breite" von f_+. Wenn $a^2\ll 1$, wie wir angenommen hatten, dann folgt aus

$$t^2-r^2=a^2 \qquad t-r\approx a^2/2r, \tag{27.8}$$

für die Größe des Intervalls. Die Bedeutung der Form von $f_+(s^2)$ kann folgendermaßen verstanden werden. Die ursprüngliche Funktion $\delta_+(s^2)$ ist nur dann von Null verschieden, wenn $s^2=t^2-r^2=0$. D.h. ein elektromagnetisches Signal kann einen Punkt in der Entfernung r nur zu einer Zeit t erreichen derart, daß $t^2-r^2=0$ oder $t=r$ (hier ist die Lichtgeschwindigkeit 1). Das gilt nicht mehr für $f_+(s^2)$. Für die Abweichung ist $t-r$ ein Maß. Aber wegen Gl. (27.8) ist dies für alle Werte von $r\gg a$ zu vernachlässigen. Folglich werden sich die Gesetze, abhängig von λ^2, über praktisch auftretende Entfernungen nicht ändern.

Wenn wir $\lambda^2\gg m^2$ wählen, ist eine praktische (und allgemeine) Darstellung von $c(k^2)$

$$c(k^2)=\int G(\lambda)d\lambda(-\lambda^2)(k^2-\lambda^2)^{-1},$$

und wir schlagen die einfache Form

$$c(k^2)=-\lambda^2/(k^2-\lambda^2)$$

vor. Hieraus erhalten wir für den Ausbreitungskern

$$(1/k^2)(-\lambda^2)(k^2-\lambda^2)^{-1}=1/k^2-1/(k^2-\lambda^2).$$

Der zweite Term beschreibt die Ausbreitung eines Photons der Masse λ; das Minuszeichen vor dem Term ist jedoch bisher noch nicht erklärt worden.

Eine bequeme Darstellung für diesen Kern ist

$$-\int_0^{\lambda^2} dL/(k^2-L)^2. \tag{27.9}$$

Wenn wir diesen Kern in Gl. (27.6′) anstatt $1/k^2$ einsetzen, erhalten wir den Ausdruck

$$\int \frac{2m+2\not{k}}{k^2-2p\cdot k}\,\frac{d^4k}{k^2}\left(\frac{-\lambda^2}{k^2-\lambda^2}\right), \tag{27.10}$$

der als Summe zweier Integrale geschrieben werden kann, die sich nur darin unterscheiden, daß m oder $\not{k}$ im Zähler steht, d. h. m oder k_σ (weil $\not{k}=k_\sigma\cdot\gamma_\sigma$).

Methode zur Integration von Integralen, die in der Quantenelektrodynamik auftreten

Wir werden viele Integrale von ähnlicher Form wie das vorhergehende auszuwerten haben. Hierzu ist eine Methode entwickelt worden, mit deren Hilfe man ziemlich rationell vorgehen kann. Wir unterbrechen hier, um diese Integrationsmethode zu beschreiben.

Alles wird auf die beiden folgenden Integrale zurückgeführt[1]:

$$\int_{-\infty}^{\infty} \frac{(1;\,k_\sigma)\,d^4k}{(2\pi)^4(k^2+i\varepsilon-L)^3} = (32\pi^2 iL)^{-1}(1;\,0), \tag{27.11}$$

$$\int_0^1 [ax+b(1-x)]^{-2}dx = 1/ab. \tag{27.12}$$

Um etwas kompakter schreiben zu können, benutzen wir in Gl. (27.11) die Notation $(1;\,k_\sigma)$, die besagt, daß entweder 1 oder k_σ im Zähler steht; dementsprechend ist das $(1;0)$ auf der rechten Seite entweder 1 oder 0. Zum Beweis der ersten Integrale beachten wir, daß der Integrand eine ungerade Funktion ist, wenn k_σ im Zähler steht. Wenn 1 im Zähler steht, führen wir die Integration längs eines geschlossenen Weges aus. Wir schreiben für das Integral

$$\int\!\!\int\!\!\int\!\!\int_{-\infty}^{\infty} [\omega^2+i\varepsilon-(L+K^2)]^{-3}\,d\omega\, d^3\boldsymbol{K}.$$

[1] R. P. Feynman, Phys. Rev. **76**, 769 (1949)

Dann sind für $\varepsilon \ll L+k^2$ Pole bei $\omega = \pm[(L+k^2)^{1/2} - i\varepsilon]$, und die Residuenintegration über ω ergibt

$$\int_{-\infty}^{\infty} [\omega^2 + i\varepsilon - (L+K^2)]^{-1} d\omega = 2\pi i[-2(L+K^2)^{-1/2}]^{-1},$$

wobei der Weg in der oberen Halbebene geschlossen wird. Zwei Differentiationen nach L ergeben

$$\int_{-\infty}^{\infty} [\omega^2 + ie - (L+K^2)]^{-3} d\omega = (6\pi/16i)(L+K^2)^{-5/2}.$$

Das verbleibende Integral ist dann

$$\iiint_{-\infty}^{\infty} (L+K^2)^{-5/2} d^3\boldsymbol{K} = 4\pi \int_0^{\infty} (L+K^2)^{-5/2} k^2 dK$$
$$= 4\pi[K^3/3L(L+K^2)^{3/2}]|_0^{\infty} = 4\pi/3L,$$

womit Gl. (27.11) bewiesen ist. Wenn für die Integrationsvariable in Gl. (27.11) $k-p$ substituiert wird, ist das Ergebnis

$$\int_{-\infty}^{\infty} \frac{(1;\, k_\sigma) d^4k}{(2\pi)^4 (k^2 - 2p\cdot k - \Delta)^3} = [32\pi^2 i(p^2 + \Delta)]^{-1}(1;\, p_\sigma). \qquad (27.13)$$

Durch Differentiation beider Seiten von Gl. (27.13) nach Δ oder nach p_j folgt direkt

$$\int_{-\infty}^{\infty} \frac{(1;k_\sigma;k_\sigma k_j) d^4k}{(2\pi)^4 (k^2 - 2p\cdot k - \Delta)^4} = -\frac{[1;p_\sigma;p_\sigma p_j - (1/2)\delta_{\sigma j}(p^2 + \Delta)]}{96\pi^2 i(p^2 + \Delta)^2}.$$

Weitere Differentiationen ergeben aufeinanderfolgende Integrale mit mehr k-Faktoren im Zähler und höheren Potenzen von $(k^2 - 2p\cdot k - \Delta)$ im Nenner.

Achtundzwanzigste Vorlesung

Selbstenergieintegral mit einem äußeren Potential

In der letzten Vorlesung fanden wir, daß die Selbstenergie des Elektrons zu einer Massenänderung

$$\Delta m = \frac{4\pi e^2}{2mi} \int \frac{\tilde{u}(2m + 2\not{k})u}{k^2 - 2p\cdot k} \left(\frac{-\lambda^2}{k^2 - \lambda^2}\right) \frac{1}{k^2} \frac{d^4k}{(2\pi)^4} \qquad (28.1)$$

äquivalent ist, und daß diese Massenänderung auch durch Integrale der Form

$$I = -\int_0^{\lambda^2} dL \int \frac{(1;k_\sigma)}{(k^2-2p\cdot k)(k^2-L)^2} \frac{d^4k}{(2\pi)^4} \tag{28.2}$$

ausgedrückt werden kann. Ferner fanden wir

$$\int \frac{(1;k_\sigma)}{(k^2-2p\cdot k-\Delta)^3} = (32\pi^2 i)^{-1}(p^2+\Delta)^{-1}(1;p_\sigma). \tag{28.3}$$

Der Nenner des Integranden von Gl. (28.2) kann mit Hilfe des bestimmten Integrals

$$\frac{1}{ab^2} = \int_0^1 \frac{2(1-x)dx}{[ax+b(1-x)]^3} \tag{28.4}$$

in der Form

$$\frac{1}{(k^2-2p\cdot k)(k^2-L)^2} = \int_0^1 \frac{2(1-x)dx}{[k^2-2xp\cdot k-L(1-x)]^3}$$

ausgedrückt werden, so daß Gl. (28.2) in

$$I = -\int_0^{\lambda^2} dL \int\int_0^1 \frac{d^4k(1;k_\sigma)2(1-x)dx}{[k^2-2xp\cdot k-L(1-x)]^3(2\pi)^4} \tag{28.5}$$

übergeht. Das Integral über k kann mit Hilfe der Gl. (28.3) und der Substitutionen xp für p und $L(1-x)$ für Δ ausgeführt werden und ergibt

$$I = -\int_0^{\lambda^2} dL \int_0^1 \frac{(1;xp_\sigma)2(1-x)dx}{[32\pi^2 i][x^2p^2+L(1-x)]} \qquad p^2=m^2.$$

Das Integral über L ist elementar und liefert

$$I = -2(32\pi^2 i)^{-1} \int_0^1 dx(1;xp_\sigma)\ln\{[(1-x)\lambda^2+m^2x^2]/m^2x^2\}.$$

Wenn $\lambda^2 \gg m^2$, kann m^2x^2 im Zähler vernachlässigt werden [zwar ist $(1-x)\lambda^2$ *nicht* viel größer als m^2x^2, wenn $x\approx 1$, aber das Intervall, innerhalb dessen das zutrifft, ist für $\lambda^2 \gg m^2$ so klein, daß der Fehler klein ist]; damit erhalten wir nach der Ausführung der x-Integration[1]

$$I \approx -(32\pi^2 i)^{-1}\{2[\ln(\lambda^2/m^2)+2];\ p_\sigma[\ln(\lambda^2/m^2)-1/2]\} \qquad \lambda \gg m^2.$$

[1] $$\int_0^1 \ln[x^{-2}(1-x)]dx = 1, \qquad \int_0^1 x\ln[x^{-2}(1-x)]dx = -1/4.$$

Die Massenänderung [aus Gl. (28.1)] ist

$$\Delta m = (4\pi^2/2mi)(-32\pi^2 i)^{-1}(\tilde{u}\{2m[2\ln(\lambda^2/m^2)+2]$$
$$+2\not{p}[\ln(\lambda^2/m^2)-(1/2)]\}u).$$

Da $\not{p}u = mu$ und $(\tilde{u}u) = 2m$, kann dies vereinfacht werden zu

$$\Delta m/m = (e^2/2\pi)[3\ln(\lambda/m)+(3/4)]. \qquad (28.6)$$

Jetzt ist $(e^2/2\pi)$ ungefähr 10^{-3}, so daß die relative Massenänderung nicht groß ist, selbst wenn der Quotient λ/m groß ist. Wir interpretieren dieses Ergebnis folgendermaßen. Die Massenänderung hängt von λ ab und kann deshalb theoretisch nicht bestimmt werden. Wir stellen uns eine experimentelle Masse und eine theoretische Masse vor, die über die Beziehung

$$m_{\text{exp}} = m_{\text{th}} + \Delta m \qquad (28.7)$$

zusammenhängen. Alle unsere Messungen betreffen m_{exp}, d.h. die Selbstwechselwirkung ist eingeschlossen, und m_{th}, die Masse ohne Selbstwechselwirkung, kann nicht bestimmt werden. Genauer gesagt,

{Eine Theorie mit m_{th} und $e^2/\hbar c$ Selbstwechselwirkung} ist äquivalent zu {einer Theorie mit m_{exp} plus $e^2/\hbar c$ Selbstwechselwirkung minus Δm, wie es für ein freies Teilchen berechnet wird.}

Wenn das Elektron frei ist, hebt sich der Term $e^2/\hbar c$ Selbstwechselwirkung exakt gegen den Term Δm heraus, und eine Theorie mit m_{exp} ist vollkommen richtig. Wenn das Elektron nicht frei ist, dann ist $e^2/\hbar c$ nicht genau gleich dem Term Δm, und es gibt eine kleine Korrektur zu einer Theorie mit m_{exp}. Dieser Effekt führt auf die LAMB-shift im Wasserstoffatom. Um solche Effekte zu berechnen, werden wir jetzt dem Einfluß der Selbstwechselwirkung auf die Streuung eines Elektrons an einem äußeren Potential betrachten.

Streuung an einem äußeren Potential

Das Diagramm für die Streuung an einem äußeren Potential ist in Fig. 28.1 gezeigt. Für diesen Prozeß gelten die folgenden Beziehungen (die Möglichkeit der Selbstwechselwirkung sei ausgeschlossen):

Potential: $\not{a}(q) = \gamma_t(4\pi Ze/Q^2)\delta(q_4)$ für Coulomb-Potential
Matrixelement: $M = -ie(\tilde{u}_2 \not{a} u_1)$
Erhaltungssatz: $\not{p}_2 = \not{p}_1 + \not{q}$.

Die Selbstwechselwirkung ist durch die Diagramme in Fig. 28.2 gegeben. Die Amplitude für diesen Prozeß erhalten wir auf die übliche Weise. Das Diagramm I liefert z. B.

$$I_1 = \frac{4\pi e^2}{i} \int \left(\tilde{u}_2 \gamma_\mu \frac{1}{\not{p}_2 - \not{k} - m} \not{a} \frac{1}{\not{p}_1 - \not{k} - m} \gamma_\mu u_1 \right) (k^2)^{-1} (2\pi)^{-4} d^4k .$$

Wenn wir die Nenner vereinfachen und den Konvergenzfaktor einführen, erhalten wir

$$I_1 = \frac{4\pi e^2}{i} \int \frac{(\tilde{u}_2 \gamma_\mu [\not{p}_2 - \not{k} + m] \not{a} [\not{p}_1 - \not{k} + m] \gamma_\mu u_1)}{(k^2 - 2p_2 \cdot k)(k^2 - 2p_1 \cdot k)} \left(\frac{-\lambda^2}{k^2 - \lambda^2} \right) \times (2\pi)^{-4} \frac{d^4k}{k^2} . \tag{28.8}$$

Dieser Ausdruck divergiert noch für kleine Photonimpulse (k) (ein Ergebnis, das die „Infrarotkatastrophe“ genannt wurde, das aber eine klare physikalische Interpretation hat, die wir später diskutieren werden).

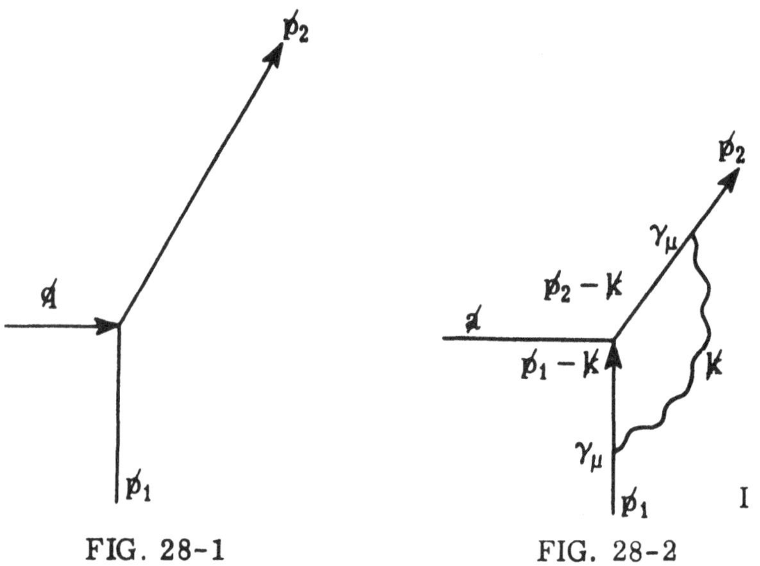

FIG. 28-1 FIG. 28-2

Vorübergehend ersetzen wir k^2 unter d^4k durch $(k^2 - \lambda^2_{\min})$, wobei $\lambda^2_{\min} \ll m^2$, damit das Integral konvergiert. Das ist äquivalent einem Abschneiden des Integrals irgendwo in der Nähe von $k = \lambda_{\min}$; die physikalische Interpretation verschieben wir auf die Vorlesungen 29 und 30.

Zur Vereinfachung der Integration über k benutzen wir die folgende Identität:

$$-\int_{\lambda_{\min}^2}^{\lambda^2}(k^2-L)^{-2}\,dL = \frac{1}{k^2-\lambda_{\min}^2}-\frac{1}{k^2-\lambda^2}$$
$$=\frac{\lambda_{\min}^2-\lambda^2}{(k^2-\lambda_{\min}^2)(k^2-\lambda^2)}\approx\frac{-\lambda^2}{k^2-\lambda^2}$$
$$\times\frac{1}{k^2-\lambda_{\min}^2},$$

da $\lambda^2 \gg m^2 \gg \lambda_{\min}^2$. Diese Substitution liefert Integrale der Form

$$-\int_{\lambda_{\min}^2}^{\lambda^2} dL \int \frac{(1\,;k_\sigma;k_\sigma k_\tau)(2\pi)^{-4}d^4k}{(k^2-2p_1\cdot k)(k^2-2p_2\cdot k)(k^2-L)^2}.$$

Zur Auswertung dieser Integrale benutzen wir die Identität

$$(ab)^{-1}=\int_0^1 dy/[ay+b(1-y)]^2,$$

so daß

$$\frac{1}{(k^2-2p_1\cdot k)(k^2-2p_2\cdot k)}=\int_0^1\frac{dy}{(k^2-2p_y\cdot k)^2},$$

wobei $p_y = yp_1+(1-y)p_2$. Wir führen die Integrationen in der Reihenfolge k, L, y aus und benutzen die geeigneten Integrale in Gl. (28.6); damit erhalten wir für die Matrix, die zwischen den Zuständen u_2 und u_1 zu nehmen ist,

$$M_1 = \frac{e^2}{2\pi}\left[2\left(\ln\frac{m}{\lambda_{\min}}-1\right)\left(1-\frac{2\theta}{\tan 2\theta}\right)+\theta\tan\theta+\frac{4}{\tan 2\theta}\right.$$
$$\left.\times\int_0^\theta \alpha\tan\alpha\, d\alpha\right]\not{a}$$
$$+\frac{e^2}{2\pi}\left[\frac{1}{4m}(\not{q}\not{a}-\not{a}\not{q})\frac{2\theta}{\sin 2\theta}+r\not{a}\right], \tag{28.9}$$

wobei $r=\ln(\lambda/m)+9/4-2\ln(m/\lambda_{\min})$ und $4m^2\sin^2\theta=q^2$ ist.

Wir zeigen in Vorlesung 30, daß die Diagramme II und III (Fig. 28.2) einen Beitrag $M_2+M_3=-(e^2/2\pi)r\not{a}$ liefern, der sich gerade gegen einen entsprechenden Term in M_3 weghebt. Wenn q klein ist, gilt $\theta\approx(q^2)^{1/2}/2m$, und die Summe $M_1+M_2+M_3$ kann durch

$$M \approx \frac{e^2}{4\pi}\left[\frac{1}{2m}(\not{q}\not{a}-\not{a}\not{q}) + \frac{4q^2}{3m^2}\not{a}\left(\ln\frac{m}{\lambda_{\min}} - \frac{3}{8}\right)\right] \qquad (28.10)$$

approximiert werden.

Das $(\not{q}\not{a}-\not{a}\not{q})$ kann ausgeschrieben werden,

$$(\not{q}\not{a}-\not{a}\not{q})=\gamma_\mu\gamma_\nu(q_\mu a_\nu - a_\mu q_\nu).$$

Aber q_μ ist der Gradient, so daß dies in der Ortsraumdarstellung in der Form

$$\gamma_\mu\gamma_\nu(\nabla_\mu A_\nu - \nabla_\nu A_\mu) = +\gamma_\mu\gamma_\nu F_{\mu\nu}$$

geschrieben werden kann [siehe Gl. (7.1)]. Durch Vergleich mit Seite 65 sehen wir, daß das anomale magnetische Moment μ eines Teilchens durch Subtraktion eines Potentials $\mu\gamma_\mu\gamma_\nu F_{\mu\nu}$ vom gewöhnlichen Potential $\not{a}=\gamma_\mu A_\mu$, das in der Dirac-Gleichung auftritt, berücksichtigt werden kann. Da das genau dasselbe bedeutet wie der erste Term von Gl. (28.10), können wir sagen, daß dieser Teil der Selbstenergiekorrektur wie eine Korrektur des magnetischen Moments des Elektrons aussieht, so daß

$$\mu_{\text{Elek}} = (e/2m)[1+(e^2/2\pi)].$$

Man beachte, daß dieses Ergebnis [und (28.9) und (28.10)] nicht vom *cutoff* λ abhängt und daß folglich für λ jetzt Unendlich gesetzt werden kann[1].

Neunundzwanzigste Vorlesung

Wir hatten gezeigt, daß der Hauptbeitrag zur Streuung eines Teilchens an einem Potential von $\not{a}$ stammt und daß das Diagramm I (Fig. 28.2) einen Korrekturterm

$$\frac{e^2}{2\pi}\left[2\left(\ln\frac{m}{\lambda_{\min}} - 1\right)\left(1 - \frac{2\theta}{\tan 2\theta}\right) + \theta\tan\theta + \frac{4}{\tan 2\theta}\times\int_0^\theta \alpha\tan\alpha\right]\not{a}$$

$$+\frac{e^2}{8\pi m}(\not{q}\not{a}-\not{a}\not{q})\frac{2\theta}{\sin 2\theta} + \frac{e^2}{2\pi}r\not{a}$$

mit sich bringt. Zu zeigen bleibt, daß die Diagramme II und III (Fig. 28.2), wenn außerdem die Massenkorrektur berücksichtigt wird, einen weiteren Korrekturterm

$$-(e^2/2\pi)r\not{a}$$

[1] R. P. FEYNMAN, Phys. Rev. 76, 769 (1949).

liefern, der gerade den letzten Term in dem vorhergehenden Ausdruck weghebt. Wir erinnern daran, daß die Berücksichtigung der Massenkorrektur zusammen mit der Selbstwechselwirkung, die in den Diagrammen I, II und III dargestellt ist, deshalb notwendig ist, weil die Theorie, die wir entwickeln, die experimentelle anstatt der „theoretischen" Masse enthalten muß.

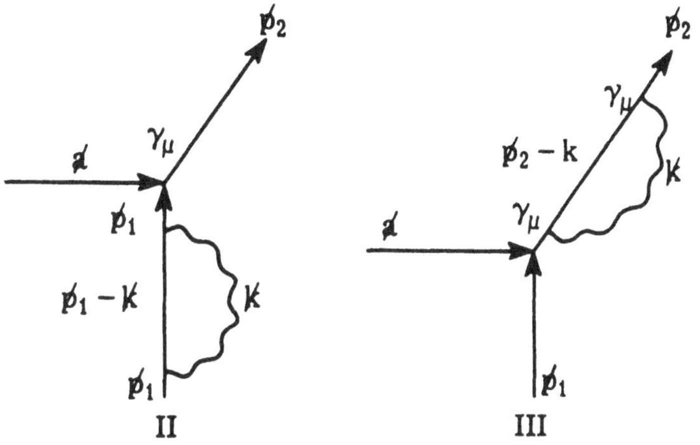

FIG. 28-2

Wir nehmen an, daß in der Dirac-Gleichung

$$(i\nabla\!\!\!/ - m_{\text{th}})\psi = e\not{A}\psi$$

die theoretische Masse m_{th} durch $m - \Delta m$ ersetzt wird, wo m die experimentelle Masse ist; dann gilt

$$(i\nabla\!\!\!/ - m)\psi = e(\not{A} + \Delta m)\psi\,.$$

Die Massenkorrektur Δm ist eine reine Zahl, so daß sie in der Impulsdarstellung eine δ-Funktion für den Impuls ist. Folglich erkennt man an der Form der vorhergehenden Gleichung, daß sie sich wie ein Potential mit dem Impuls Null verhält, und keine Matrizen enthält. In einem Diagramm kann ihre Wirkung wie in Fig. 29.1 dargestellt werden. Dort steht deshalb ein Minuszeichen, weil die Wirkung der Massenkorrektur Δm von den Resultaten, die wir allein aus den Diagrammen I, II und III erhalten, zu subtrahieren ist. Für Diagramm II wäre die Amplitude

$$\tilde{u}_2 \not{a} \frac{1}{\not{p}_1 - m} \left(\frac{4\pi e^2}{i} \int \gamma_\mu \frac{1}{\not{p}_1 - \not{k} - m} \gamma_\mu \frac{1}{k^2 - \lambda_{\min}} \frac{d^4k}{(2\pi)^4} \frac{-\lambda^2}{k^2 - \lambda^2} \right)$$

und für Diagramm II′ (Abb. 29.1)

$$-\tilde{u}_2 \not{a} [1/(\not{p}_1 - m)](\Delta m) u_1\,.$$

Aber der Teil der Amplitude für das Diagramm II (Fig. 28.2), der in den Klammern steht, ist gerade Δm_1, so daß sich II und II′ gegenseitig aufzuheben scheinen. Dasselbe scheint für die Diagramme III und III′ zu gelten. Das ist jedoch falsch, weil diese beiden Amplituden wegen des Faktors $\not p - m$ im Nenner unendlich sind. Deshalb ist ihre Differenz unbestimmt. Aber wir werden sehen, daß ihre Differenz bei geeigneter Subtraktion nicht verschwindet.

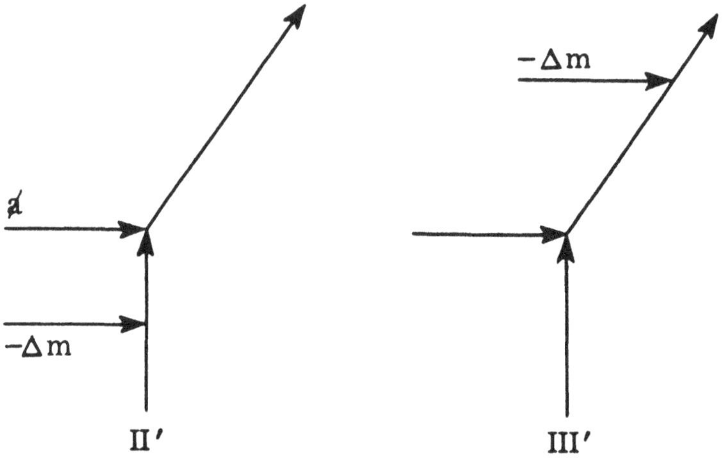

FIG. 29-1

Die Subtraktionsmethode, die wir vorschlagen, wird in der Tat den aus der Selbstwechselwirkung und der Massenkorrektur beider Diagramme II und III und II′ und III′ zusammengesetzten Effekt liefern. Sie beruht auf der Tatsache, daß ein Elektron nie wirklich frei ist. Die Vergangenheit eines Elektrons wird immer eine Reihe von Streuungen enthalten, genau wie seine Zukunft. Wir stellen uns vor, daß sich diese Streuungen in langen, aber endlichen Zeitintervallen ereignen. Es genügt, die Wirkung der Selbstwechselwirkung und der Massenkorrektur zwischen irgend zweien dieser Streuungen zu berechnen, weil das Ergebnis zwischen jedem Paar von ihnen offenbar dasselbe ist. Dann können wir die Wirkung einfach dadurch berücksichtigen, daß wir die Korrektur, die für eines dieser Intervalle zwischen den Streuungen berechnet ist, als zum Potential für jede Streuung gehörig ansehen (die Zahl der Wechselwirkungen ist gleich der Zahl der Streuungen). Wenn wir dann wie hier einen einzigen Streuprozeß betrachten, stellt diese Korrektur an das Potential alle Effekte der Diagramme II, III, II′ und III′ dar.

Für ein Elektron, das nicht frei ist, gilt nicht genau $p^2=m^2$, sondern

$$p^2=m^2(1+\varepsilon)^2,$$

wobei wegen der Unschärferelation

$$m\varepsilon=\hbar/T,$$

und T das Intervall zwischen den Streuungen ist. Weil T groß ist, ist ε eine kleine Größe. Wir setzen $\not p=(1+\varepsilon)\not p_0$, wo $\not p_0$ der Impuls eines freien Elektrons ist.

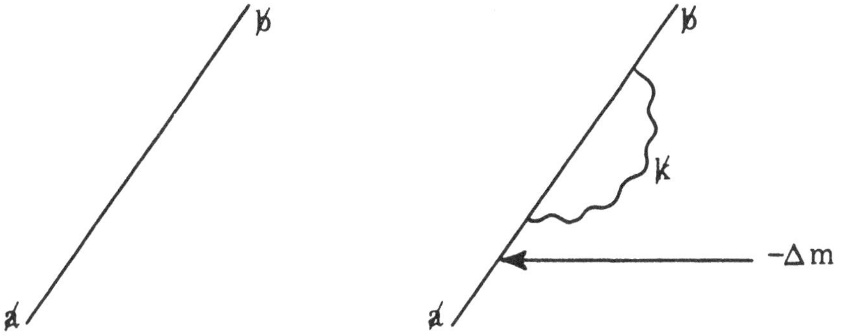

(a) Ohne Störung

(b) Mit Störung durch Selbstwechselwirkung und Massenkorrektur

FIG. 29-2

Wenn $\not a$ und $\not b$ die Impulsdarstellungen der Streupotentiale bei a und b sind (irgend zwei Streuungen), dann ist die Matrix für den störungsfreien Übergang vom Anfangszustand bei a zum Endzustand bei b

$$\not b \frac{1}{\not p-m} \not a=\not b \frac{\not p+m}{p^2-m^2} \not a=\frac{\not b(\not p+m)\not a}{2m^2\varepsilon},$$

bis zu Termen der Ordnung ε. Mit den Störungen der Selbstwechselwirkung und der Massenkorrektur ist diese Matrix

$$i4\pi e^2 \int \not b \frac{1}{\not p-m}\gamma_\mu \frac{1}{\not p-\not k-m}\gamma_\mu \frac{1}{\not p-m}\not a \frac{d^4k}{k^2-\lambda_{\min}^2}\left(\frac{-\lambda^2}{k^2-\lambda^2}\right)$$

$$-\not b \frac{1}{\not p-m}\Delta m \frac{1}{\not p-m}\not a.$$

Der Wert dieser Matrix, verglichen mit dem der ungestörten Matrix, liefert den gewünschten Korrekturterm (siehe Fig. 29.2).

Aufgabe: Zeige, daß für zwei nichtkommutierende (oder kommutierende) Operatoren A und B die folgende Entwicklung gilt:

$$\frac{1}{A+B}=\frac{1}{A}-\frac{1}{A}B\frac{1}{A}+\frac{1}{A}B\frac{1}{A}B\frac{1}{A}+\cdots.$$

Mit dem Ergebnis der vorhergehenden Aufgabe erhalten wir

$$\frac{1}{\not p-\not k-m}=\frac{1}{\not p_0+\varepsilon\not p_0-\not k-m}\approx\frac{1}{\not p_0-\not k-m}-\frac{1}{\not p_0-\not k-m}\times\varepsilon\not p_0\frac{1}{\not p_0-\not k-m}+\cdots,$$

so daß die vorhergehende Matrix die Form

$$i4\pi e^2\int\not b\frac{\not p+m}{2m^2\varepsilon}\gamma_\mu\frac{1}{\not p_0-\not k-m}\gamma_\mu\frac{\not p+m}{2m^2\varepsilon}\not a\frac{d^4k}{k^2-\lambda_{\min}^2}\frac{-\lambda^2}{k^2-\lambda^2}$$
$$-i4\pi e^2\int\not b\frac{\not p+m}{2m^2\varepsilon}\gamma_\mu\frac{1}{\not p_0-\not k-m}\not p_0\frac{1}{\not p_0-\not k-m}\gamma_\mu\frac{d^4k}{k^2-\lambda_{\min}^2}$$
$$\times\frac{\not p+m}{2m^2}\not a\left(\frac{-\lambda^2}{k^2-\lambda^2}\right)-\not b\frac{\not p+m}{2m^2\varepsilon}\Delta m\frac{\not p+m}{2m^2\varepsilon}\not a$$

annimmt. Der erste und letzte Term sind bis zu Termen der Ordnung ε identisch und heben sich deshalb heraus. Das Integral im zweiten Term ist im wesentlichen schon durch die Berechnung des Diagramms I (Fig. 28.2) ausgeführt worden, außer daß hier $\not p_0$ an die Stelle von $\not a$, $\not p_1$ und $\not p_2$ tritt, so daß in diesem Fall $\not q=\not p_2-\not p_1=0$ ist und wir das Resultat

$$-\frac{e^2}{2\pi}r\not b\frac{\not p+m}{2m^2\varepsilon}\not p_0\frac{\not p+m}{2m^2}\not a$$

erhalten. Bis zu dieser Ordnung in ε können die $\not p$'s im Zähler durch $\not p_0$'s ersetzt werden. Wir stellen ferner fest, daß

$$(\not p_0+m)\not p_0(\not p+m)\equiv 2m^2(\not p+m),$$

weil $\not p_0 u=mu$, so daß das vorhergehende Ergebnis in der Form

$$-\frac{e^2}{2\pi}r\not b\frac{\not p+m}{2m^2\varepsilon}\not a$$

geschrieben werden kann. Das ist gerade $-(e^2/2\pi)r$ mal der Matrix für den störungsfreien Übergang. Folglich erhält man den Korrekturterm, der von den Diagrammen II, III, II′ und III′ stammt, einfach durch die Ersetzung des Streupotentials $\not{a}$ durch $-(e^2/2\pi)r\not{a}$, wie wir früher behauptet hatten.

Es sollte erwähnt werden, daß die Schwierigkeit, die geeignete Subtraktion der Selbswechselwirkung und der Massenkorrektur zu finden, nicht ein „Divergenzproblem" der Quantenelektrodynamik darstellt. Es ist ein typisches Problem, das genauso gut in der nichtrelativistischen Quantenmechanik auftreten könnte, wenn man z. B. irgendeinen nichtverschwindenden Wert als Bezugspunkt für ein Potential wählt, d. h. ein Elektron als frei ansieht, wenn es sich in einem gleichförmigen nichtverschwindenden Potential bewegt. Man kann leicht verifizieren, daß dies zu einer „Energiekorrektur" für das freie Teilchen führen würde, die analog zur hier betrachteten Massenkorrektur ist. Wenn man dann die Amplitude für einen Streuprozeß berechnet und dabei eine „theoretische Energie" benutzt und den Effekt der „Energiekorrektur" subtrahiert, träte die Differenz unendlicher Terme auf, wenn man Wellenfunktionen für freie Elektronen benutzte. In diesem einfachen Fall würde sich allerdings der unendliche Term herausheben, aber im Prinzip ist dieses Problem dasselbe wie in unserem Fall.

Der vollständige Korrekturterm, der von der Selbstwechselwirkung und der Massenkorrektur verursacht wird, ist schließlich

$$\frac{e^2}{2\pi}\left[2\left(\ln\frac{m}{\lambda_{\min}}-1\right)\left(1-\frac{2\theta}{\tan 2\theta}\right)+\theta\tan\theta+\frac{4}{\tan 2\theta}\right.$$
$$\left.\times\int_0^\theta \alpha\tan\alpha\, d\alpha\right]\not{a}+\frac{e^2}{8\pi m}(\not{q}\not{a}-\not{a}\not{q})\frac{2\theta}{\sin 2\theta}.$$

Lösung der fiktiven „Infrarotkatastrophe"

Aus dem Korrekturterm, den wir gerade bestimmt haben, erhalten wir den folgenden Wirkungsquerschnitt für die Streuung eines Elektrons *ohne* Emission von Photonen bis zur Ordnung e^2:

$$\sigma=\sigma_0\left\{1-\frac{e^2}{2\pi}\left[2\left(\ln\frac{m}{\lambda_{\min}}-1\right)\left(1-\frac{2\theta}{\tan 2\theta}\right)+\begin{pmatrix}\text{Terme, die nicht}\\ \text{von } \lambda_{\min} \text{ abhängen}\end{pmatrix}\right]\right\},$$

wobei σ_0 der Wirkungsquerschnitt für das Potential $\not{a}$ allein ist. Dieser Wirkungsquerschnitt divergiert logarithmisch für $\lambda_{\min}\to 0$, und die Divergenz hatten wir vorher „Infrarotkatastrophe" genannt.

Dieses Ergebnis beruht jedoch auf der physikalischen Tatsache, daß es unmöglich ist, ein Elektron *ohne* Emission von Photonen zu streuen. Wenn das Elektron gestreut wird, dann muß sich das elektromagnetische Feld ändern, und zwar muß das Feld einer Ladung, die sich mit dem Impuls p_1 bewegt, in das zum Impuls p_2 übergehen. Diese Änderung wird notwendig von Strahlung begleitet.

In der Theorie der Bremsstrahlung wurde gezeigt, daß der Wirkungsquerschnitt für die Emission eines niederenergetischen Photons durch

$$\sigma = \sigma_0 \frac{e^2}{\pi} \frac{d\Omega_\omega}{4\pi} \left(\frac{\omega p_1 \cdot e}{p_1 \cdot q} - \frac{\omega p_2 \cdot e}{p_2 \cdot q} \right)^2 \frac{d\omega}{\omega}$$

gegeben ist.

Aufgabe: Zeige, daß das Integral über alle Richtungen und die Summe über die Polarisationen des vorhergehenden Wirkungsquerschnitts durch

$$\sigma = \sigma_0 (2e^2/\pi)[1 - (2\theta/\tan 2\theta)] d\omega/\omega$$

gegeben ist, wobei $\sin^2\theta = -(\not{p}_2 - \not{p}_1)^2/4m^2$. Folglich ist die Wahrscheinlichkeit für die Emission eines beliebigen Photons zwischen $k=0$ und $k=K_m$

$$\sigma_0 \frac{2e^2}{\pi} \left(1 - \frac{2\theta}{\tan 2\theta}\right) \int_0^{K_m} \frac{d\omega}{\omega} = \sigma_0 \frac{2e^2}{\pi} \left(1 - \frac{2\theta}{\tan 2\theta}\right) \ln \frac{K_m}{\lambda_{\min}}.$$

Dieser Ausdruck divergiert logarithmisch.

Deshalb entsteht das Dilemma des divergierenden Streuquerschnitts in Wirklichkeit daraus, daß eine ungeschickte Frage gestellt wird: Was ist die Chance für Streuung ohne Emission von Photonen? Statt dessen sollte man fragen: Was ist die Chance für Streuung ohne Emission von Photonen mit einer Energie größer als K_m? Denn es werden stets einige sehr weiche Photonen emittiert.

Was dann wirklich gesucht ist, um die letzte Frage beantworten zu können, ist die Chance für Streuung ohne Photonemission, die Chance für die Emission eines Photons mit einer Energie unterhalb K_m und die Chance für zwei und mehr Photonen unterhalb K_m (aber diese Terme sind von der Ordnung e^4 und von höherer Ordnung und werden deshalb vernachlässigt).

Jeder dieser Terme ist eigentlich unendlich, wird aber durch den Trick mit $\lambda_{\min}$ vorübergehend endlich gehalten. Ihre Summe divergiert jedoch nicht, wie man durch Aufsammeln der früheren Ergebnisse sehen kann: Chance für die Streuung ohne Emission von Photonen mit Energien $> K_m$

$$=\sigma_0\left\{1-\frac{e^2}{\pi}\left[2\left(\ln\frac{m}{\lambda_{\min}}-1\right)\left(1-\frac{2\theta}{\tan 2\theta}\right)+\begin{pmatrix}\text{Terme, die unabhän-}\\ \text{gig von } \lambda_{\min} \text{ sind}\end{pmatrix}\right]\right\}$$

$$+\sigma_0\frac{2e^2}{\pi}\left(1-\frac{2\theta}{\tan 2\theta}\right)\ln\frac{K_m}{\lambda_{\min}}+(\text{Terme von der Ordnung } e^4)$$

$$=\sigma_0\left[\left(1-\frac{e^2}{\pi}2\ln\frac{m}{K_m}\right)\left(1-\frac{2\theta}{\tan 2\theta}\right)\right]+\begin{pmatrix}\text{Terme, die unabhängig}\\ \text{von } \lambda_{\min} \text{ sind, und von}\\ \text{der Ordnung } e^4\end{pmatrix}.$$

Dieses Ergebnis hängt nicht von $\lambda_{\min}$ ab und löst deshalb die „Infrarotkatastrophe“. Von BLOCH und NORDSIECK wurde gezeigt, daß dasselbe für alle Ordnungen gilt[1].

Interessant ist, daß der größte aller Korrekturterme für den Streuquerschnitt in der Quantenelektrodynamik, nämlich

$$-(2e^2/\pi)[1-(2\theta/\tan 2\theta)]\ln(m/K_m),$$

schon aus der klassischen Elektrodynamik folgt, weil dieser Term mit langen Wellenlängen zusammenhängt. Die anderen Terme wirken sich nur wenig aus. Bisher waren die Streuexperimente genau genug, um die Existenz des großen Terms zu verifizieren, aber nicht genau genug, um die Beiträge der kleinen Terme exakt zu verifizieren. Deshalb sind sie für einen Test der Quantenelektrodynamik eigentlich nicht zu gebrauchen.

Dieselben Überlegungen gelten für jeden Prozeß, der die Ablenkung von freien Elektronen enthält. Die beste Art für die Behandlung des Problems ist, alle Rechnungen auf $\lambda_{\min}$ zu beziehen und dann nur Fragen zu stellen, die eine vernünftige Antwort haben können, was daran gemessen wird, ob $\lambda_{\min}$ eliminiert werden kann.

Aufgabe: Stelle Diagramme und Integrale zusammen, die für die Strahlungskorrekturen (bis zur Ordnung e^2) zur Klein-Nishina-Formel gebraucht werden. Vergleiche die Resultate mit denen von L. BROWN und R. P. FEYNMAN[2].

[1] F. BLOCH und A. NORDSIECK, Phys. Rev. **52**, 54 (1937).

[2] Phys. Rev. **85**, 231 (1952).

Dreißigste Vorlesung

Eine andere Behandlung der Infrarot-Schwierigkeit

Anstatt eine unphysikalische Masse einzuführen, nehmen wir an, daß keine weichen Photonen beitragen. Wir müssen also von den früheren Resultaten die Beiträge aller Photonen mit einem Impulsbetrag kleiner als eine bestimmte Zahl $k_0 \gg \lambda_{\min}$ abziehen. Das frühere Resultat ist

$$\not{a}\{1+(e^2/2\pi)[2\ln(m/\lambda_{\min}-1)(1-2\theta/\tan 2\theta)]+\theta\tan\theta + (4/\tan 2\theta)\int_0^\theta y\tan y\,dy]\}. \tag{30.1}$$

Der zu subtrahierende Term ist

$$(e^2/2\pi)\int_0^{k_0} \gamma_\mu(\not{p}_2-\not{k}+m)(k^2-2p_2\cdot k_2)^{-1}\not{a}(\not{p}_1-\not{k}+m) \times(k^2-2p_1\cdot k_1)^{-1}\gamma_\mu d^4k/(k^2-\lambda_{\min}^2). \tag{30.2}$$

Wir nehmen $k_0 \ll p_1$ oder p_2 an und vernachlässigen sowohl $\not{k}$ wie auch die ersten beiden k^2 in diesem Integral. Damit ist das Integral näherungsweise (wir benutzen $\not{p}_1\gamma_\mu = 2p_{1\mu}-\gamma_\mu\not{p}_1$)

$$x = -\frac{e^2}{2\pi}\frac{\not{a}}{2}\int\left[\frac{p_{2\mu}}{p_2\cdot k}-\frac{p_{1\mu}}{p_1\cdot k}\right]^2\frac{d^4k}{k^2-\lambda_{\min}^2}. \tag{30.3}$$

Hieraus folgt

$$x = e^2/2\pi\{[1-(2\theta/\tan 2\theta)][2\ln(2k_0/\lambda_{\min}-1)]+[4\theta/\tan 2\theta] \times[(1/2\theta)\int_0^{2\theta}(y/\tan y)dy-1]\}\not{a}. \tag{30.4}$$

Dieser Term ist vom Ausdruck (30.1) abzuziehen.

Wir benutzen $\sin^2\theta = q^2/4m^2$ für kleine q und erhalten für x aus Gl. (30.4)

$$x = (e^2/2\pi)(2q^2/3m^2)[\ln(2k_0/\lambda_{\min})-(5/6)]\not{a}.$$

Die Subtraktion dieses Ausdrucks von Gl. (30.1), ebenfalls für kleine q, ergibt

$$\not{a}\{1+(e^2/4\pi)(4q^2/3m^2)[\ln m/\lambda_{\min})-(3/8)-\ln(2k_0/\lambda_{\min})+(5/6)]\}. \tag{30.5}$$

Der letzte Term ist $[\ln(m/2k_0)+(11/24)]$.

Wirkung auf ein Atomelektron

Wir betrachten das Wasserstoffatom mit einem Potential $V=e^2/r$ und einer Wellenfunktion $\phi_0(\boldsymbol{R})\exp(-iE_0t)=\phi_0(x_\mu)$. Die Wellenfunktion sei auf die übliche Weise normiert. Die Wirkung der Selbstenergie des Elektrons ist eine Verschiebung des Energieniveaus um einen Betrag

$$\Delta E = e^2 \int \tilde{\phi}_0(\boldsymbol{x}_2,t_2)\gamma_\mu K_+^V(2,1)\gamma_\mu \delta_+(s_{1,2}{}^2)\phi_0(\boldsymbol{x}_1,t_1)d^3\boldsymbol{x}_1 d^3\boldsymbol{x}_2 dt_2 - \Delta m \int \tilde{\phi}(\boldsymbol{x},t)\phi(\boldsymbol{x},t)d^3\boldsymbol{x}. \tag{30.6}$$

Das erste Integral entspricht der Fig. 30.1. Das zweite ist der Effekt für ein freies Teilchen, wie wir ihn in den vorhergehenden Vorlesungen

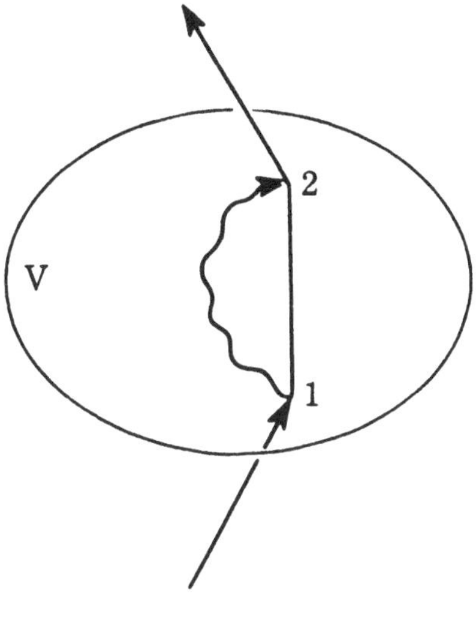

FIG. 30-1

angegeben haben. Der Kern K_+^V ist nicht gut genug bestimmt, um die exakte Auswertung dieses Integrals zu ermöglichen. Eine Näherungsrechnung kann mit der Form

$$K_+^V(2,1) = \sum_{+n} \exp[-iE_0(t_2-t_1)]\tilde{\phi}_n(\boldsymbol{x}_2)\phi_n(\boldsymbol{x}_1) \quad t_2>t_1$$

$$- \text{ähnliche Summe über negative Energien für } t_2<t_1$$

ausgeführt werden. Der Photonpropagator kann folgendermaßen entwickelt werden:

$$\delta_+(s_{1,2}{}^2) = 4\pi \int \exp[-ik(t_2-t_1)+i\boldsymbol{k}\cdot(\boldsymbol{x}_2-\boldsymbol{x}_1)]d^3k/2k(2\pi)^{-3} \quad t_2>t_1$$

$$= 4\pi \int \exp[+ik(t_2-t_1)+i\boldsymbol{k}\cdot(\boldsymbol{x}_2-\boldsymbol{x}_1)]d^3k/2k(2\pi)^{-3} \quad t_2<t_1.$$

Mit diesen Ausdrücken wird Gl. (30.6)

$$\Delta E=\sum_{+n}\int[\alpha_\mu \exp(-i\boldsymbol{K}\cdot\boldsymbol{R})]_{0n}(E_n+K-E_0)^{-1}[\alpha_\mu \exp(i\boldsymbol{K}\cdot\boldsymbol{R})]_{n0}$$
$$\times d^3\boldsymbol{k}/4\pi k-\sum_{-n}\int[\alpha_\mu \exp(-i\boldsymbol{K}\cdot\boldsymbol{R})]_{0n}(|E_n|+\omega+E_0)^{-1} \qquad (30.7)$$
$$\times[\alpha_\mu \exp(i\boldsymbol{K}\cdot\boldsymbol{R})]_{n0}\, d^3\boldsymbol{k}/4\pi k-(\Delta m\,\text{Term}).$$

Diese Form impliziert die Verwendung von ϕ^* anstatt $\tilde{\phi}$ und $\alpha_4=1$, $\alpha_{1,2,3}=\boldsymbol{\alpha}$.

Ein anderer Ansatz für die Bewegung eines Elektrons in einem Wasserstoffatom besteht in folgendem. Wir betrachten das Elektron als ein freies Teilchen, das hin und wieder am Coulomb-Potential gestreut wird. Die Streuungen verursachen eine Phasenverschiebung in der Wellenfunktion von der Größenordnung (Rydberg/$\hbar$). Folglich ist die Periode zwischen den Streuungen von der Größenordnung $T=\hbar$/Rydberg. Wir nehmen an, daß die untere Grenze k_0 für den Impuls der „Selbstwechselwirkungs"-Photonen groß ist gegen Rydberg. Dann ist es sehr wahrscheinlich, daß ein emittiertes Photon wieder absorbiert wird, bevor zwei Wechselwirkungen zwischen dem Elektron und dem Potential stattgefunden haben; es ist sehr unwahrscheinlich, daß zwei oder mehr

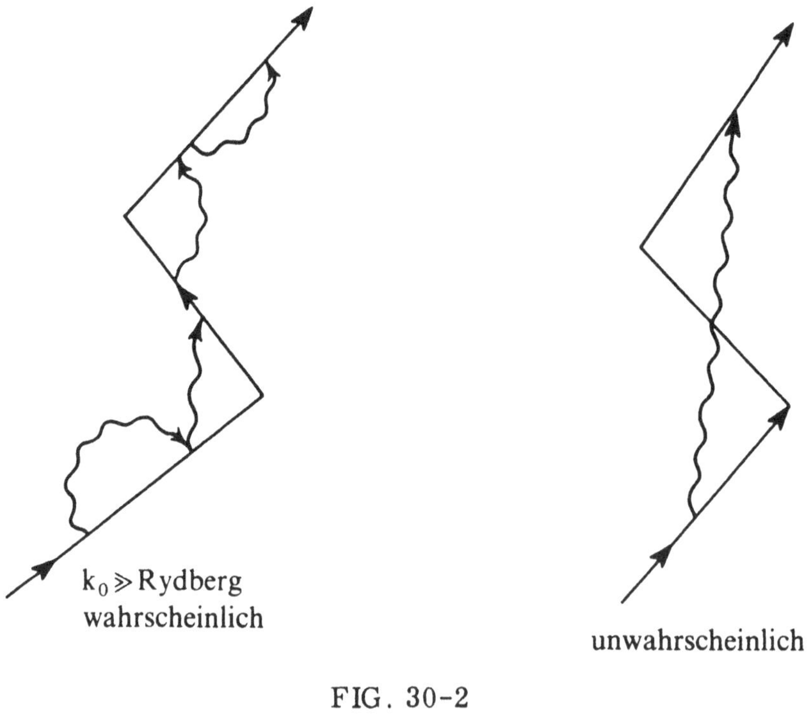

FIG. 30-2

Streuungen zwischen der Emission und Absorption stattfinden können (siehe Fig. 30.2). Dann ist die Korrektur zum Potential die in Gl. (30.5) für kleine q berechnete (plus Korrekturen für anomales Moment). Sie beträgt

$$(e^2/4\pi)(4q^2/3m^2)(\ln m/2k_0+11/24)\not{V}$$

im Impulsraum. Für die Transformation in den Ortsraum benutzen wir

$$q^2\not{V}=(q_4^2-Q^2)\not{V}\rightarrow(\partial^2/\partial t^2-\nabla^2)\not{V}.$$

Damit ist die Korrektur

$$-(e^2/3\pi m^2)(\ln m/2k_0+11/24)\nabla^2\not{V}. \qquad (30.7')$$

Diese Korrektur ist am wichtigsten für den s-Zustand, weil für ein Coulomb-Potential $\nabla^2 V=4\pi Ze^2\delta(\boldsymbol{R})$ gilt und $\phi(\boldsymbol{R})$ nur im s-Zustand bei $\boldsymbol{R}=0$ von Null verschieden ist.

Die Wahl von k_0 ist durch die Ungleichungen $m\gg k_0\gg$ Rydberg bestimmt. Ein befriedigender Wert ist $k_0=137$ Rydberg. Für solches k_0 muß die Wirkung von Photonen mit $k<k_0$ berücksichtigt werden. Wir gehen hier so vor, daß wir den Effekt in die Summe dreier Teileffekte aufspalten, und wir werden sehen, daß zwei dieser Effekte vom Potential V unabhängig sind und deshalb von entsprechenden Termen in der Δm-Korrektur für ein freies Teilchen weggehoben werden. Der Effekt muß also nur für eine Situation berechnet werden. In allen Fällen kann die nichtrelativistische Näherung für den Ausdruck (30.7) benutzt werden, weil k klein ist.

(1) Der Beitrag von Zuständen negativer Energie: wenn wir k gegen m vernachlässigen, erhalten wir

$$(|E_n|+k+E_0)\approx 2m.$$

Das Matrixelement für α_4 ist sehr klein, und nur die Elemente für $\boldsymbol{\alpha}$ sind zu betrachten. Dann ist die Summe über Zustände negativer Energie

$$\sum_{-n}\int[(\boldsymbol{\alpha}_{0n})\cdot(\boldsymbol{\alpha}_{n0})/2m]k^2\,dk/k.$$

Wenn diese Summe zu $+n$ fortgesetzt wird, dann wird nur ein vernachlässigbar kleiner Term von der Größenordnung v^2/c^2 hinzuaddiert. Folglich ist die Summe näherungsweise

$$-\sum_{\text{alle Zustände}}\int[(\boldsymbol{\alpha}_{0n})\cdot(\boldsymbol{\alpha}_{n0})/2m]k^2\,dk/k=(\boldsymbol{\alpha}\cdot\boldsymbol{\alpha})_{00}k^2\,dk/2mk$$
$$=3k_0^2/4m.$$

Das ist unabhängig von V und wird deshalb von einer entsprechenden Größe im Δm Term weggehoben.

(2) Longitudinale Zustände positiver Energie ($\alpha_\mu \to \boldsymbol{\alpha}\cdot\boldsymbol{k}/k$): Der Leser zeige zur Übung, daß

$$\boldsymbol{\alpha}\cdot\boldsymbol{k}\exp(i\boldsymbol{k}\cdot\boldsymbol{R}) = H\exp(i\boldsymbol{k}\cdot\boldsymbol{R}) - \exp(i\boldsymbol{k}\cdot\boldsymbol{R})H.$$

Dann ist

$$[(\boldsymbol{\alpha}\cdot\boldsymbol{k}/k)\exp(i\boldsymbol{k}\cdot\boldsymbol{R})]_{n0} = (E_n - E_0)/k[\exp(i\boldsymbol{k}\cdot\boldsymbol{R})]_{n0},$$

und der Beitrag dieser Terme, summiert über Zustände positiver Energie, ist

$$\begin{aligned}\int [1-(E_n-E_0)^2/k^2]\exp(i\boldsymbol{k}\cdot\boldsymbol{R})_{0n}\exp(-i\,\boldsymbol{k}\cdot\boldsymbol{R})_{n0}(E_n+k-E_0)^{-1}\,d^3\boldsymbol{k}/4\pi k \\ = \int (E_n-E_0+k)\exp(i\boldsymbol{k}\cdot\boldsymbol{R})_{0n}\exp(-i\boldsymbol{k}\cdot\boldsymbol{R})_{n0}\,d^3\boldsymbol{k}/4\pi k^3 \\ = \int [H\exp(i\boldsymbol{k}\cdot\boldsymbol{R})-\exp(i\boldsymbol{k}\cdot\boldsymbol{R})H]_{0n}[\exp-(i\boldsymbol{k}\cdot\boldsymbol{R})]_{n0}\,d^3\boldsymbol{k}/4\pi k^3.\end{aligned}$$

Wenn wir $H = p^2/2m$ schreiben (V kommutiert mit dem Exponenten), erhalten wir hierfür

$$\int [(p+k)^2/2m - p^2/2m + k]\,d^3\boldsymbol{k}/k^3.$$

Dieser Term ist von V unabhängig und wird deshalb auch in der Δm Korrektur weggehoben.

(3) Transversale Zustände positiver Energie: Da k_0 groß ist gegen die Ausdehnung des Atoms, kann die Dipol-Approximation benutzt werden.[1] Der allgemeine Term in der Summe von Gl. (30.7) wird

$$\int (\alpha_{tr})_{0n}(\alpha_{tr})_{n0}(E_n+k-E_0)^{-1}\,d^3\boldsymbol{k}/k. \qquad (30.8)$$

Wir schreiben

$$(E_n+k-E_0)^{-1} = 1/k - (E_n-E_0)/(E_n+k-E_0)k$$

und spalten den Term in $1/k$ vom Rest des Integrals ab, weil er unabhängig von V ist und deshalb von der Δm Korrektur weggehoben wird. Ferner erhalten wir durch Mittelung über die Richtungen

$$(\alpha_{tr})_{0n}(\alpha_{tr})_{n0} = 2/3(\boldsymbol{\alpha})_{0n}\cdot(\boldsymbol{\alpha})_{n0} = (2/3m^2)(\boldsymbol{p})_{0n}\cdot(\boldsymbol{p})_{n0}$$

in der nichtrelativistischen Näherung. Somit ist das Integral von Gl. (30.8)

$$(2/3m^2)(\boldsymbol{p})_{0n}\cdot(\boldsymbol{p})_{n0}(E_n-E_0)\log(k_0+E_n-E_0)/(E_n-E_0).$$

Mit Hilfe der Relation

$$\boldsymbol{p}_{n0}(E_n-E_0) = (\boldsymbol{p}H - H\boldsymbol{p})_{n0} = (\nabla V)_{n0}$$

[1] Vgl. H. Bethe, Phys. Rev. **72**, 339 (1947).

und der Tatsache, daß $k_0 \gg E_n - E_0$, wird ein Teil der Summe über transversale Zustände positiver Energie

$$(\ln k_0) \sum_n \boldsymbol{p}_{0n} \cdot (\nabla V)_{n0} = 1/2 (\ln k_0)(\nabla^2 V)_{00} .$$

Das hebt sich gegen $\ln k_0$ von Gl. (30.7′) heraus, so daß schließlich als Korrektur

$$(2e^2/3\pi m^2) \sum_{+n} \boldsymbol{p}_{n0} \cdot \boldsymbol{p}_{0n} (E_n - E_0) \{\ln[M/2(E_n - E_0)] + (11/24)\}$$

+ Korrektur für anomales Moment

verbleibt. Diese Summe ist numerisch ausgeführt worden, um mit der beobachteten LAMB-shift verglichen werden zu können.

Einunddreißigste Vorlesung

Prozesse mit geschlossenen Schleifen, Vakuumpolarisation

Zur Streuung an einem Potential gehört ein weiterer Prozeß, der noch von erster Ordnung in e^2 ist und den wir bisher nicht betrachtet haben. Anstatt einer direkten Streuung des Teilchens am Potential kann die Streuung so verlaufen, daß das Potential zuerst ein Paar erzeugt, das bei anschließender Annihilation ein Photon erzeugt, welches dann mit dem Teilchen wechselwirkt. Das Diagramm I (Fig. 31.1) beschreibt diesen Prozeß; Diagramm II beschreibt einen ähnlichen Prozeß, in dem die Zeitordnung etwas geändert ist. Die Amplitude für diesen Prozeß ist

$$i 4\pi e^2 \sum_{\substack{\text{Spinzustände} \\ \text{von } u}} (\tilde{u}_2 \gamma_\mu u_1) \frac{1}{q^2} \int \left(\tilde{u} \frac{1}{\not p - m} \gamma_\mu \frac{1}{\not p + \not q - m} \not a u \right) (2\pi)^{-4} d^4 p, \tag{31.1}$$

wobei u der Spinoranteil der Wellenfunktion für die geschlossene Schleife ist. Die erste Klammer ist die Amplitude für die Streuung des Elektrons am Photon; $1/q^2$ ist der Photonpropagator; und die zweite Klammer ist die Amplitude für die Produktion des Photons durch die geschlossene Schleife. Dieser letzte Ausdruck ist über p integriert, weil die Amplitude für ein Positron mit *beliebigem* Impuls gewünscht ist. In der Summe über vier Spinzustände von u berücksichtigen zwei den Prozeß von Diagramm I und zwei den Prozeß von Diagramm II. Projektionsoperatoren sind nicht erforderlich, so daß die Spur-Methode direkt angewendet werden kann und den Ausdruck

$$i 4\pi e^2 (\tilde{u}_2 \gamma_\mu u_1) \frac{1}{q^2} \int Sp \left[\frac{1}{\not p - m} \gamma_\mu \frac{1}{\not p + \not q - m} \not a \right] (2\pi)^{-4} d^4 p \tag{31.2}$$

liefert, der sowohl I wie auch II enthält (wie wir schon wissen, ist es nicht notwendig, getrennte Diagramme für Prozesse anzusetzen, die sich nur in der Zeitordnung unterscheiden). Auch dieses Integral divergiert, und ein Photonkonvergenzfaktor, wie wir ihn in den vorhergehenden Vorlesungen benutzt hatten, ist wertlos, weil jetzt das Integral über p geht, den Impuls des Positrons im Zwischenzustand. Die Methode, die benutzt wurde, um die Divergenzschwierigkeit zu umgehen, besteht

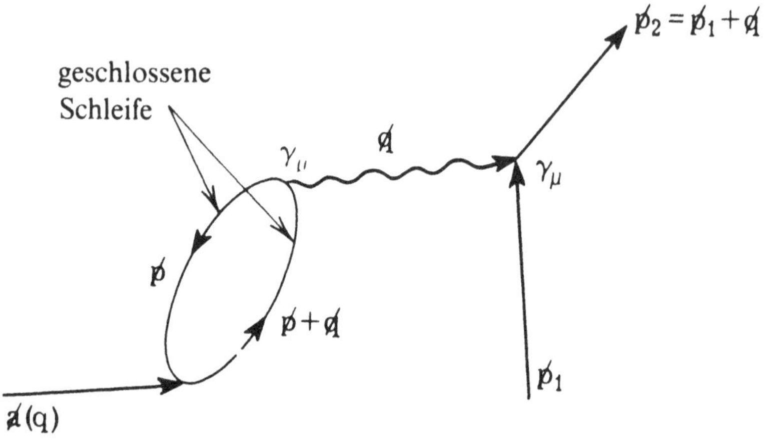

I

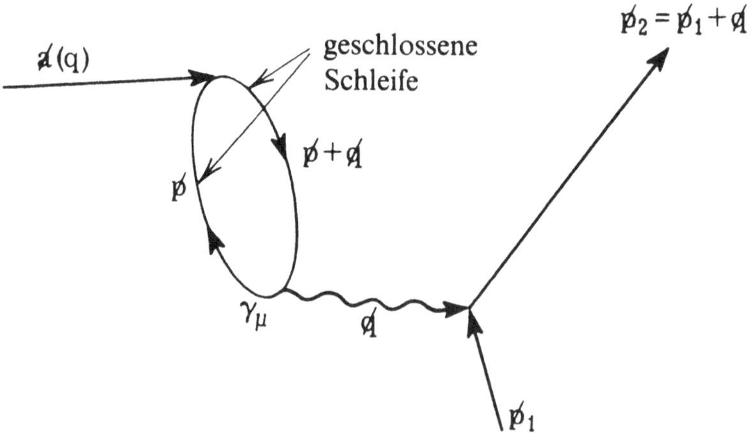

II

FIG. 31-1

darin, von diesem Integral ein ähnliches Integral, in dem m durch M ersetzt wird, zu subtrahieren. M wird viel größer als m angenommen, was zu einer Art *cutoff* im Integral über p führt. Hiernach hat die Amplitude die Form[1]

$$(\tilde{u}_2 \gamma_\mu u_1) a_\mu (e^2/\pi)[-(1/3)\ln(M/m)^2 - (1-\theta/\tan\theta) \times (4m^2+2q^2)/3q^2 + 1/9], \tag{31.3}$$

wobei $q^2 = 4m^2 \sin^2\theta$, die für kleine q in

$$(\tilde{u}_2 \gamma_\mu u_1) a_\mu (e^2/\pi)[-(1/3)\ln(M/m)^2 + 2q^2/15] \tag{31.4}$$

übergeht. Man beachte, daß $(\tilde{u}_2 \gamma_\mu u_1) = (u_2 \not{a} u_1)$; folglich ist das effektive Potential, wenn wir nur den divergenten Teil des Integrals betrachten,

$$\not{a}\{1 + (e^2/\pi)[-(1/3)\ln(M/m)^2]\}. \tag{31.5}$$

Die 1 kommt aus der Theorie ohne Strahlungskorrekturen, während der e^2-Term die Korrektur ist, die von Prozessen der gerade beschriebenen Art stammt. Folglich wirkt sich die Korrektur wie eine kleine Schwächung aller Potentiale aus, und man kann analog zur Massenkorrektur, die in Vorlesung 28 beschrieben wurde, eine experimentelle Ladung e_{exp} und eine theoretische Ladung e_{th} einführen, die über die Beziehung

$$e_{\text{exp}} = e_{\text{th}} + \Delta e \tag{31.6}$$

zusammenhängen, wobei $\Delta(e^2) = -(e^2/3\pi)\ln(M/m)^2$ ist. Das wird als „Ladungsrenormierung" bezeichnet. Der andere Term,

$$(2/15)(e^2/\pi)q^2 \not{a},$$

ist interessanter, weil er eine Störung $2e^2/15\pi(\nabla^2 V)$ darstellt. Diese Korrektur ist für 27 Mc in der LAMB-shift verantwortlich, und der Term $\{\ln[m/2(E_n - E_0)] + (11/24)\}$ in (30.7') wird durch $\{\ln[m/2(E_u - E_0)] + (11/24) - (1/5)\}$ ersetzt. Der Term 1/5 stammt von der „Polarisation des Vakuums".

Streuung von Licht an einem Potential

Ein möglicher Prozeß für die Streuung von Licht und eine davon ununterscheidbare Alternative sind in den Diagrammen in Fig. 31.2 gezeigt. Das zweite Diagramm unterscheidet sich vom ersten nur in der Pfeilrichtung der Elektronlinien. Die Umkehrung einer solchen Linie entspricht dem Wechsel von einem Elektron zu einem Positron. Hierbei

[1] Siehe R. P. FEYNMAN, Phys. Rev. **76**, 769 (1949)

wechselt die Kopplung an jedes Potential das Vorzeichen. Weil es drei solche Kopplungen gibt, ist die Amplitude für den zweiten Prozeß das Negative der für den ersten. Da sich die Amplituden addieren, ist die resultierende Amplitude Null. Ganz allgemein verschwindet die Gesamt-

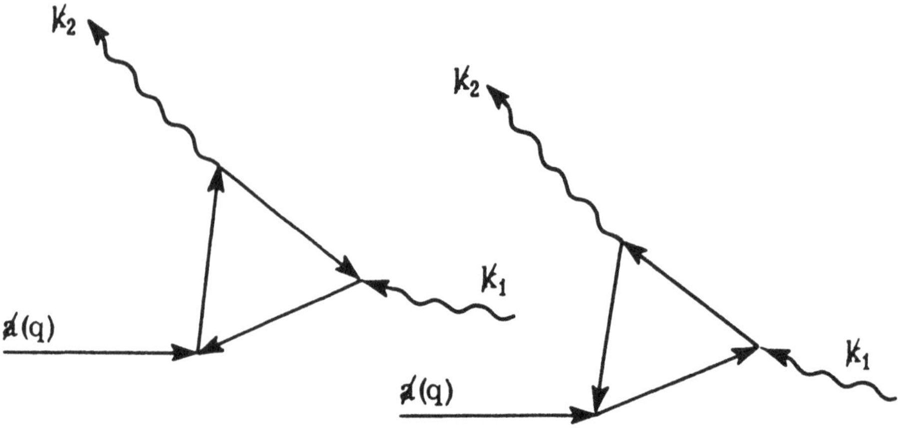

FIG. 31-2

amplitude für jeden Prozeß dieser Art mit einer geschlossenen Schleife, der eine ungerade Anzahl von Kopplungen an ein Potential (einschließlich des Photons) enthält.

> *Aufgabe:* Stelle die Integrale für jedes der beiden Diagramme in Fig. 31.2 auf und zeige, daß sie entgegengesetzt gleich sind.

Die Prozesse höherer Ordnung, die in Fig. 31.3 gezeigt sind, können jedoch stattfinden. Die Amplitude für den Prozeß ist

$$-(4\pi e^2)^2 \int Sp[\not{e}_1(\not{p}-m)^{-1}\not{e}_2(\not{p}-\not{q}_2-m)^{-1}\not{e}_3(\not{p}-\not{q}_2-\not{q}_3-m)^{-1}$$
$$\times \not{e}_4(\not{p}+\not{q}_1-m)^{-1}](2\pi)^{-4}d^4k$$

plus fünf ähnliche Terme, die durch Permutation der Reihenfolge der Photonen entstehen. Dieses Integral divergiert logarithmisch. Wenn aber alle sechs Alternativen berücksichtigt werden, verbleibt in der Summe kein divergenter Term. Noch kompliziertere Prozesse mit geschlossenen Schleifen haben konvergente Integrale.

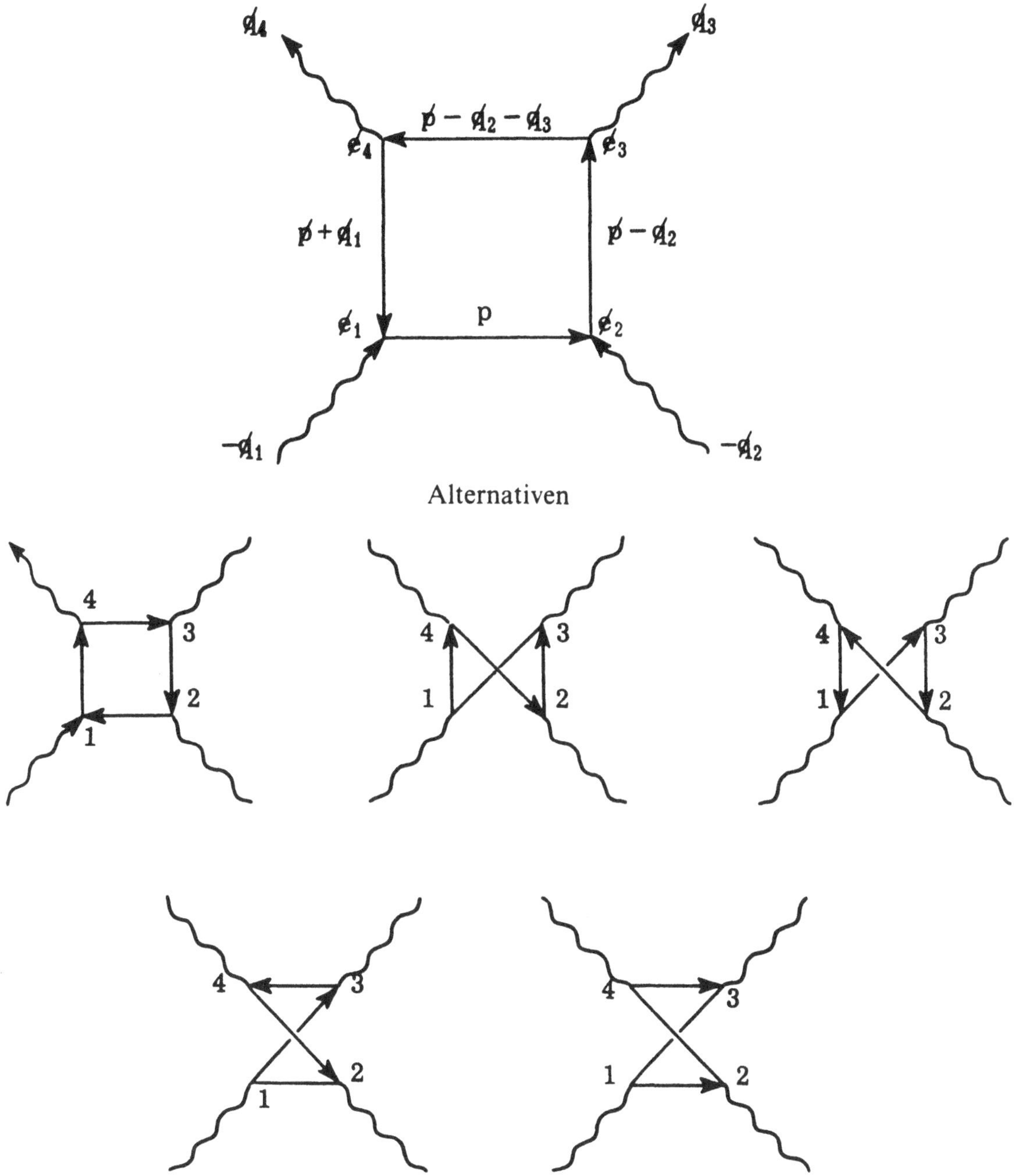
$\not{q}_4$
$\not{q}_3$
$\not{p} - \not{q}_2 - \not{q}_3$
$\not{e}_4$
$\not{e}_3$
$\not{p} + \not{q}_1$
$\not{p} - \not{q}_2$
$\not{e}_1$
p
$\not{e}_2$
$-\not{q}_1$
$-\not{q}_2$
Alternativen
4
3
2
1
4
3
1
2
4
3
1
2
4
3
2
1
4
3
1
2

FIG. 31-3

In Vorlesung 24 wurde die Wahrscheinlichkeit dafür berechnet, daß unter dem Einfluß eines Potentials das Vakuum ein Vakuum bleibt. Das Potential kann zwischen den Zeiten t_1 und t_2 Paare erzeugen und vernichten (ein Prozeß mit einer geschlossenen Schleife). Die Amplitude für die Erzeugung und Vernichtung eines Paares ist (bis zur ersten nichtverschwindenden Ordnung)

$$L \sim \int\int Sp[K_+(1,2)\not{a}(2)K_+(2,1)\not{a}(1)]\,d\tau_1\,d\tau_2 .$$

Die Amplitude für die Erzeugung und Vernichtung von zwei Paaren ist ein Faktor L für jedes, aber, um nicht jedes zweimal zu zählen, wenn über alle $d\tau_1$ und $d\tau_2$ integriert wird, ist sie $L^2/2$. Für drei Paare ist die Amplitude $L^3/3!$. Die Gesamtamplitude dafür, daß das Vakuum ein Vakuum bleibt, ist dann

$$c_v = 1 - L + L^2/2! - L^3/3! + \cdots = e^{-L}, \tag{31.7}$$

wobei die 1 die Amplitude dafür ist, daß es ein Vakuum bleibt, wenn gar nichts passiert. Die Minuszeichen vor den Amplituden für eine ungerade Anzahl von Paaren werden durch das Pauli-Prinzip gerechtfertigt. Angenommen, das Diagramm für $t<t_1$ ist das in Fig. 31.4 gezeigte. Dieser Prozeß kann jedoch auf zwei verschiedene Arten vervollständigt

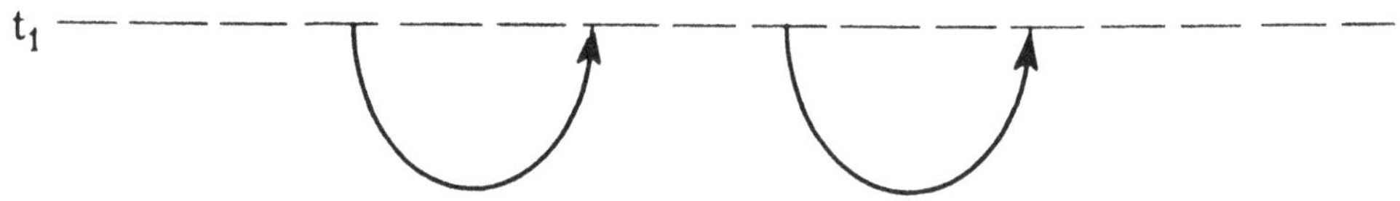

FIG. 31-4

werden (siehe Fig. 31.5). Wir können uns vorstellen, daß wir die zweite Art durch Vertauschen der beiden Elektronen erhalten; folglich muß die zugehörige zweite Amplitude nach dem Pauli-Prinzip von der ersten subtrahiert werden. Aber der zweite Prozeß enthält nur eine geschlossene Schleife, während der erste zwei enthält, so daß wir schließen können, daß Amplituden für eine ungerade Anzahl von Schleifen subtrahiert werden müssen. Die Wahrscheinlichkeit für das Vakuum, ein Vakuum zu bleiben, ist

$$P_{\text{Vak-Vak}} = |c_v|^2 = \exp(-2\ \text{Realteil von}\ L).$$

Da wir zeigen können, daß der Realteil von L (R.T. von L) positiv ist, müssen die Glieder der Reihe im Vorzeichen alternieren, damit diese Wahrscheinlichkeit nicht größer als Eins ist.

Wir haben also zwei Argumente dafür, daß der Ausdruck gleich e^{-L} sein muß. Eines beruht auf dem Vorzeichen des Realteils, einer Eigenschaft von K_+ und der Dirac-Gleichung. Das zweite beruht auf dem Pauli-Prinzip. Wir sehen also, daß wir keine konsistente Interpretation der Dirac-Gleichung geben könnten, wenn die Elektronen nicht der Fermi-Dirac-Statistik genügten. Deshalb besteht ein Zusammenhang zwischen der relativistischen Dirac-Gleichung und dem Ausschließungsprinzip. PAULI hat in einem ausführlicheren Beweis gezeigt, daß das Ausschließungsprinzip notwendig gelten muß, aber unsere Überlegung macht das plausibel.

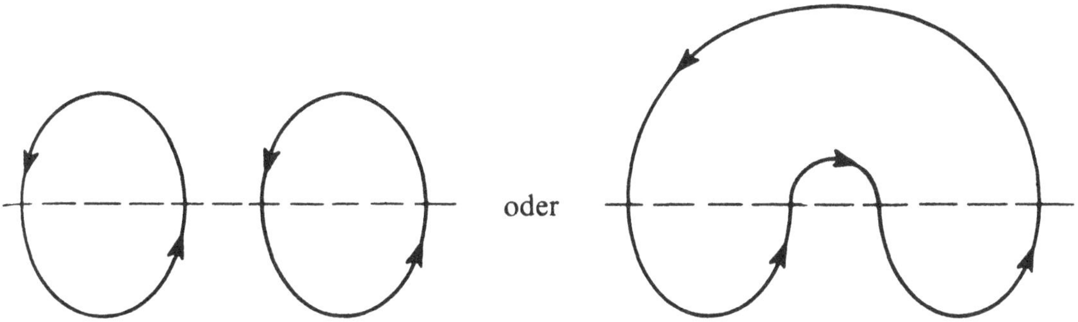

FIG. 31-5

Diese Frage des Zusammenhangs zwischen dem Ausschließungsprinzip und der Dirac-Gleichung ist so interessant, daß wir noch ein anderes Argument angeben wollen, das nicht auf geschlossenen Schleifen beruht. Wir werden beweisen, daß es inkonsistent ist anzunehmen, daß Elektronen vollständig unabhängig sind und Wellenfunktionen für mehrere Elektronen einfach Produkte der einzelnen Wellenfunktionen sind (selbst, wenn wir ihre Wechselwirkung vernachlässigen). Denn unter dieser Annahme ist

$$\left.\begin{array}{l}\text{Wahrscheinlichkeit für das Vakuum,}\\ \text{ein Vakuum zu bleiben}\end{array}\right\} = P_V$$

$$\left.\begin{array}{l}\text{Wahrscheinlichkeit für das Vakuum, in}\\ \text{einen Zustand mit 1 Paar überzugehen}\end{array}\right\} = P_V \sum_{\text{alle Paare}} |K_{1\,\text{Paar}}|^2$$

$$\left.\begin{array}{l}\text{Wahrscheinlichkeit für das Vakuum, in}\\ \text{einen Zustand mit 2 Paaren überzugehen}\end{array}\right\} = P_V \sum_{\text{alle Paare}} |K_{1\,\text{Paar}}|^2 |K_{1\,\text{Paar}}|^2$$

Jetzt ist die Summe dieser Wahrscheinlichkeiten die Wahrscheinlichkeit für das Vakuum, in irgendeinen Zustand überzugehen, und das muß Eins sein. Folglich ist

$$1 = P_V[1 + (\text{Wahrsch. für 1 Paar}) + (\text{Wahrsch. für 2 Paare}) + \cdots]. \quad (31.8)$$

Die Wahrscheinlichkeit, daß ein Elektron von a in b übergeht und daß sonst nichts passiert, ist $P_V|K_+(b,a)|^2$. Die Wahrscheinlichkeit, daß das Elektron von a in b übergeht und ein Paar erzeugt wird, ist $P_V|K_+(b,a)|^2$ $|K(1\,\text{Paar})|^2$, und die Wahrscheinlichkeit, daß das Elektron von a in b übergeht und zwei Paare erzeugt werden, ist $P_V|K_+(b,a)|^2|K(2\,\text{Paare})|^2$. Folglich ist die Wahrscheinlichkeit, daß ein Elektron von a in b übergeht und eine beliebige Anzahl von Paaren erzeugt wird,

$$P_V|K_+(b,a)|^2[1 + |K(1\,\text{Paar})|^2 + |K(2\,\text{Paare})|^2 + \cdots] = |K_+(b,a)|^2 \quad (31.9)$$

[siehe Gl. (31.8)]. Da das Elektron irgendwohin gehen muß, gilt

$$\int |K_+(b,a)|^2 \, db = 1 .$$

Eine Eigenschaft des Dirac-Kernes ist jedoch

$$\int |K_+(b,a)|^2 \, db > 1 , \quad (31.10)$$

und damit ist die Inkonsistenz erwiesen. Wir können die Inkonsistenz eliminieren, indem wir annehmen, daß die Elektronen der Fermi-Dirac-Statistik genügen und nicht unabhängig sind. Unter diesen Umständen sind das ursprüngliche Elektron und das Elektron des Paares nicht unabhängig, und es gilt

$$\left\{\begin{array}{l}\text{Wahrscheinlichkeit für das Elektron,}\\ \text{von } a \text{ in } b \text{ überzugehen, plus}\\ \text{Erzeugung eines Paares}\end{array}\right\} < |K_+(a,b)|^2|K(1\,\text{Paar})|^2, \quad (31.11)$$

weil das Elektron im Paar und das Elektron bei b nicht im selben Zustand sein können.

Für den Kern der Klein-Gordon-Gleichung zeigt sich, daß die Richtung der Ungleichungen in (31.10) umgekehrt ist. Für Teilchen mit Spin null sind deshalb weder Fermi-Dirac-Statistik noch Unabhängigkeit der Teilchen möglich. Wenn die Wellenfunktionen symmetrisch angenommen werden (die Amplituden für entgegengesetzte Ladungen sind zu addieren, Einstein-Bose-Statistik), wird auch die Ungleichung (31.11) umgekehrt. In einer symmetrischen Statistik vergrößert die Anwesenheit eines Teilchens in einem Zustand (etwa b) die Chance, daß ein anderes im selben Zustand erzeugt wird. So erfordert die Klein-Gordon-Gleichung die Bose-Statistik.

Es wäre interessant zu versuchen, diese Überlegungen zu verschärfen und zu zeigen, daß die Differenz zwischen $\int |K_+(b,a)|^2 \, db$ und 1 quantitativ exakt durch das Ausschließungsprinzip ausgeglichen wird. Solch eine fundamentale Beziehung sollte eine klare und einfache Erklärung haben.

Anhang

von H. Fritzsch

32. Schwache Wechselwirkungen von Leptonen und Quarks

Die Quantenelektrodynamik beschreibt die Wechselwirkung von Licht und Materie, genauer die Wechselwirkung von Elektronen, Positronen und Photonen. Mittlerweile ist diese Theorie schon älter als ein halbes Jahrhundert. Im Laufe der Jahre ist sie in vielen Energiebereichen getestet worden, nicht zuletzt auch mit Hilfe der Beschleuniger in der Teilchenphysik, mit deren Hilfe man Elektronen und Positronen auf Energien von etwa 50 Gigaelektronenvolt beschleunigen kann. Um so überraschender ist die Tatsache, daß man bis heute keinerlei Abweichungen zwischen den theoretischen Voraussagen und den experimentellen Daten gefunden hat. Die Übereinstimmung zwischen Theorie und Experiment hat mittlerweile die Genauigkeit von einem tausendstel eines Prozents erreicht.

Man kann deshalb sagen, daß es bezüglich der Wechselwirkung von Elektronen, Positronen und Photonen nichts Ungeklärtes gibt, zumindest was die reinen elektromagnetischen Prozesse betrifft. Dies ist wichtig, denn es zeigt, daß die Methode der theoretischen Physik, die Natur mit Hilfe der Quantenmechanik und der Relativitätstheorie zu beschreiben, selbst bei Distanzen, die viel kleiner als die Radien der Atomkerne sind, noch funktioniert. Zugleich ist der Erfolg der QED ein Beweis dafür, daß die Elektronen und Positronen punktförmige Objekte ohne eine innere Struktur darstellen. Die Tests der Quantenelektrodynamik zeigen auf, daß sich das Elektron bis zu einer Distanz von etwa 10^{-16} cm als punktförmiges Objekt verhält. Sollte das Elektron tatsächlich eine innere Struktur haben, so müßte letztere also kleiner als ein tausendstel der Ausdehnung des Protons (10^{-13} cm) sein.

Neben den elektromagnetischen Wechselwirkungen gibt es in der Natur noch die Gravitation, die schwachen und die starken Wechselwirkungen. Die gravitativen Kräfte sollen hier nicht betrachtet werden. Die starken Wechselwirkungen sorgen u.a. für den Zusammenhalt der Atomkerne. Man erklärt sie heute als eine indirekte Folge der starken Kräfte zwischen den Konstituenten der Kernteilchen (Protonen, Neutronen), den Quarks. Zwei Quarks, die man als u und d bezeichnet, agieren als die Bausteine von Protonen und Neutronen. Darüber hinaus gibt es noch weitere Quarks, die mit den Buchstaben *s*, *c*, *b* und *t* bezeichnet werden. Diese Quarks findet man nicht in der normalen Kernmaterie, sondern nur in instabilen, schweren Teilchen, die bei Kollisionen von Kernteilchen erzeugt werden.

Die heutige Theorie der starken Wechselwirkung zwischen den Quarks, die Quantenchromodynamik (QCD), ist eine Theorie, die der QED sehr ähnlich ist. Die Quarks, die ebenso wie die Elektronen den Spin 1/2 besitzen, wechselwirken miteinander durch den Austausch von speziellen Kraftteilchen, den Gluonen. Letztere übernehmen sozusagen die Rolle, die von den Photonen in der QED gespielt wird. Obwohl QED und QCD sehr ähnlich sind, gibt es doch auch beträchtliche Unterschiede zwischen beiden Theorien, die im übrigen streng voneinander getrennt sind, d.h. die Kräfte der QED und der QCD lassen sich stets eindeutig voneinander unterscheiden, auch bei sehr hohen Energien. Aus diesem Grunde sei die Quantenchromodynamik hier nicht weiter betrachtet.

Im Verlauf der Entwicklung der Elementarteilchenphysik seit etwa 1970 hat es sich herausgestellt, daß die schwachen Wechselwirkungen und die elektromagnetischen Kräfte eng miteinander verwandt sind. Möglicherweise stellen sie verschiedene Manifestationen ein und derselben fundamentalen Kraft dar, die man deshalb häufig als die elektroschwache Kraft bezeichnet. Man beschreibt heute beide Wechselwirkungen durch eine sogenannte Eichfeldtheorie, die auf denselben Prinzipien aufgebaut ist wie die Eichtheorie der Quantenelektrodynamik, die im vorangegangenen Teil des Buches beschrieben wurde. Die grundlegenden Konzepte dieser Theorie sollen in den folgenden Kapiteln erläutert werden. Zunächst wollen wir jedoch einige phänomenologische Eigenschaften der schwachen Wechselwirkungen erläutern.

Die Geschichte der schwachen Wechselwirkungen begann gegen Ende des vergangenen Jahrhunderts. Im Jahre 1896 entdeckte Becquerel in Paris das Phänomen der Radioaktivität. Er fand, daß gewisse schwere Atomkerne spontan eine Strahlung aussenden. Ein Großteil der von ihm entdeckten Strahlung bestand aus Elektronen. Später fand man, daß diese Elektronenstrahlen, die Betastrahlen, direkt aus dem Atomkern stammen. Heute weiß man, daß diese Elektronen durch den spontanen Übergang eines Neutrons im Atomkern in ein Proton gebildet werden, wobei ein Elektron und ein Antineutrinoteilchen, genauer ein Antielektronneutrino, emittiert werden:

$$n \rightarrow p + e^- + \bar{\nu}_e . \qquad (32.1)$$

Die Neutrinos bzw. Antineutrinos sind elektrisch neutrale Teilchen, die ebenso wie die Elektronen den Spin 1/2 besitzen. In der Natur gibt es drei verschiedene Typen von Neutrinos, die Elektronneutrinos, Myonneutrinos und die Tauneutrinos. Die Bezeichnungen rühren davon her, daß man die Neutrinos in Assoziation mit den entsprechenden geladenen Teilchen, den

Elektronen, Myonen und Tauonen, betrachtet. Die Gesamtheit dieser Teilchen einschließlich der Neutrinos bezeichnet man als Leptonen.

Während die elektrisch geladenen Leptonen eine Masse besitzen, gelang es bisher nicht, eine Masse für die Neutrinos nachzuweisen. Falls sie eine Masse haben sollten, muß sie jedenfalls sehr klein. Die Masse des Elektron-Neutrinos kann beispielsweise nicht größer als 20 eV betragen.

Es fällt auf, daß beim Betazerfall des Neutrons vier Fermionen beteiligt sind: ein Fermion zerfällt in drei andere. Deshalb spricht man auch von einer Vierfermionen-Wechselwirkung. Wir betonen, daß hier zunächst ein erheblicher Unterschied zur elektromagnetischen Wechselwirkung vorliegt. Bei der letzteren reagieren immer zwei Fermionen mit einem Boson, dem Photon, denn der elementare Vertex der Quantenelektrodynamik beschreibt die Wechselwirkung des elektromagnetischen Stroms, der aus zwei Fermionenfeldern konstruiert wird, und dem elektromagnetischen Viererpotential A_μ.

Seit der Entdeckung des Betazerfalls hat man eine Vielzahl von Prozessen der schwachen Wechselwirkung im Laboratorium entdeckt. Wir können nicht im Detail hierauf eingehen, wollen jedoch qualitativ die Haupteigenschaften dieser Prozesse skizzieren. Die meisten Phänomene der schwachen Wechselwirkungen lassen sich zunächst in zwei verschiedene Klassen einteilen:

a) Prozesse, bei denen sich die elektrische Ladung um eine Einheit verändert (Beispiel: Betazerfall – hier verändert sich die elektrische Ladung um eine Elementarladung, da sich das elektrisch neutrale Neutron in das geladene Proton umwandelt). Diese Prozesse nennt man die Prozesse des geladenen schwachen Stroms.

b) Prozesse, bei denen keine Änderung der elektrischen Ladung erfolgt, beispielsweise die elastische Streuung eines Elektron-Neutrinos an einem Proton:

$$\nu_e + p \;\rightarrow\; \nu_e + p\,. \tag{32.2}$$

Diese Prozesse bezeichnet man als die Prozesse des neutralen Stroms. Erst nach Beginn der siebziger Jahre wurden diese Reaktionen bei Elementarteilchenprozessen entdeckt. Wir erwähnen, daß auch bei den Prozessen des neutralen Stroms stets vier Fermionen am Prozeß teilnehmen.

Eine wesentliche Eigenschaft der Prozesse des geladenen Stroms ist die im Jahre 1956 entdeckte Verletzung der Parität, also der Spiegelungssymmetrie. Die elektromagnetischen Wechselwirkungen sind invariant bezüglich einer Spiegelungstransformation. Dies bedeutet beispielsweise, daß die Streuquerschnitte für die Streuung eines linkshändig polarisierten Elektrons an einem Target und für die analoge Streuung eines rechtshändig polarisierten Elektrons gleich sind. Sobald man jedoch Prozesse der schwachen Wechselwirkungen betrachtet, ist dies anders. Wenn man beispielsweise die Polarisation eines Elektrons, das von einem Betazerfall des Neutrons herrührt, untersucht, findet man, daß dieses Elektron stets linkshändig polarisiert ist, nie rechtshändig. Andererseits kann man zeigen, daß das emittierte Antielektronneutrino ein rechtshändiges Teilchen darstellt. Allgemein ergibt sich, daß an den Reaktionen des geladenen Stroms nur linkshändige Fermionen bzw. rechtshändige Antiteilchen beteiligt sind.

Weiterhin hat es sich herausgestellt, daß die schwachen Wechselwirkungen der Hadronen, also der stark wechselwirkenden Teilchen wie z. B. der Kernteilchen, stets auf die schwachen Wechselwirkungen der Quarks im Inneren dieser Teilchen zurückgeführt werden können. Beispielsweise versteht man heute den Betazerfall des Neutrons (Quark-Komposition *ddu*) als eine Umwandlung eines *d*-Quarks in ein *u*-Quark, wobei ein Proton (Quark-Komposition *uud*) entsteht. Bei dieser Reaktion wird gleichzeitig das Elektron-Antineutrinopaar emittiert. Die elementare Reaktion des Betazerfalls ist mithin:

$$d \rightarrow u + e^- + \bar{\nu}_e . \tag{32.3}$$

Die Einführung der Quarks als die Konstituenten der stark wechselwirkenden Materie vereinfacht das heutige Bild der schwachen Wechselwirkungen enorm. Sowohl die Reaktionen der geladenen Ströme als auch diejenigen der neutralen Ströme versteht man als elementare Reaktionen zwischen den Quarks und den Leptonen, wobei stets vier dieser Fermionen an einer Reaktion beteiligt sind.

Die Wechselwirkung von vier Fermionen beschreibt man mit Hilfe einer Lagrangedichte, die sich als das Produkt zweier schwacher Ströme darstellt. Der geladene schwache Strom der *u* und *d*-Quarks ist gegeben durch:

$$j_\mu^h = \bar{u}\gamma_\mu \left(\frac{1+\gamma_5}{2}\right) d = (\bar{u}\gamma_\mu d)_L . \tag{32.4}$$

(der Index *h* stellt eine Abkürzung von „hadronisch“ dar). Wir erwähnen, daß der Ausdruck in der Klammer einen Projektionsoperator im Raum der Gammamatrizen darstellt, der nur die linkshändigen Komponenten der betreffenden Spinorwellenfunktion berücksichtigt. Der hadronische *u-d*-Strom ist also ein Stromoperator, der ein linkshändiges *d*-Quark in ein linkshändiges *u*-Quark verwandelt oder ein rechtshändiges Anti-*d*-Quark in ein rechtshändiges Anti-*u*-Quark. Aus diesem Grunde bezeichnet man diesen Strom oft kurz mit einem *L*-Index. Im Vergleich hierzu besteht der elektromagnetische Strom aus linkshändigen und rechtshändigen Komponenten in gleicher Weise, d. h. er ist die Summe eines *L*-Stroms und eines *R*-Stroms.

Analog ist der leptonische Strom des Elektrons und seines Neutrinos gegeben durch:

$$j_\mu^l = (\bar{\nu}_e \gamma_\mu e^-)_L . \tag{32.5}$$

Die Lagrangedichte für die Beschreibung des Betazerfalls ist durch das Produkt des hadronischen und des leptonischen Stroms gegeben:

$$\begin{aligned} \mathscr{L}^w &= \frac{4G_F}{\sqrt{2}} (j_\mu^l)^+ j_h^\mu - h.c. \\ &= \frac{4G_F}{\sqrt{2}} (\bar{e}\gamma^\mu \nu_e)_L (\bar{u}\gamma_\mu d)_L + h.c. \end{aligned} \tag{32.6}$$

Aus Dimensionsgründen muß man dabei eine dimensionierte Konstante einführen, die zuerst von Fermi betrachtet wurde und deshalb allgemein als die Fermikonstante G_F bezeichnet wird. Sie hat die Dimension $(\text{Masse})^{-2}$. Ihr Wert muß experimentell bestimmt werden. Er ist $1{,}16637\ 10^{-5}\ \text{GeV}^{-2}$.

33. Die W- und Z-Bosonen

Um eine einheitliche Theorie des Elektromagnetismus und der schwachen Wechselwirkungen zu entwickeln, ist es vorerst nötig, sich über die elementaren Wechselwirkungen zwischen den schwachen Strömen Gedanken zu machen. Der elementare Vertex des Elektromagnetismus ist die Wechselwirkung des elektromagnetischen Stroms mit dem Photon. Dies schließt jedoch ein, daß Effekte höherer Ordnung eine Vierfermionen-Wechselwirkung beschreiben, ganz analog zum Stromansatz der schwachen Wechselwirkung, beispielsweise die Streuung zweier Elektronen. Das virtuelle Photon, das in diesem Fall zwischen den beiden Elektronen ausgetauscht wird, tritt nicht als äußeres Teilchen auf. Analog hierzu hat man die Idee entwickelt, daß auch die schwachen Wechselwirkungen durch intermediäre Bosonen vermittelt werden, die Wechselwirkungen der geladenen Ströme durch geladene Vektorbosonen W^+ und W^-, und die Wechselwirkung des neutralen Stroms durch ein neutrales Boson Z. Die elementaren Vertices der schwachen Wechselwirkungen wären dann die Kopplungen der Bosonen an die entsprechenden Ströme (siehe Fig. 33-1). Sie können durch den folgenden Term in der Lagrangefunktion beschrieben werden:

$$\mathscr{L}^W = \frac{g}{\sqrt{2}} (W_\mu^- j_+^\mu + W_\mu^+ j_-^\mu) . \tag{33.1}$$

($W_\mu^\pm$: Vektorbosonenfeld, g: W-Fermionen-Kopplungskonstante).

Der Austausch der W-Bosonen kann jedoch nur zur beobachteten Strom-Strom-Wechselwirkung führen, falls die W- und Z-Bosonen massiv sind. Wenn wir für den Propagator der W-Bosonen (Masse M_W) den Ausdruck $g_{\mu\nu}/(q^2 - M_W^2)$ annehmen, erhalten wir für den Niederenergiegrenzfall $q^2 \ll M_W^2$ einen Zusammenhang zwischen der Fermikonstante und der dimensionslosen Kopplungskonstanten g:

$$\frac{G}{\sqrt{2}} = \frac{g^2}{8M_W^2}. \tag{33.2}$$

Die Masse der W-Bosonen wäre also bekannt, wenn man die Kopplungskonstante g kennt. Wenn wir beispielsweise annehmen, daß g identisch mit der elektromagnetischen Kopplungskonstante $e = \sqrt{4\pi\alpha} \cong 0{,}303$ ist, erhalten wir

$$M_W = \left[\frac{\pi\alpha}{\sqrt{2}G}\right]^{1/2} \approx 37{,}3 \cdot \mathrm{GeV}. \tag{33.3}$$

Analog können wir die Wechselwirkung des neutralen Stroms betrachten.

Eine konsistente Quantenfeldtheorie der W- und Z-Bosonen und ihrer Wechselwirkungen erhält man durch eine Verallgemeinerung des Eichprinzips der Elektrodynamik auf Symmetrien, die durch nicht-abelsche Gruppen beschrieben werden und die wir in der Folge betrachten werden.

34. Eichinvarianz und schwache Wechselwirkung

Die Lagrangefunktion der Quantenelektrodynamik, insbesondere also auch die sogenannte minimale Kopplung der geladenen Fermionen an das Photonfeld, erhält man sozusagen zwangsläufig, wenn man fordert, daß die Lagrangefunktion des freien Diracfeldes

$$\mathscr{L} = \bar{\psi}(x)(i\not{\partial} - m)\psi(x) \tag{34.1}$$

invariant bezüglich lokaler Phasentransformationen $\psi \to e^{-i\alpha}\psi$ sein soll, bei denen der Phasenparameter α beliebig von der Raum-Zeit-Variablen x abhängt. Wegen der Anwesenheit des kinetischen Terms in der Lagrangefunktion (34.1) ist letztere nicht invariant. Die Invarianz bezüglich lokaler Phasentransformationen läßt sich jedoch erreichen, wenn man ein Photonfeld A_μ einführt und die Ableitung ∂_μ in (34.1) durch eine kovariante Ableitung $D_\mu = (\partial_\mu + ieA_\mu)$ ersetzt und gleichzeitig fordert, daß sich A_μ bei einer lokalen Phasentransformation des Spinorfeldes wie folgt transformiert:

$$A_\mu \to A_\mu + e^{-1}\partial_\mu\alpha. \tag{34.2}$$

Man prüft leicht nach, daß sich dann die kovariante Ableitung des ψ-Feldes und das ψ-Feld selbst in gleicher Weise transformieren:

$$D_\mu \psi \rightarrow e^{-i\alpha} D_\mu \psi . \tag{34.3}$$

Als Lagrangefunktion des ψ-Feldes und des Photonfeldes erhält man:

$$\mathscr{L} = \bar{\psi}(i\not{D} - m)\psi - \tfrac{1}{4}F_{\mu\nu}F^{\mu\nu}, \tag{34.4}$$

wobei die elektromagnetische Feldstärke gegeben ist durch:

$$F_{\mu\nu} = \partial_\mu A_\nu - \partial_\nu A_\mu . \tag{34.5}$$

Wir betonen, daß die Bedingung der lokalen Eichinvarianz nur die minimale Kopplung des elektromagnetischen Viererpotentials an den Strom $\bar{\psi}\gamma_\mu\psi$ zuläßt. Es ist auch kein Massenterm für das Photon erlaubt, denn ein solcher Term $m^2 A_\mu A^\mu$ wäre nicht eichinvariant.

Die Symmetriegruppe des Elektromagnetismus ist die Gruppe der Phasentransformationen $\psi \rightarrow e^{-i\alpha}\psi$, also die Gruppe U(1). Die Forderung der lokalen Eichinvarianz kann jedoch auch bei nicht-abelschen Symmetriegruppen erhoben werden. Anstelle der QED erhält man dann eine nicht-abelsche Eichfeldtheorie, beispielsweise für die Symmetrie SU(3), die im „Farbraum" der Quarks wirkt, die Quantenchromodynamik (QCD) der Quarks, die heutige Feldtheorie der starken Wechselwirkung. Wählen wir als Symmetriegruppe die Gruppe SU(2) × U(1), erhalten wir die Eichfeldtheorie der schwachen Wechselwirkung.

Die schwachen Bosonen $W^\pm$, Z interpretiert man zusammen mit dem Photon als die Eichbosonen der Theorie. Da die Massen der W- und Z-Bosonen von Null verschieden sind, andererseits das Prinzip der lokalen Eichinvarianz massive Eichbosonen nicht zuläßt, müssen wir eine Möglichkeit finden, die Massen der Bosonen einzuführen, ohne die Eichinvarianz manifest zu verletzen. Dies kann man durchführen, indem man zunächst die Theorie so konstruiert, als wären alle Eichbosonen masselos. Anschließend führt man ein skalares Feld φ („Higgs-Feld") ein, das auf Grund seiner Symmetrieeigenschaften an die Eichbosonen koppelt. Dieses Feld bricht die Symmetrie, wenn eine der Komponenten des Feldes einen Vakuumerwartungswert $\neq 0$ besitzt. Auf diese Weise wird nicht nur die Symmetrie gebrochen; gleichzeitig erhalten die schwachen Bosonen eine Masse, die proportional dem Vakuumerwartungswert des φ-Feldes ist. Die Brechung der Symmetrie und die Massen der Eichbosonen sind folglich eng miteinander verwandt. Es läßt sich zeigen, daß eine solche Theorie ebenso eine renormierbare Quantenfeldtheorie darstellt wie die QED.

35. Die Gruppe SU(2) als Eichgruppe der schwachen Wechselwirkung

Bevor wir die volle Eichsymmetrie der schwachen und elektromagnetischen Wechselwirkungen betrachten, wollen wir als instruktives Beispiel nur die schwachen Wechselwirkungen des Elektrons und des Elektronneutrinos betrachten. Da wir wissen, daß die schwachen Bosonen $W^{\pm}$ nur mit den linkshändigen Fermionen e_L^- und $\nu_e = \nu^{el}$ wechselwirken, empfiehlt es sich, das folgende Duplett einer Symmetriegruppe $\mathrm{SU}(2)^W$ einzuführen:

$$L^e = \begin{bmatrix} \nu_e \\ e^- \end{bmatrix}_L . \tag{35.1}$$

Das rechtshändige Elektron e_R^- ebenso wie ein möglicherweise existierendes rechtshändiges Neutrino $(\nu_e)_R$ werden als Singuletts interpretiert. Diese Symmetriegruppe $\mathrm{SU}(2)^W$ wird in der Folge als die Eichgruppe der schwachen Wechselwirkungen interpretiert (der Index w bezieht sich hierauf). Die freie Lagrangefunktion des Fermion-Dupletts ist gegeben durch

$$\mathscr{L} = \bar{L} i \not{\partial} L \tag{35.2}$$

(wir setzen die Elektronmasse gleich Null).
Sie ist invariant bezüglich SU(2)-Transformationen:

$$L \rightarrow e^{-i\boldsymbol{\alpha}\boldsymbol{\tau}/2} L \tag{35.3}$$

($\boldsymbol{\tau} = (\tau_1, \tau_2, \tau_3)$, τ_i: Pauli-Matrizen).
Die Ladungen

$$T_i = \int d^3x \, L^+ \tfrac{1}{2}\tau_i L$$

sind erhalten und erzeugen die Algebra von SU(2):

$$[T_i, T_j] = i\varepsilon_{ijk} T_k . \tag{35.4}$$

Nun fordern wir die Invarianz des Systems bzgl. lokaler Eichtransformationen:

$$L \rightarrow e^{-i\boldsymbol{\alpha}(x)\boldsymbol{\tau}/2} L . \tag{35.5}$$

Analog zum Fall der Elektrodynamik kann man dies erreichen, indem man eine geeignete kovariante Ableitung einführt, die diesmal ein Triplett von Vektorfeldern beinhaltet, das sich unter einer Eichtransformation wie folgt transformiert:

$$W_\mu^i \rightarrow W_\mu^i + \varepsilon_{ijk}\alpha^j W_\mu^k + g^{-1}\partial_\mu \alpha^i \tag{35.6}$$

($i = 1, 2, 3$; g: Kopplungskonstante).
Die kovariante Ableitung ist gegeben durch:

$$D_\mu = \partial_\mu + ig W_\mu , \qquad W_\mu = \tfrac{1}{2}\tau_i W_\mu^i . \tag{35.7}$$

Die Lagrangefunktion des Systems ist:

$$\mathscr{L} = \bar{L} i \not{D} L - \tfrac{1}{4} G_{\mu\nu}^i G_i^{\mu\nu} . \tag{35.8}$$

Die Feldstärken $G_{\mu\nu}^i$ müssen so beschaffen sein, daß sie sich ebenso wie die Viererpotentiale W_μ^i als die Komponenten eines Tripletts transformieren. Dies wird erreicht, indem man die nicht-abelschen Feldstärken linear und quadratisch aus den Viererpotentialen aufbaut:

$$G_{\mu\nu}^i = \partial_\mu W_\nu^i - \partial_\nu W_\mu^i - g\varepsilon_{ijk} W_\mu^j W_\nu^k . \tag{35.9}$$

Die in der Gleichung (35.8) angegebene Lagrangefunktion beschreibt die Wechselwirkung des linkshändigen schwachen Dupletts mit den Eichbosonen und gleichzeitig auch die Wechselwirkung der Eichbosonen selbst. Letztere kommt zustande, weil in der Definition des nicht-abelschen Feldstärke Tensors (35.9) die W-Felder nicht nur linear, sondern auch quadratisch auftreten. Das Quadrat der Feldstärke, das in Gleichung (35.8) erscheint, enthält also Terme, die trilinear und quadrilinear in den W-Feldern sind. Letztere beschreiben also eine direkte Wechselwirkung der W-Bosonen mit sich selbst. Da der in Gleichung (35.9) auftretende quadratische Term mit der Kopplungskonstante g multipliziert ist, werden die direkten Wechselwirkungen der W-Bosonen durch dieselbe Kopplungskonstante beschrieben, die auch die Wechselwirkung der Fermionen mit dem W-Bosonen beschreibt. Man spricht deshalb auch von einer Universalität der Eichwechselwirkungen. Die Eichinvarianz, die die Grundlage für die Lagrangefunktion (35.8) ist, stellt sich zunächst als eine ungebrochene Symmetrie dar. Massenterme für die W-Bosonen sind deshalb nicht erlaubt. Um die letzteren einzuführen, müssen wir zunächst den Mechanismus der spontanen Symmetriebrechung diskutieren.

36. Spontane Symmetriebrechung

Feldsysteme, in denen eine Wechselwirkung vorhanden ist und die einer Symmetrie unterliegen, können unter gewissen Umständen die vorliegende Symmetrie als Folge der Wechselwirkung zerstören. Ein einfaches Beispiel dieser Art wird durch die folgende Lagrangefunktion, das ein skalares Feld mit einer einfachen Wechselwirkung beinhaltet, gegeben:

$$\mathscr{L} = \tfrac{1}{2}\partial_\mu \Phi \partial^\mu \Phi - \tfrac{1}{2}\mu^2 \Phi^2 - \tfrac{1}{4}\lambda \Phi^4 . \tag{36.1}$$

Hier ist die Selbstwechselwirkung des skalaren Φ-Feldes durch eine Kopplungskonstante λ beschrieben. Die Masse des Φ-Feldes ist durch den Massenparameter μ gegeben. Die Summe des Massenterms und des Wechselwirkungsterms bezeichnet man auch als das Potential V des Feldes:

$$V(\Phi) = \tfrac{1}{2}\mu^2\Phi^2 + \tfrac{1}{4}\lambda\Phi^4. \tag{36.2}$$

Für $\mu^2 > 0$ beschreibt die in 36.1 gegebene Lagrangefunktion ein selbstwechselwirkendes skalares Feld mit der Masse μ. Das Potential V ist in Fig. 36.1 gegeben.

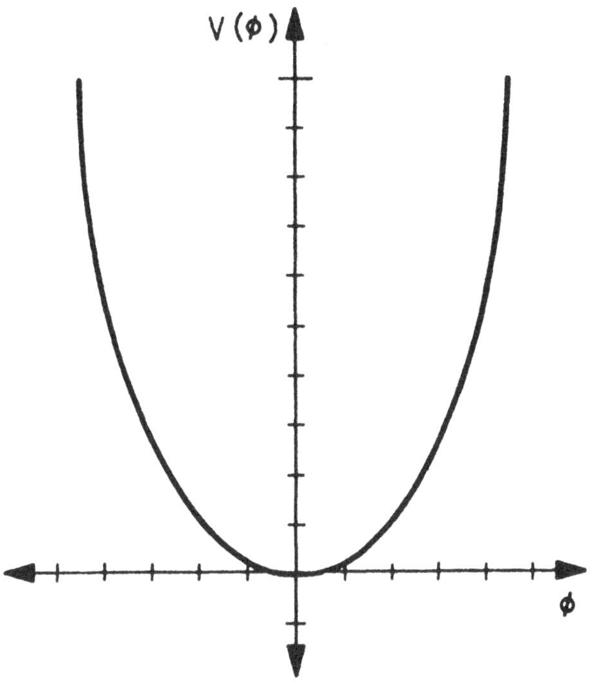

FIG. 36.1 Beispiele elementarer Vertices der schwachen Wechselwirkungen.

Wie man sieht, ist dieses Potential invariant bezüglich der Reflektionssymmetrie $\Phi \to -\Phi$. Der tiefste Punkt des Potentials wird erreicht, wenn Φ verschwindet. Dieser Punkt ist natürlich invariant bezüglich der Reflektionssymmetrie. Da in der Quantenfeldtheorie der Grundzustand eines Feldsystems als Vakuumzustand bezeichnet wird, sagt man auch, daß in diesem Fall das Vakuum invariant gegenüber der Reflektionssymmetrie ist.

Wir betrachten jetzt den Fall $\mu^2 < 0$. Dann erhält man das Potential V in der Gestalt, wie es in Fig. 36.2 dargestellt ist.

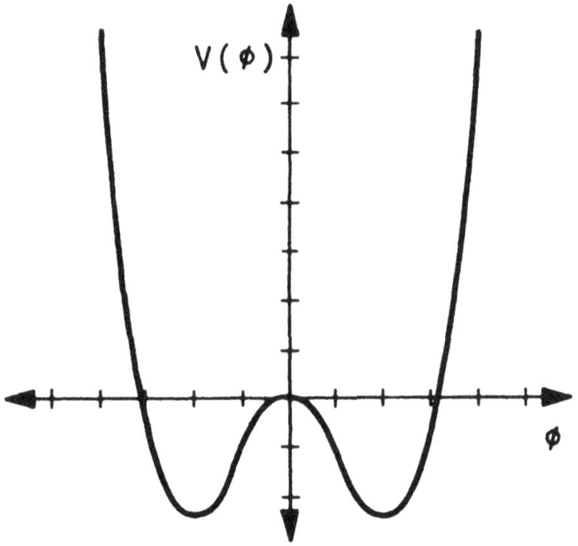

FIG. 36.2

Wie man sieht, ist das Minimum des Potentials diesmal nicht bei $\Phi = 0$, sondern bei:

$$\Phi = \pm\sqrt{-\mu^2/\lambda^2}. \tag{36.3}$$

Es gibt also zwei Grundzustände, zwei verschiedene Vakua der Theorie:

$$\langle 0|\Phi|0\rangle = \pm\sqrt{-\mu^2/\lambda^2}. \tag{36.4}$$

Da der Vakuumerwartungswert des Φ-Feldes jetzt von Null verschieden ist, sind die Vakuumzustände nicht invariant bezüglich der Reflektionssymmetrie, da bei einer Reflektion der entsprechende Vakuumerwartungswert in sein Negatives übergeht. Damit ist die Reflektionssymmetrie spontan gebrochen. Um weiter zu kommen, ist es nützlich, ein neues Feld Φ' einzuführen, für das man setzt:

$$\langle 0|\Phi'|0\rangle = 0, \qquad \Phi' = \Phi - v \tag{36.5}$$

$$v = \pm\sqrt{-\mu^2/\lambda}.$$

Wir können jetzt die ursprüngliche Lagrangefunktion wie folgt umschreiben:

$$\mathscr{L} = \tfrac{1}{2}(\partial^\mu \Phi' \partial_\mu \Phi') + \mu^2 \Phi'^2 - \lambda v \Phi'^3 - \tfrac{1}{4}\lambda \Phi'^4 + \text{const.} \tag{36.6}$$

Das oben betrachtete Beispiel stellt das einfachste Beispiel für eine spontane Symmetriebrechung dar. Das Feldsystem hatte nur die Auswahl zwischen zwei verschiedenen Grundzuständen. Es ist aber leicht, andere kompliziertere Beispiele spontaner Symmetriebrechung zu betrachten. Das oben betrachtete Feld war ein reelles skalares Feld. Wir können jetzt unser Beispiel verallgemeinern, in dem wir das Feld Φ als ein komplexes Feld betrachten. Wir schreiben also:

$$\Phi = \tfrac{1}{2}\sqrt{2}(\Phi_1 + i\Phi_2). \tag{36.7}$$

Wir finden, daß die so umgeschriebene Lagrangefunktion ein selbstwechselwirkendes skalares Teilchen beschreibt, dessen Masse $\sqrt{2}|\mu|$ ist.

Dieses Beispiel zeigt, daß die ursprüngliche Symmetrie, die in der Lagrangefunktion vorhanden war, nämlich die Reflektionssymmetrie $\Phi \to -\Phi$, spontan durch die Wechselwirkung gebrochen ist. Dabei stellte sich heraus, daß es mehrere Grundzustände (Vakua) des Systems gibt. Da eine gegebene physikalische Situation immer nur von einem bestimmten Grundzustand ausgehen kann, gibt es also jetzt verschiedene Realisierungen des Feldsystems. Wichtig ist, daß das skalare Feld nach der spontanen Symmetriebrechung einen nichtverschwindenden Vakuumerwartungswert besitzt.

Die Lagrangefunktion eines solchen Feldes ist

$$\begin{aligned}\mathscr{L} &= (\partial^\mu \Phi^* \partial_\mu \Phi) - \mu^2|\Phi|^2 - \lambda|\Phi|^4, \\ &= \tfrac{1}{2}\partial^\mu \Phi_1 \partial_\mu \Phi_1 + \tfrac{1}{2}\partial^\mu \Phi_2 \partial_\mu \Phi_2 - \tfrac{1}{2}\mu^2(\Phi_1^2 + \Phi_2^2) - \tfrac{1}{4}\lambda(\Phi_1^2 + \Phi_2^2)^2\end{aligned} \tag{36.8}$$

Wie man sieht, ist diese Lagrangefunktion invariant bezüglich Transformationen $\Phi \to e^{-i\theta}\Phi$. Für $\mu^2 > 0$ beschreibt sie ein selbstwechselwirkendes skalares Feld der Masse μ. Wir nehmen jetzt an, daß wir ebenso wie im obigen Beispiel μ^2 als negativ ansehen können. In diesem Fall erhalten wir für das Minimum des Potentials die Bedingung:

$$(\Phi_1^2 + \Phi_2^2) = 2|\Phi|^2 = -\mu^2/\lambda. \tag{36.9}$$

Damit erhält man für das Minimum des Potentials einen Kreis vom Radius $\sqrt{-\mu^2/\lambda}$ (siehe Fig. 36.3).

Im Falle des komplexen Feldes haben wir es also mit einer unendlichen Anzahl möglicher Vakuumzustände zu tun, da wir jeden Punkt auf dem oben angegebenen Kreis als Vakuumzustand interpretieren können. Ohne Beschränkung der Allgemeinheit können wir das Koordinatensystem so festlegen, daß dieser Punkt auf der positiven reellen Achse liegt:

$$v = (\sqrt{-\mu^2/\lambda}, 0). \tag{36.10}$$

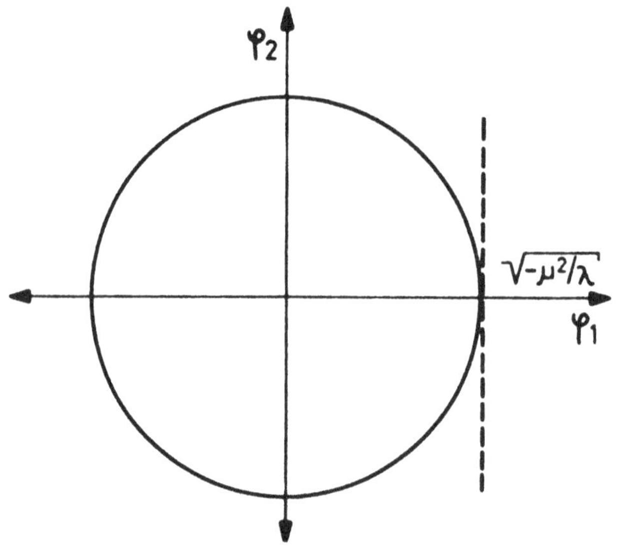

FIG. 36.3

Damit ergibt sich, daß das Feld Φ_1 einen nichtverschwindenden Vakuumswert besitzt, während das Feld Φ_2, also der Imaginärteil des komplexen Feldes, nach wie vor 0 als Vakuumswert hat. Wir führen ein neues Feld Φ_1' ein, indem wir den Vakuumswert abziehen:

$$\Phi_1' = \Phi_1 - \langle 0|\Phi_1|0\rangle . \tag{36.11}$$

Die Lagrangefunktion in Abhängigkeit des neuen Feldes ergibt sich zu:

$$L = \tfrac{1}{2}(\partial_\mu \Phi_1')^2 + \tfrac{1}{2}(\partial_\mu \Phi_2)^2 + \mu^2 \Phi_1'^2 \\ - \tfrac{1}{2}\lambda v \Phi_1' (\Phi_1'^2 + \Phi_2^2) - \tfrac{1}{4}\lambda (\Phi_1'^2 + \Phi_2^2)^2 . \tag{36.12}$$

Man bemerkt, daß das Feld Φ_1 ein skalares Teilchen der Masse $\sqrt{2|\mu|}$ beschreibt, während das Feld Φ_2 nach wie vor masselos ist. Der Grund hierfür wird klar, wenn wir das Potential betrachten. Die Masse eines skalaren Feldes ist ein Maß für die rücktreibende Kraft, die man in der klassischen Feldtheorie erhält, wenn man sich vom Vakuumzustand entfernt. Das Feld Φ_2 beschreibt die Anregungen des Feldes tangential zu dem Kreis, der die Minima des Potentials beschreibt. In dieser Richtung erhält man keine rücktreibende Kraft. Deshalb beschreibt das Feld Φ_2 masselose Anregungen. Diese Situation ist ein Beispiel für das Goldstone-Theorem, das besagt, daß man bei der spontanen Brechung eines physikalischen Systems, das eine kontinuierliche Symmetrie besitzt, stets masselose Goldstone-Bosonen erhält. In dem von uns betrachteten Beispiel ist die vorliegende Symmetrie die

Symmetrie aller Phasentransformationen des komplexen Φ-Feldes, also die Gruppe U(1).
In der Folge werden wir sehen, daß mit Hilfe der spontanen Symmetriebrechung auch die Massen von Eichbosonen erzeugt werden können. Wir betrachten erneut die Lagrangefunktion eines skalaren komplexen Feldes:

$$L = \partial^\mu \Phi^* \partial_\mu \Phi - \mu^2 \Phi^* \Phi - \lambda(\Phi^* \Phi)^2 . \qquad (36.13)$$

Wir wissen bereits, daß dieses Feldsystem invariant bezüglich der Phasentransformationen des Φ-Feldes ist. Wir fordern jetzt jedoch eine Invarianz bezüglich der lokalen Eichtransformationen $\Phi \to e^{-i\alpha(x)}\Phi$. Wir können die Invarianz gegenüber der U(1)-Symmetrie erreichen, indem wir ein Eichfeld A_μ einführen. Wir erhalten dann die Lagrangefunktion:

$$\begin{aligned} L &= (D^\mu \Phi)^* D_\mu \Phi - \mu^2 \Phi^* \Phi - \lambda(\Phi^* \Phi)^2 - \tfrac{1}{4} F_{\mu\nu} F^\mu , \qquad (36.14)\\ F_{\mu\nu} &= \partial_\mu A_\nu - \partial_\nu A_\mu ,\\ D_\mu &= \partial_\mu + ig A_\mu . \end{aligned}$$

Bei einer Eichtransformation

$$\Phi(x) \to e^{-i\alpha(x)}\Phi(x)$$

transformieren sich die Felder wie folgt:

$$A_\mu(x) \to A_\mu(x) + \frac{1}{g}\partial_\mu \alpha(x) . \qquad (36.15)$$

Im Fall $\mu^2 > 0$ beschreibt die obige Lagrangefunktion einfach das System eines massiven skalaren Feldes, das an ein masseloses Eichfeld A_μ gekoppelt ist. Wenn wir g gleich der elektromagnetischen Kopplungskonstante e setzen, erhalten wir hier die skalare Elektrodynamik.
Jedoch im Fall $\mu^2 < 0$ ist diese Eichsymmetrie spontan gebrochen. Nach der Substitution

$$\Phi_1 = \Phi_1' + \langle 0|\Phi_1|0\rangle = \Phi_1' + v, \quad v = \sqrt{-\mu^2/\lambda} \qquad (36.16)$$

finden wir, daß in der umgeschriebenen Lagrangefunktion die folgenden neuen Terme auftreten:

$$\tfrac{1}{2} g^2 v^2 A_\mu A^\mu . \qquad (36.17)$$

$$-gv A_\mu \partial^\mu \Phi_2 . \qquad (36.18)$$

Der erste dieser beiden Terme stellt einen Massenterm für das A-Feld dar, während der zweite Term eine Mischung zwischen dem A-Feld und dem Φ-Feld induziert. Wir betrachten nun eine Eichtransformation des Φ-Feldes, wobei wir explizit die umdefinierten Felder Φ_1' und Φ_2 untersuchen. Für einen infinitesimal kleinen Eichparameter v haben wir:

$$\Phi \to (1 - i\alpha)\Phi, \quad \Phi_1 \to \Phi_1 - \alpha\Phi_2, \quad \Phi_2 \to \Phi_2 + \alpha\Phi_1. \quad (36.19)$$

Wir finden bei einer Eichtransformation:

$$\Phi_1' \to \Phi_1' - \alpha\Phi_2, \quad \Phi_2 \to \Phi_2 + \alpha v + \alpha\Phi_1'. \quad (36.20)$$

Wie man sieht, erfährt das Feld Φ_2 eine inhomogene Eichtransformation analog zum Vektorfeld A_μ. Wir können deswegen die Eichtransformation so einrichten, daß das Φ_2-Feld identisch verschwindet. In diesem Fall verschwindet auch der oben erwähnte Mischungsterm.

Wir sehen, daß die Einführung des Eichfeldes A_μ und die Forderung nach einer lokalen Eichinvarianz die physikalische Situation völlig geändert hat. Während die Lagrangefunktion ohne das Eichfeld ein massives skalares Feld und ein masseloses begleitendes Goldstone-Boson beschreibt, haben wir es jetzt mit einem System zu tun, das aus einem massiven Vektorteilchen und einem massiven skalaren Boson besteht. Ein masseloses skalares Teilchen gibt es nicht mehr. Es ist hierzu zu bemerken, daß die Anzahl der Teilchenzustände nach der spontanen Symmetriebrechung sich nicht geändert hat. Vor der Symmetriebrechung hatten wir es mit einem masselosen Vektorteilchen (zwei Polarisationszustände) und zwei skalaren Teilchen zu tun. Insgesamt waren also vier Zustände vorhanden. Nach der spontanen Symmetriebrechung gibt es ein massives Vektorteilchen (drei Polarisationszustände) und ein skalares Teilchen. Die Anzahl der Zustände des Eichbosons hat sich also um eins erhöht. Das Eichboson hat gewissermaßen seinen dritten Zustand, der im Falle eines massiven Teilchens benötigt wird, vom System der skalaren Teilchen ausgeborgt. Die longitudinale Komponente des massiven Eichbosonfeldes wird letztlich durch das ursprüngliche Goldstone-Boson-Feld geliefert.

Da der Massenterm des Eichbosonfeldes letztlich von der spontanen Symmetriebrechung herrührt und im Falle einer exakten Symmetrie nicht vorhanden ist, spricht man auch von einer „weichen Massenerzeugung". Feldtheorien, die massive Eichbosonen beinhalten, sind im allgemeinen nicht renormierbar. In dem oben betrachteten Fall ist jedoch das Eichboson formal masselos, da seine Masse nur durch die spontane Symmetrie zustande kommt. In diesem Fall gibt es keine Probleme mit der Renormierbarkeit. Man kann zeigen, daß solche Eichfeldtheorien auch nach der spontanen Symmetriebrechung renormierbar bleiben. Der tiefere Grund hierfür liegt in der Tatsache, daß solche Theorien bei sehr hohen Energien, also bei sehr kleinen Abständen, nicht mehr von der spontanen Symmetriebrechung beeinflußt werden. Man kann also das Hochenergieverhalten studieren, ohne daß man letztere in Betracht zieht. Um die Renormierbarkeit solcher Theorien zu zeigen, ist es jedoch wichtig, die Wechselwirkungen der Eichfelder mit den skalaren Bosonen im Detail zu berücksichtigen.

Im obigen Beispiel war die vorliegende Symmetrie die Gruppe U(1). Wir wollen noch ein weiteres Beispiel angeben, nämlich den Fall einer vorliegenden Eichgruppe SU(2). Wir betrachten die folgende Lagrangefunktion:

$$L = -\tfrac{1}{4} G^i_{\mu\nu} G^{\mu\nu}_i + (\partial^\mu \Phi + i \cdot g \cdot \tfrac{1}{2}\tau^i B^{\mu i} \Phi)^+ \cdot (\partial_\mu \Phi + i \cdot g \cdot \tfrac{1}{2}\tau^i B^i_\mu \Phi)$$
$$- \mu^2 \Phi^+ \Phi - \lambda(\Phi^+ \Phi)^2 . \qquad (36.21)$$

Hier beschreibt das Feld Φ ein Dublett bezüglich der Gruppe SU(2). Im Fall $\mu^2 > 0$ beschreibt die Lagrangefunktion ein System von masselosen Eichfeldern, das sich in einer Eichwechselwirkung mit massiven skalaren Feldern der Masse μ befindet. Wir betrachten nun den Fall $\mu^2 < 0$. In diesem Fall ergibt sich der Grundzustand des Potentials bei endlichen Werten von Φ – das skalare Feld erhält einen nichtverschwindenden Vakuumserwartungswert v. Man sieht leicht, daß die Mannigfaltigkeit der Punkte im Φ-Raum, für die das Potential minimalisiert wird, invariant bezüglich der SU(2)-Transformationen ist. Wir können es deshalb durch eine geeignete Symmetrietransformation immer einrichten, daß nur die untere Komponente des Φ-Feldes einen nichtverschwindenden Vakuumserwartungswert erhält:

$$\langle 0|\Phi|0\rangle = \begin{bmatrix} 0 \\ v \end{bmatrix} \cdot 1/\sqrt{2}, \quad \text{wobei} \quad v = \sqrt{-\mu^2/\lambda}. \qquad (36.22)$$

Nach der spontanen Symmetriebrechung erhalten die Eichbosonen eine Masse. Der Massenterm läßt sich sofort aus der Lagrangefunktion entnehmen. Man erhält:

$$(g^2/4)[(\tau^i B^i_\mu)\Phi]^+ [(\tau^i B^i_\mu)\Phi] = (g^2/4)(\Phi^+ \tau^j \tau^i \Phi)(B^j_\mu B^{\mu i})$$
$$= (g^2/8) \cdot v^2 [(B^1_\mu)^2 + (B^2_\mu)^2 + (B^3_\mu)^2] . \qquad (36.23)$$

Wir sehen, daß man nach der spontanen Symmetriebrechung massive Eichfelder erhält, wobei die Massen durch $\frac{1}{2} g \cdot v$ gegeben sind. Die Massenmatrix der Eichbosonen ist symmetrisch bezüglich der vorliegenden SU(2)-Symmetrie, d.h. alle drei Eichbosonen erhalten dieselbe Masse. Der Grund hierfür liegt darin, daß wir für die Massenerzeugung ein Dublett von skalaren Feldern benutzt haben. Es handelt sich keineswegs um eine Folge der ursprünglichen SU(2)-Symmetrie. Wenn wir beispielsweise statt einem Dublett ein Triplett von skalaren Feldern benutzt hätten, so würde sich ergeben, daß zwei der Eichbosonen massiv sind, während das dritte masselos bleibt.

Nach der spontanen Symmetriebrechung sind in diesem Modell drei massive Eichbosonen vorhanden. Drei Freiheitsgrade des skalaren Feldsystems, das aus vier leeren Feldern besteht, werden also durch die Massen der Eichfelder absorbiert. Es verbleibt ein massives skalares „Higgs-Feld“.

37. Die SU(2) × U(1)-Theorie des Elektrons und des Elektronneutrinos

Unser Ziel ist die Aufstellung einer Eichtheorie der schwachen Wechselwirkungen. Wir wollen die schwachen Bosonen W und Z als Eichbosonen interpretieren. Als vorliegende Eichsymmetrie bietet sich die SU(2)-Symmetrie der linkshändigen schwachen Ströme an. Das linkshändige Elektron und sein Neutrino würden dann als ein Dublett bezüglich der Gruppe $\mathrm{SU}(2)_w$ interpretiert. Die entsprechenden Ladungen dieser Symmetrie bezeichnet man als die schwachen Ladungen. Die dritte Komponente des hier definierten schwachen Isospins beschreibt die neutrale Isospinladung, deren linkshändiger Strom an das Neutrino und an das Elektron koppelt.

Wie man sieht, hat dieser Strom eine Gemeinsamkeit mit dem elektromagnetischen Strom. Der linkshändige Strom des Elektronfeldes ist identisch mit dem linkshändigen Anteil des elektromagnetischen Stroms. Dies bedeutet, daß der elektromagnetische Strom und der neutrale schwache Strom nicht orthogonal zueinander sind. Für die Aufstellung einer Eichtheorie der schwachen Wechselwirkungen bedeutet dies eine Schwierigkeit, es sei denn, man bezieht den Elektromagnetismus in die Betrachtungen mit ein. Eine konsistente Beschreibung erhält man dann nur, wenn man eine Eichtheorie der schwachen und der elektromagnetischen Wechselwirkungen gleichzeitig konstruiert. Die einfachste Version einer solchen Theorie, die in sehr guter Übereinstimmung mit den experimentellen Resultaten steht, beinhaltet die Eichsymmetrie SU(2) × U(1). Die Ladungen einer solchen Theorie sind wie folgt gegeben. Das linkshändige Elektron und das Neutrino werden als ein Dublett aufgefaßt:

$$L^e = \begin{bmatrix} \nu_e \\ e^- \end{bmatrix}_L . \tag{37.1}$$

Das rechtshändige Elektron, das nicht an der schwachen Wechselwirkung teilnimmt, wird als ein Singulett bezüglich der SU(2)-Symmetrie angenommen:

$$e_R^- = [(1-\gamma_5)/2]\,e^- = R^e . \tag{37.2}$$

Um die elektrische Ladung des Elektrons zu konstruieren, benötigen wir neben der neutralen SU(2)-Ladung eine weitere Ladung, die mit Y („Hyperladung") bezeichnet wird:

$$Q = T_3 + \tfrac{1}{2} Y . \tag{37.3}$$

Wie man sieht, gilt $Y(e_L^-) = Y(\nu_e) = -1,\ Y(e_R^-) = -2$.

Wir konstruieren jetzt eine Eichtheorie bezüglich der Symmetrie SU(1) × U(1). Die Lagrangefunktion der Eichbosonen ist gegeben durch:

$$L^{eb} = -\tfrac{1}{4}F^i_{\mu\nu}F^{\mu\nu}_i - \tfrac{1}{4}G_\nu G^{\mu\nu}, \tag{37.4}$$

wobei

$$\begin{aligned} F^i_{\mu\nu} &= \partial_\mu A^i_\nu - \partial_\nu A^i_\mu - g\varepsilon_{ijk}A^i_\mu A^k_\nu \\ G_{\mu\nu} &= \partial_\mu B_\nu - \partial_\nu B_\mu . \end{aligned} \tag{37.5}$$

Nunmehr führen wir ein Duplett von komplexen skalaren Feldern ein:

$$\Phi = \begin{bmatrix} \Phi^+ \\ \Phi^0 \end{bmatrix}. \tag{37.6}$$

Wir haben angenommen, daß die obere Komponente dieses Feldes positiv geladen ist, während die untere Komponente neutral ist. Die Hyperladung des Φ-Feldes ergibt sich zu $+1$. Für den Fermion-Anteil und den Anteil der skalaren Felder der Lagrangefunktion erhält man:

$$\begin{aligned} L^f &= \bar{L}i\left(\partial + i\frac{g}{2}\tau_i A_i - i\frac{g'}{2}B\right)L + \bar{R}i(\partial - ig'B)R \\ L^s &= \left(\partial^\mu\Phi^+ - \frac{i}{2}g'B_\mu\Phi^+ - \frac{i}{2}gA^i_\mu\tau_i\Phi^+\right)\left(\partial_\mu\Phi + \frac{ig'}{2}B_\mu\Phi \right. \\ &\quad \left. + \frac{ig}{2}\tau_i A^i_\mu\Phi\right) - V(\Phi^+\Phi). \end{aligned} \tag{37.7}$$

Die Kopplungskonstante g beschreibt die Wechselwirkung bezüglich der Eichsymmetrie SU (2), während die Kopplungskonstante g' die Wechselwirkung bezüglich der Eichsymmetrie U (1) festlegt. Beide Kopplungskonstanten sind unabhängige Parameter, da die beiden Eichgruppen miteinander vertauschen. Wie man sieht, gibt es eine Wechselwirkung des linkshändigen Dubletts L sowohl mit den SU (2)-Feldern A als auch mit dem U (1)-Feld B, während das rechtshändige Elektronfeld R nur mit dem B-Feld in Wechselwirkung steht.

Bisher haben wir noch keinen Massenterm für das Elektron eingeführt. Dies können wir jedoch leicht nachholen, indem wir eine direkte Wechselwirkung zwischen den skalaren Feldern und dem Elektron-Feld postulieren:

$$L^m = -G_e[\bar{R}(\Phi^+L) + (\bar{L}\Phi)R]. \tag{37.8}$$

Diese Wechselwirkung, die nichts weiter als eine Yukawa-Wechselwirkung der skalaren Felder mit dem Fermion ist, beschreibt tatsächlich einen

Massenterm, denn nach der spontanen Symmetriebrechung erhält das skalare Feld einen Vakuumerwartungswert. Wenn man Φ durch den entsprechenden Vakuumerwartungswert ersetzt, haben wir formal einen Massenterm für das Elektron, wobei die Elektronmasse durch das Produkt der Kopplungskonstanten G_e und mit dem Vakuumerwartungswert gegeben ist. Wir betonen, daß der Massenterm eines Elektrons ein Produkt des linkshändigen Elektronfeldes und des rechtshändigen Elektronfeldes beinhaltet. Die allgemeinste Form des Potentials V ist

$$V = \mu^2 \Phi^+ \Phi + \lambda(\Phi^+ \Phi)^2 . \qquad (37.9)$$

Um eine spontane Symmetriebrechung zu erzeugen, nehmen wir $\mu^2 < 0$. Wir können stets eine Symmetrietransformation so durchführen, daß der Vakuumerwartungswert des Φ-Feldes die folgende Form annimmt:

$$\langle \Phi \rangle = \frac{1}{\sqrt{2}} \begin{bmatrix} 0 \\ v \end{bmatrix} . \qquad (37.10)$$

Durch diese Vorschrift wird gewissermaßen die elektrische Ladung ausgezeichnet, denn diejenige Komponente des Φ-Feldes, die einen Vakuumerwartungswert erhält, muß neutral sein. Die Vakuumerwartungswerte elektrisch geladener Felder sind stets Null, da sonst eine Verletzung der Erhaltung der elektrischen Ladung erfolgen würde.

Da die skalaren Felder die Hyperladung $+1$ besitzen, wird bei der spontanen Symmetriebrechung nicht nur die SU(2)-Symmetrie, sondern auch die U(1)-Symmetrie zerstört. Die elektrische Ladung jedoch, die eine lineare Kombination der neutralen Isospin-Ladung und der Hyperladung darstellt, bleibt ungebrochen. Wir können den Vakuumerwartungswert stets reell wählen. Er ist dann gegeben durch:

$$v = \sqrt{-\mu^2/\lambda} . \qquad (37.11)$$

Wir ersetzen jetzt in der Lagrangefunktion Φ durch seinen Vakuumerwartungswert. Für die quadratischen Terme in den Vektorfeldern erhalten wir:

$$\frac{1}{8} v^2 \{(g' B_\mu - g A_\mu^3)(g' B_\mu - g A_\mu^3) + g^2((A_\mu^1)^2 + (A_\mu^2)^2)\} . \qquad (37.12)$$

Nunmehr definieren wir die Felder:

$$W_\mu^\pm = (A_\mu^1 \mp i A_\mu^2)/\sqrt{2} . \qquad (37.13)$$

Wir erhalten für die Masse der W-Felder:

$$M_{W^\pm} = \tfrac{1}{2} g v . \qquad (37.14)$$

Die verbleibenden Masseneigenzustände sind gegeben durch:

$$Z_\mu = \frac{-gA_\mu^3 + g'B_\mu}{\sqrt{g^2+g'^2}}, \quad A_\mu = \frac{gB_\mu + g'A_\mu^3}{\sqrt{g^2+g'^2}}, \tag{37.15}$$

Die entsprechenden Eigenwerte sind:

$$M_Z = \tfrac{1}{2}v\sqrt{g^2+g'^2}, \quad M_A = 0. \tag{37.16}$$

Es ist nützlich, das Verhältnis der beiden Kopplungskonstanten mittels eines Winkels θ_w auszudrücken.

$$g'/g = \tan\theta_w, \tag{37.17}$$

$$\sin\theta_w = g'/\sqrt{g^2+g'^2}.$$

Wir können auf diese Weise die Felder schreiben als:

$$\begin{aligned} A &= \cos\theta_w B + \sin\theta_w A^3, & B &= \cos\theta_w A - \sin\theta_w Z, \\ Z &= -\sin\theta_w B + \cos\theta_w A^3, & A^3 &= \sin\theta_w A + \cos\theta_w Z. \end{aligned} \tag{37.18}$$

Für das Verhältnis der Massen erhält man:

$$M_W/M_Z = g/\sqrt{g^2+g'^2} = \cos\theta_w. \tag{37.19}$$

Wir können die Wechselwirkung zwischen den Fermionen und den Eichbosonen wie folgt umschreiben:

$$\frac{g}{2}\bar{L}\gamma^\mu(\tau^1 A_\mu^1 + \tau^2 A_\mu^2)L = \frac{g}{\sqrt{2}}(\bar{v}\gamma^\mu e_L W_\mu^+ + \bar{e}\gamma^\mu v_L W_\mu^-)$$

$$= \frac{g}{\sqrt{2}}(j^{\mu^-} W_\mu^+ + j^{\mu^+} W_\mu^-) \qquad (j_\mu^- = \bar{v}\gamma_\mu e_L^-). \tag{37.20}$$

Bei Energien, die klein im Vergleich zu den Massen der W-Teilchen sind, erhält man die effektive Strom-Wechselwirkung:

$$\frac{g^2}{2}\cdot\frac{1}{M_w^2}\cdot(\bar{v}\gamma^\mu e_L \cdot \bar{e}\gamma_\mu v_L + h.c.). \tag{37.21}$$

Andererseits können wir diese Wechselwirkung mit Hilfe der Fermi-Konstanten ausdrücken:

$$\frac{G}{\sqrt{2}}\{(\bar{v}\gamma^\mu(1+\gamma_5)e)\cdot(\bar{e}\gamma_\mu(1+\gamma_5)v) + h.c.\}. \tag{37.22}$$

Wir erhalten somit:

$$G/\sqrt{2} = g^2/8\,M_w^2 = 1/2v^2 \qquad (37.23)$$
$$v = 246\,\text{GeV}.$$

Wir betrachten nunmehr die Wechselwirkung der neutralen Eichbosonen, wobei das Z-Teilchen mit dem schwachen Z-Boson identifiziert wird und das masselose Eichbosonteilchen mit dem Photon:

$$g j_\mu^3 A^{\mu 3} + \frac{g'}{2} j_\mu^Y \cdot B^\mu, \qquad (37.24)$$

$$j_\mu^3 = \tfrac{1}{2}(\bar{\nu}_e \gamma_\mu \nu_{eL} - \bar{e}\gamma_\mu e)),$$
$$j_\mu^Y = -\bar{\nu}_e \gamma_\mu \nu_{eL} - \bar{e}\gamma_\mu e_L - 2\bar{e}\gamma_\mu e_R.$$

Man sieht leicht, daß man die obige Wechselwirkung umschreiben kann zu:

$$A^\mu[g\sin\theta_w j_\mu^3 + g'\cos\theta_w (j_\mu^e - j_\mu^3)]$$
$$+ Z^\mu[+g\cos\theta_w j_\mu^3 - g'\sin\theta_w (j_\mu^e - j_\mu^3)]. \qquad (37.25)$$

Unter Benutzung unserer Definition des Winkels θ_w sieht man leicht, daß der erste Term gegeben ist durch:

$$gg'/\sqrt{g^2 + g'^2}\, A^\mu j_\mu^e, \qquad (37.26)$$
$$e = gg'/\sqrt{g^2 + g'^2} = g \cdot \sin\theta_w = g' \cdot \cos\theta_w.$$

Analog können wir jetzt für die Wechselwirkung des Z-Bosons schreiben:

$$Z^\mu[g\cos\theta_w j_\mu^3 - g'\sin\theta_w (j_\mu^e - j_\mu^3)] = \frac{g}{\cos\theta_w} Z^\mu (j_\mu^3 - \sin^2\theta_w j_\mu^e)$$

$$= \frac{g}{\cos\theta_w} Z^\mu j_\mu^n. \qquad (37.27)$$

Wir haben hier den neutralen schwachen Strom definiert:

$$j_\mu^n = j_\mu^3 - \sin^2\theta_w j_\mu^e. \qquad (37.28)$$

Auf diese Weise können wir nun die Wechselwirkung der massiven Eichbosonen mit den Fermionen folgendermaßen schreiben:

$$(g/\sqrt{2})(j^{\mu -} W_\mu^+ + j^{\mu +} W_\mu^-) + (g/\cos\theta_w)(j^{\mu n} Z_\mu). \qquad (37.29)$$

Für die effektive Stromwechselwirkung erhält man:

$$\mathscr{L}^{w} = \frac{4G}{\sqrt{2}}(j_\mu^+ j^{\mu -} + j_\mu^n j^{\mu n}), \tag{37.30}$$

$$j_\mu^- = \bar{v}_e \gamma_\mu e_L^-, \quad j_\mu^+ = \bar{e}^- \gamma_\mu v_{eL},$$

$$j_\mu^n = j_\mu^3 - \sin^2\theta_w j_\mu^e = \tfrac{1}{2}(\bar{v}_e \gamma_\mu v_{eL} - \bar{e}^- \gamma_\mu e_L^-) + \sin^2\theta_w (\bar{e}^- \gamma_\mu e^-).$$

Wir können die Massen M_W und M_Z als Funktion des Winkels θ_w und der Feinstrukturkonstanten α ausdrücken:

$$M_W = \left[\frac{\pi\alpha}{\sqrt{2G}}\right]^{1/2} \frac{1}{\sin\theta_w} = \frac{37{,}3}{\sin\theta_w}\,\text{GeV},$$

$$M_Z = \frac{M_W}{\cos\theta_w} = \frac{37{,}3}{\sin\theta_w \cos\theta_w}\,\text{GeV} = \frac{74{,}6}{\sin 2\theta_w}\,\text{GeV}. \tag{37.31}$$

Diese SU (2) × U (1)-Theorie stellt eine Eichtheorie der schwachen und elektromagnetischen Wechselwirkungen des Elektrons und seines Neutrinos dar. Eine Verallgemeinerung auf die anderen Leptonen und Quarks wird in der Folge skizziert.

38. SU(2) × U(1)-Theorie der Leptonen und Quarks

Bisher hat man im Experiment drei verschiedene geladene Leptonen und die zugehörigen Neutrinos gefunden. Es hat sich zudem herausgestellt, daß die schwachen Wechselwirkungen der Leptonen beschrieben werden, indem man diese Teilchen ebenso wie das Elektron und sein Neutrino als linkshändige Dubletts der Symmetrie der schwachen Wechselwirkung SU $(2)_w$ interpretiert:

$$\begin{bmatrix} \nu_e \\ e^- \end{bmatrix}_L \begin{bmatrix} \nu_\mu \\ \mu^- \end{bmatrix}_L \begin{bmatrix} \nu_\tau \\ \tau^- \end{bmatrix}_L . \tag{38.1}$$

Analog beschreibt man die schwachen Wechselwirkungen der Hadronen dadurch, daß man die Quarks als linkshändige Dubletts interpretiert. Neben dem u- und d-Quark, die zusammen ein linkshändiges Dublett bilden, gibt es noch die schwereren Quarks c, s, t und b. Die Quarks bilden drei Dubletts bezüglich der schwachen Wechselwirkung:

$$\begin{bmatrix} u \\ d' \end{bmatrix}_L \begin{bmatrix} c \\ s' \end{bmatrix}_L \begin{bmatrix} t \\ b' \end{bmatrix}_L . \tag{38.2}$$

Die rechtshändigen Leptonen und die rechtshändigen Quarks interpretiert man als Singuletts bezüglich der Gruppe SU (2). Die Hyperladung dieser Teilchen ist dann durch die entsprechende elektrische Ladung definiert. Die elektrische Ladung der Quarks u, c und t ist jeweils 2/3 der Elementarladung, und die elektrische Ladung der Quarks d, s und b ist jeweils $-1/3$ der Elementarladung.

Entsprechend unserer allgemeinen Vorschrift können wir leicht den neutralen Strom der Leptonen und Quarks angeben:

$$\begin{aligned} j_\mu^n = j_\mu^3 - \sin^2\theta_w j_\mu^e &= \tfrac{1}{2}(\bar{\nu}_e\gamma_\mu\nu_e - \bar{e}\gamma_\mu e_L) \\ &+ \tfrac{1}{2}(\bar{u}\gamma_\mu u_L - \bar{d}\gamma_\mu d_L) + e \to \mu \to \tau + u,d \to c,s \to t,b . \end{aligned} \tag{38.3}$$

Eine Besonderheit der geladenen schwachen Ströme der Quarks sei speziell erwähnt. Bei der obigen Darstellung der Dubletts der Quarks sind die Quarks der Ladung $-1/3$ mit d' etc. bezeichnet. Dies bedeutet, daß diese Felder, die in der Lagrangefunktion der schwachen Wechselwirkung auftreten, nicht genau identisch sind mit den Quarkfeldern, die man erhält, wenn man die Massenmatrix der Quarks diagonalisiert, also die Masseneigenzustände bestimmt. (Man kann den Quarks im Rahmen der Theorie der Quantenchromodynamik auch eine Masse zuordnen, obwohl die Quarks selbst als freie Teilchen nicht auftreten.) Dieses Phänomen, dessen dynamische Bedeutung bis heute nicht verstanden ist, bezeichnet man als das Phänomen der schwachen Mischung. Der Zusammenhang zwischen den Feldern d' etc. und den Masseneigenzuständen d etc. wird durch eine unitäre Matrix geliefert:

$$\begin{pmatrix} d' \\ s' \\ b' \end{pmatrix} = \begin{pmatrix} V_{ud} & V_{us} & V_{ub} \\ V_{cd} & V_{cs} & V_{cb} \\ V_{td} & V_{ts} & V_{tb} \end{pmatrix} \begin{pmatrix} d \\ s \\ b \end{pmatrix} \tag{38.4}$$

Würde diese 3 × 3-Matrix gleich der Einheitsmatrix sein, so würden die Eigenzustände der Massenmatrix und die Eigenzustände der schwachen Wechselwirkung zusammenfallen. Die Koeffizienten dieser Matrix müssen experimentell bestimmt werden. Es hat sich herausgestellt, daß diese Matrix nicht stark von der Einheitsmatrix abweicht. Die Eigenzustände der Massenmatrix sind also in guter Approximation identisch mit den Eigenzuständen der schwachen Wechselwirkungen. Typische Werte für die Absolutwerte der Matrixelemente sind durch folgende Matrix gegeben:

$$\begin{pmatrix} 0{,}975 & 0{,}22 & 0{,}005 \\ 0{,}22 & 0{,}975 & 0{,}05 \\ 0{,}01 & 0{,}05 & 1 \end{pmatrix} \tag{38.5}$$

Wie man sieht, besteht die stärkste Mischung zwischen dem d und dem s Quark. Der entsprechende Mischungswinkel, der sogenannte Cabibbo-Winkel, ist etwa 13 .

Es fällt auf, daß ein derartiges Mischungsphänomen für die Leptonen nicht angegeben ist. Dies liegt daran, daß wir angenommen haben, daß die Neutrinos keine Masse besitzen. Wären die Neutrinos massiv, so würde man erwarten, daß ein entsprechendes Mischungsphänomen auch bei den Leptonen auftritt. Dies würde beispielsweise zu sogenannten Neutrinooszillationen führen, nach denen man seit vielen Jahren in verschiedenen Experimenten sucht, bisher allerdings ohne Erfolg.

Sowohl die experimentellen Untersuchungen bezüglich geladener schwacher Ströme als auch bezüglich der neutralen Ströme ergaben in der Vergangenheit eine sehr gute Übereinstimmung mit den Voraussagen der SU(2) × U(1)-Theorie. Bei diesen Experimenten gelang es auch, die freien Parameter der Theorie mit guter Genauigkeit zu bestimmen. Für den Mischungswinkel des neutralen Stroms θ_w erhält man:

$$\sin^2\theta_w = 0{,}23 \pm 0{,}0048\,. \tag{38.6}$$

Es ist sehr bemerkenswert, daß man mit dieser einen Zahl alle experimentellen Daten für die Wechselwirkung des neutralen Stroms beschreiben kann.

Mit Hilfe des oben angegebenen Wertes für den Winkel θ_w können wir die Massen der *W*- und *Z*-Bosonen bestimmen. Für eine genaue Massenbestimmung muß man allerdings noch elektromagnetische Strahlungskorrekturen berücksichtigen. Falls man dies durchführt, erhält man:

$$M_W = 80{,}2 \pm 1{,}1\ \mathrm{GeV}, \qquad (38.7)$$
$$M_Z = 91{,}6 \pm 0{,}9\ \mathrm{GeV}.$$

Im Jahre 1983 gelang es durch eine Analyse der Experimente am Proton-Antiproton-Beschleuniger am CERN bei Genf, die *W*- und *Z*-Bosonen zu entdecken. Die gefundenen Werte sind in ausgezeichneter Übereinstimmung mit den theoretischen Voraussagen:

$$M_W = 80{,}9 \pm 1{,}4\ \mathrm{GeV}, \qquad (38.8)$$
$$M_Z = 91{,}9 \pm 1{,}8\ \mathrm{GeV}.$$

39. Zusammenfassung

Mit der Entdeckung der W- und Z-Bosonen wurde ein wichtiges Kapitel in der Elementarteilchenphysik abgeschlossen. Es hat sich herausgestellt, daß die Gesamtheit der schwachen und elektromagnetischen Wechselwirkungen durch die $SU(2) \times U(1)$-Eichtheorie sehr gut beschrieben wird. Bis heute sind keine Abweichungen von den Voraussagen der Theorie gefunden worden. Dabei ist bemerkenswert, daß die Voraussagen der Theorie, insbesondere die Voraussagen für die Massen der W- und Z-Bosonen, auf einer genauen Analyse der Experimente bei sehr niedrigen Energien, insbesondere auf dem Studium der schwachen Zerfälle, beruhen. Die Theorie erlaubte also eine Extrapolation von über zwei Größenordnungen in der Energie. Umso bemerkenswerter war die ausgezeichnete Übereinstimmung zwischen den Vorhersagen und den Messungen. So erscheint es mittlerweile sicher, daß die $SU(2) \times U(1)$-Eichtheorie die elektromagnetischen und schwachen Wechselwirkungen, oder zusammengefaßt, die elektroschwachen Wechselwirkungen, zumindest in sehr guter Näherung beschreibt. Ob man es hier tatsächlich mit einer Vereinigung der elektromagnetischen und der schwachen Phänomene zu tun hat, bleibt abzuwarten. Erst wenn es sich herausstellen sollte, daß auch bei Energien in der Nähe von 100 GeV die Voraussagen der Theorie bestätigt werden, könnte man von einer Vereinigung sprechen. Das Studium der Phänomene der schwachen Wechselwirkungen bei hohen Energien wird künftig an Beschleunigern wie LEP (CERN) und HERA (DESY) durchgeführt werden.

Wenn es sich ergeben sollte, daß auch bei den hohen Energien keine Abweichungen gefunden werden, kann man noch nicht von einer vollständigen Vereinigung der elektromagnetischen und schwachen Wechselwirkungen sprechen. Der Grund hierfür liegt in der Tatsache begründet, daß die Eichgruppe $SU(2) \times U(1)$ das direkte Produkt zweier Symmetriegruppen darstellt, die miteinander vertauschen. Die Folge davon ist, daß wir es mit zwei verschiedenen Kopplungskonstanten g und g' zu tun haben. In einer vereinigten Theorie müßte es so sein, daß nur eine Kopplungskonstante auftritt und eine Eichsymmetrie sowohl die schwachen als auch die elektromagnetischen Wechselwirkungen beschreibt. Es hat sich herausgestellt, daß Modelle solcher Vereinigungen leichter zu konstruieren sind, wenn man neben den elektromagnetischen und den schwachen Wechselwirkungen auch noch die starken Wechselwirkungen einbezieht. Ob solche Modelle der sogenannten „großen Vereinigung“ wirklich die Natur beschreiben, ist bisher nicht abzusehen. Mittlerweile gilt jedoch als sicher, daß das fundamentale Eichprinzip zur Konstruktion der elementaren Wechselwirkungen ein tiefes Symmetrieprinzip der Natur darstellt. Angefangen von der Quantenelektrodynamik, scheint dieses Prinzip auch die schwachen und die starken Wechselwirkungen und in einem gewissen Sinn auch die gravitativen Wechselwirkungen zu bestimmen. Da mittels des Eichprinzips dynamische Aspekte der Materie mit Aspekten der Geometrie verbunden werden, könnte es sein, daß das Eichprinzip letztlich seine Erklärung in einer Geometrisierung der dynamischen Freiheitsgrade der Materie und der elementaren Kräfte findet.

www.ingramcontent.com/pod-product-compliance
Lightning Source LLC
Chambersburg PA
CBHW081104220326
41598CB00038B/7229